Peter J. Fröhlich

Hochbaukosten – Flächen – Rauminhalte

Peter J. Fröhlich

Hochbaukosten – Flächen – Rauminhalte

DIN 276 – DIN 277 – DIN 18960
Kommentar und Erläuterungen

16., überarbeitete und aktualisierte Auflage

PRAXIS

VIEWEG+
TEUBNER

Bibliografische Information der Deutschen Nationalbibliothek
Die Deutsche Nationalbibliothek verzeichnet diese Publikation in der
Deutschen Nationalbibliografie; detaillierte bibliografische Daten sind im Internet über
<http://dnb.d-nb.de> abrufbar.

Wiedergegeben mit Erlaubnis des DIN Deutsches Institut für Normung e.V. Maßgebend für das
Anwenden der Normen sind deren Fassungen mit dem neuesten Ausgabedatum, die bei der Beuth
Verlag GmbH, Burggrafenstraße 6, 10787 Berlin, erhältlich sind.

Bis zur 3. Auflage erschien das Buch im Bertelsmann Fachverlag.

Ab der 11. Auflage wurde das von Walter Winkler begründete Standardwerk „Hochbaukosten –
Flächen – Rauminhalte" allein von Peter J. Fröhlich weitergeführt.

   1. Auflage 1972
   2. Auflage 1973
   3. Auflage 1974
   4. Auflage 1976
   5. Auflage 1978
   6. Auflage 1982
   7. Auflage 1988
   8. Auflage 1994
   9. Auflage 1997
10. Auflage 1998
11. Auflage 2002
12. Auflage 2004
13. Auflage 2006
14. Auflage 2007
15. Auflage 2008
16. Auflage 2010

Lektorat: Karina Danulat | Sabine Koch

Vieweg+Teubner Verlag ist eine Marke von Springer Fachmedien.
Springer Fachmedien ist Teil der Fachverlagsgruppe Springer Science+Business Media.
www.viewegteubner.de

Umschlaggestaltung: KünkelLopka Medienentwicklung, Heidelberg
Satz: Dupont&Steyer GbR, Mainz
Druck und buchbinderische Verarbeitung: BGZ Druckzentrum GmbH, Berlin
Gedruckt auf säurefreiem und chlorfrei gebleichtem Papier.
Printed in Germany

ISBN 978-3-8348-0933-9

Inhalt

Vorwort zur 16. Auflage

Im Juli 2009 konnte der Gesetzgeber endlich die lang erwartete Neufassung der Verordnung über die Honorare für Architekten- und Ingenieurleistungen (HOAI) veröffentlichen und in Kraft setzen. Damit wurde ein Missstand beendet, nach dem die Honorare auf der Grundlage von DIN 276 in der Fassung vom April 1981 ermittelt werden mussten, wie es in der bisherigen Fassung der HOAI vorgeschrieben war.

DIN 276-1 über die Kosten im Hochbau wurde zuletzt im November 2006 in einer überarbeiteten Fassung mit kleinen, drucktechnisch bedingten Irrtümern veröffentlicht, die anschließend durch die Berichtigung 1 vom Februar 2007 und die Änderung A1 vom Januar 2008 korrigiert wurden. Diese Korrekturen wurden bei einer Neufassung der DIN 276-1 vom Dezember 2008 berücksichtigt, ohne dass weitere Änderungen vorgenommen wurden, so dass den Anwendern der neuen HOAI jetzt eine integre Norm über die Hochbaukosten zur Verfügung steht.

Während die 15. Auflage dieses Buches die Änderungen in der DIN 276-1 bereits berücksichtigt hatte, wurde durch die Veröffentlichung der neuen HOAI eine Überarbeitung des Kommentars erforderlich, die hiermit den Lesern an die Hand gegeben wird.

Berlin, März 2010   Peter J. Fröhlich

Vorwort zur 15. Auflage

Nachdem das Deutsche Institut für Normung in den letzten Jahren die für die Planung von Hochbauten wichtigen Normen DIN 276 über die Gliederung der Kosten und DIN 277 über die Ermittlung von Grundflächen und Rauminhalten dem Stand der Technik entsprechend überarbeitet und neu herausgegeben hat, konnte jetzt auch DIN 18960 über die Kosten, die bei der Nutzung von Bauwerken entstehen, an die allgemeine Entwicklung angepasst und in einer Neufassung veröffentlicht werden.

Die für die Kostenermittlung im Hochbau maßgebenden Normen liegen damit in aktueller Fassung vor und es ist zu erwarten, dass sie mit diesen Ausgaben für eine geraume Zeit gültig bleiben werden.

Auch bei den bau- und wohnungsrechtlichen Bestimmungen der öffentlichen Hand, die zuletzt zum 1. Januar 2004 aktualisiert wurden, ist nicht anzunehmen, dass sie in absehbarer Zeit geändert werden müssten, so dass das Buch mit dieser Auflage dem Anwender auch in Zukunft eine sichere Hilfe bei Fragen der Kostenermittlungen sein kann.

Berlin, Juli 2008   Peter J. Fröhlich

Vorwort zur 14. Auflage

Nachdem im Februar 2005 Neufassungen der drei Teile von DIN 277 über die Ermittlung von Grundflächen und Rauminhalten im Hochbau herausgegeben wurden, konnte jetzt auch die Überarbeitung von DIN 276 über die Ermittlung und Gliederung der Baukosten abgeschlossen werden. Die neuen Fassungen der beiden Normen enthalten nur wenige substantielle Änderungen, die sich in der Praxis bei der Ermittlung der geometrischen Werte und der Gliederung der Baukosten auswirken. Unabhängig davon ist jedoch die Kenntnis der Normentexte im Einzelnen notwendig, um Missverständnisse zwischen den am Bau Beteiligten im Einzelfall auszuschließen. Das Werk enthält weiterhin einen Auszug aus der gültigen Baunutzungsverordnung, der bei der Klärung von Fragen über die Bebaubarkeit von Grundstücken hilfreich sein soll, sowie die am 1. Januar 2004 in Kraft getretenen Verordnungen zum Wohnungsbaurecht. Der Autor hofft, damit dem Anwender eine aktuelle und sichere Arbeitshilfe an die Hand zu geben.

Berlin, März 2007   Peter J. Fröhlich

Einleitung

1. Entstehung, Zweck und Entwicklung der Normen DIN 276 und DIN 277

Die Normen DIN 276 und DIN 277 wurden zum ersten Mal im August 1934 herausgegeben. Ihr gleichzeitiges Erscheinen unterstreicht die von Anfang an beabsichtigte sachliche Verflechtung beider Normen. Sie hießen damals
– DIN 276 „Kosten von Hochbauten und damit zusammenhängenden Leistungen" und
– DIN 277 „Umbauter Raum von Hochbauten".
Mit dieser Normung trat man erstmals der im Bauwesen herrschenden Begriffsverwirrung entgegen und versuchte, dem wichtigen Kapitel der Hochbaukosten eine einheitliche Grundlage zu geben. Dabei kam es darauf an, diese Grundlage so eindeutig herauszustellen, dass ein Instrument zuverlässiger und vergleichbarer Kostenermittlung entstand. Ein zu beiden Normen gehörendes Beiblatt „Vergleichsübersicht" sollte helfen, betriebswirtschaftliche Erkenntnisse zu erleichtern und die Bildung von Erfahrungswerten zu begünstigen.

Rückblickend ist zu erkennen, dass mit diesen Erstausgaben nur ein erster Schritt getan war. Schon im Januar 1936 ergab sich aus der praktischen Anwendung der neuen Normen die Notwendigkeit, DIN 277 um Berechnungsgrundlagen für den „umbauten Raum von Bauteilen, deren Innenräume (ohne Zwischendecken) von der Oberfläche des Geländes bis zur Dachfläche bzw. Dachaltanfläche durchgehen", zu ergänzen. Eine weitere, technisch nur unwesentlich geänderte Ausgabe von DIN 277 erschien im Oktober 1940. Der Begriff des umbauten Raumes erhielt eine neue Definition, ferner wurden die Grundlagen für die Berechnung des umbauten Raumes vereinfacht und präzisiert. Am 6. Dezember 1940 wurden DIN 276 und DIN 277 als Richtlinien für die Bauaufsicht (damals Baupolizei) eingeführt.

Ihre vierte Neufassung erhielt DIN 277 mit der vom Fachnormenausschuss Bauwesen (FN-Bau) vorbereiteten Ausgabe vom November 1950. Sie lehnte sich zwar an die Berechnungsvorschriften der Ausgabe vom Januar 1936 an; da man jedoch erkannt hatte, dass bei Hochbauten unterschiedlicher Art, Form, Größe und technischer Ausführung die vereinheitlichte Berechnungsgrundlage des umbauten Raumes zu verschiedenartigen Kostenergebnissen führte, wurde festgelegt, dass die Kubikmeterpreise nur von Bauten gleicher Art miteinander verglichen werden dürfen.

Das Normblatt DIN 276 war im August 1943 in einer zweiten Ausgabe erschienen. Sie brachte lediglich in der Kostengliederung einige Änderungen. Die Bezeichnung der Norm lautete vereinfacht „Kosten von Hochbauten". Auch das oben erwähnte dem Kostenvergleich dienende Beiblatt „Vergleichsübersicht" erhielt eine entsprechende Neufassung. Unter dem Einfluss der Wohnungsbaugesetzgebung der Nachkriegszeit (im März 1951 erschien DIN 283 über Wohnungen und die Ermittlung der Wohnfläche) begann die Ausarbeitung einer vollständigen Neufassung, die als gekürzte und vereinfachte Ausgabe im März 1954 herauskam. Zur Erleichterung der Kostenermittlung wurden für Kostenvoranschläge und Kostenanschläge Vordruckmuster geschaffen. In den Vordruckmustern wurde durch die Hinweise auf die Ermittlungsvorschriften in DIN 277 die enge Bindung beider Normen deutlich sichtbar. Da mit der Verordnung über wohnungswirtschaftliche Berechnungen des 2. Wohnungsbaugesetzes für den öffentlich geförderten und den steuerbegünstigten Wohnungsbau eine von DIN 276, DIN 277 und DIN 283 abweichende Kosten- und Flächenberechnung gefordert wurde, musste in diese Normen eine entsprechende Vorbemerkung aufgenommen werden.

Im Verlauf einer mehr als zehnjährigen Weiterentwicklung der Planung und Technik im Bauwesen zeigten sich bei der Anwendung der Normen DIN 276 und DIN 277 wachsende Schwierigkeiten. Durch Auflösung bisher massiver Bauformen, starke Gliederung der Baukörper sowie horizontale und vertikale Staffelung von Bauten aller Gattungen verlor die vornehmlich auf den Wohnungsbau zugeschnittene Kubusbewertung ihre allgemeine Bedeutung und Gültigkeit. Da in immer stärkerem Maße als früher Geschosse oder Gebäudeteile desselben Bauwerks unterschiedliche Kosten verursachten und somit ein einheitliches Kostengefüge nicht mehr bestand, ließen sich viele Hochbauten nicht mehr nach DIN 277 eindeutig erfassen und berechnen. Die Erkenntnis, dass Raummeterpreise kein allgemein verlässlicher Maßstab für Ermittlung und Beurteilung von Hochbaukosten sind, setzte sich immer mehr durch.
Auch die richtige Einordnung der Leistungen in das Gefüge der Kostenarten von DIN 276 wurde immer schwieriger. Die mit der Erstausgabe vom August 1934 gegebene Kostengliederung war nahezu unverändert geblieben. Da diese auf den technisch verhältnismäßig einfachen Wohnungsbau ausgerichtet war, entstanden insbesondere beim Gewerbe- und Industriebau sowie

auch beim öffentlichen Hochbau Unzuträglichkeiten bei der Erfassung und Zuordnung der Kosten für die besonderen Betriebseinrichtungen, die für diese Bauten den Charakter des Besonderen längst nicht mehr hatten. Der FN-Bau entschloss sich deshalb im Jahre 1968 zu einer Neubearbeitung beider Normen. Der Versuch, die bestehenden Fassungen durch Änderungen in den Abschnitten und durch Ergänzungen zu verbessern, führte bei dem Umfang der vorliegenden Anregungen nicht zum Ziel. Von einer Überarbeitung musste deshalb abgesehen und eine grundlegende Neufassung vorgenommen werden.

Die neue DIN 276, Ausgabe September 1971, bestand aus
- Teil 1: Kosten von Hochbauten; Begriffe
- Teil 2: Kosten von Hochbauten; Kostengliederung
        (mit der Darstellung einer vierstelligen Kostengliederung als Anhang)
        und
- Teil 3: Kosten von Hochbauten; Kostenermittlung
        (mit Vordruckmustern in drei Anhängen).

Die Neufassung von DIN 277 konnte dagegen erst im Jahre 1973 herausgegeben werden. Die Beratungen der Fachleute hatten zu der Erkenntnis geführt, dass die Norm nicht nur Regeln für die Berechnung von Rauminhalten sondern auch von Flächen bieten müsse und dass sich über die engeren Grenzen der Norm hinaus in der Zukunft ein weiterer Regelungsbedarf auf dem Gebiet der Berechnungsregeln ergeben würde. Daher wurde die Norm vorsorglich als DIN 277 Teil 1 bezeichnet. Die neue Ausgabe Mai 1973 hieß ihrem erweiterten Inhalt entsprechend »Grundflächen und Rauminhalte von Hochbauten; Begriffe, Berechnungsgrundlagen«. Im Interesse einer neutralen Ausdrucksweise hatte man dabei bewusst auf den seit Jahrzehnten im Bauwesen eingeführten Begriff „umbauter Raum" für das Bauvolumen verzichtet und gegen den mathematisch korrekten „Rauminhalt" ausgetauscht.

Die Anwendung der beiden neuen Normen DIN 276 und DIN 277 Teil 1 zwang zum Umdenken. Sie erhielten infolge ihres erweiterten Inhalts, insbesondere durch die Aufnahme von Begriffen und Berechnungsgrundlagen für Grundflächen, durch Verfeinerung der Kostengliederung sowie infolge der umfangreichen Formblattmuster einen erheblich größeren Umfang als bisher. Neue Möglichkeiten der Kostenermittlung wurden erschlossen und praktikabel angeboten. Nach zehnjähriger Anwendung wurde die Norm DIN 276 im April 1981 mit Änderungen, die durch das Erscheinen von DIN 277 Teil 1 im Mai 1973 und von DIN 18960 Teil 1 im April 1976 sowie durch Korrekturen in der Kostengliederung notwendig geworden waren, neu herausgegeben. Außerdem erschien im März 1981 DIN 277 Teil 2 mit der notwendigen Ergänzung der Gliederung der Netto-Grundrissfläche, durch die eine Untergliederung nach Gebäudearten vermieden wurde. Die vorgeschriebene Gliederung der Netto-Grundrissfläche nach Nutzungsarten gestattete eine eindeutige Bestimmung der Flächenqualitäten für jedes Bauwerk.

Im Juni 1987 erhielt DIN 277 Teil 1 und Teil 2 eine neue Fassung. Angaben zur Ermittlung von Grundstücksflächen wurden gestrichen, weil sie durch den Geltungsbereich der Norm nicht abgedeckt waren. Die Norm wurde nach systematischen Gesichtspunkten neu gegliedert, sowie gekürzt und redaktionell überarbeitet. Insbesondere wurde das wenig konkrete Wort „Hochbauten" durch „Bauwerke im Hochbau" ersetzt. Als entscheidende technische Änderung wurde im Sinne der Berechnungsregeln für den Wohnungsbau eine Höhenunterteilung unter Schrägen von Netto-Grundflächen aufgenommen, da die Norm DIN 283 Teil 2 über die Berechnung von Wohnflächen bereits 1983 ersatzlos zurückgezogen worden war (siehe hierzu die allgemeinen Anmerkungen zu DIN 277 Teil 1).

Die Kostenermittlung nach Grundflächen ist dank der gegebenen Definitionen und der Berechnungsgrundlagen weniger missverständlich als bisher. Die Netto-Grundfläche und ihre Unterteilung in Nutzfläche, Funktionsfläche und Verkehrsfläche lässt sich in jedem Falle sicher und schnell ermitteln. Schwieriger wird es sein, bereits im Stadium des Vorentwurfs die Brutto-Grundfläche genau festzustellen, denn zu diesem Zeitpunkt liegen die Konstruktionsmaße meist noch nicht fest. Andererseits ist die Kostenschätzung eine noch unverbindliche Kostenermittlung, von der nur der Genauigkeitsgrad erwartet werden kann, den die Qualität der Unterlagen zulässt. Liegt ein Entwurf vor, ist die Berechnung der Flächenarten verhältnismäßig einfach. Bei der Kostenermittlung durch Kostenberechnung nach DIN 276, Ausgabe April 1981, konnte deshalb bei der Verwendung von Kostenwerten, die sich auf Flächenarten beziehen, mit sicheren Ergebnissen gerechnet werden. Die Kostenermittlung nach Rauminhalten weicht zwar von der früheren Methode „umbauter Raum" erheblich ab, da auf eine Kostenbewertung der Volumina durch die Festlegung von Prozentzahlen verzichtet wurde. Solche Kosten, z. B. der nicht ausgebauten Teile von Dachgeschossen, können nur individuell durch Einsetzen entsprechender Einheitspreise, nicht jedoch durch feste Prozentsätze beurteilt werden.

Die Ausgabe April 1981 der DIN 276 hatte wiederum mehr als zehn Jahre Bestand und war über eine Bezugnahme in der Honorarordnung für Architekten und Ingenieure (HOAI) praktisch für alle Baumaßnahmen des Hochbaus verbindlich geworden. Zur gleichen Zeit hatten jedoch verbesserte Methoden der Kostenplanung auch Mängel der Norm aufgezeigt und die technische Entwicklung die Schwerpunkte anders gesetzt. Es wurde daher eine Überarbeitung beschlossen, die in die Ausgabe Juni 1993 mündete. Sie enthielt eine Anzahl von Änderungen, die sich auf Anpassungen an die technische und wirtschaftliche Entwicklung, auf Straffung des Textes und insbesondere auf die Zusammenfassung in einer einzigen Norm beziehen. Die Kostengliederung wurde vereinfacht und in allen Kostengruppen auf drei Kostengliederungsebenen zurückgeführt. Die Muster für Kostenermittlungen entfielen. In einer Vorbemerkung wurde darauf hingewiesen, dass die bisher geltende dreiteilige DIN 276, Ausgabe April 1981, für die Ermittlung der anrechenbaren Kosten nach HOAI noch so lange angewendet werden müsste, bis der Gesetzgeber eine neue Honorarordnung herausgegeben hätte.

Im Rahmen dieser Überarbeitung wurde die Notwendigkeit erkannt, die dort festgelegten Gliederungselemente genauer zu definieren, damit die Zuverlässigkeit der Kostenermittlung und die Vergleichbarkeit von Ausführungsvarianten verbessert wird, um so auch bei der Kostenverfolgung besser auf Planungsänderungen reagieren zu können. Als Ergebnis dieser Überlegungen wurde im Juli 1998 DIN 277-3 über Mengen und Bezugseinheiten (von Kostengruppen) veröffentlicht. Da die Festlegungen dieser Norm die Kostengruppen nach DIN 276 betreffen, aber auch Ermittlungsregeln im Sinne von DIN 277 enthalten, hätten sie unter jeder dieser Zählnummern veröffentlicht werden können. Durch die Art der Nummerierung sind jedoch nur bei DIN 277 Folgeteile vorgesehen, so dass sie dort als Teil 3 herausgegeben wurde. Auf jeden Fall dokumentiert der letzte Teil dieser Norm die enge thematische Verflechtung der beiden Normen DIN 276 und DIN 277.

Eine weitere Neufassung von DIN 276-1 wurde im November 2006 veröffentlicht, die im Wesentlichen redaktionelle Änderungen und einige Ergänzungen zum Thema „Kostenplanung" enthielt, sonst aber keine Auswirkung auf die Anwendung in der Praxis hatte.

In jüngster Zeit werden die Überlegungen zur Fortschreibung von DIN 276 und DIN 277 weitgehend von den Fragen der Baukostenplanung und -kontrolle beherrscht, wobei insbesondere bei DIN 277 öffentlichkeitswirksame Aspekte, die z. B. für die Immobilienwirtschaft von Bedeutung sein können, in den Hintergrund treten. Die Beratungen in den Fachgremien gestalten sich entsprechend langwierig und stehen oft in keinem Verhältnis zu den veröffentlichten Ergebnissen, wie die im Februar 2005 herausgegebene DIN 277 zeigt

2. Rechtsstellung der Normen DIN 276 und DIN 277

In § 6 Absatz 2b des Ersten Wohnungsbaugesetzes vom 24. April 1950 wurde die Bundesregierung ermächtigt, durch Rechtsverordnung Vorschriften über die Anwendung von Normen des Deutschen Normenausschusses zu erlassen. Sie hat von dieser Ermächtigung Gebrauch gemacht und mit der Verordnung über Wirtschaftlichkeits- und Wohnflächenberechnung für neugeschaffenen Wohnraum (Berechnungsverordnung) vom 20. November 1950 (BGBl. S. 753) über die Anwendung der Normen DIN 276 und DIN 277 Folgendes bestimmt:

> § 5 Gliederung der Gesamtherstellungskosten
> (1) ...
> (2) Bei der Berechnung der Gesamtherstellungskosten ist die Gliederung des Normblattes DIN 276 des Deutschen Normenausschusses zugrunde zu legen, soweit nicht diese Verordnung Abweichendes bestimmt.
>
> § 6 Anteilige Gesamtherstellungskosten
> (1) ...
> (2) Zur Berechnung des umbauten Raumes ist das Normblatt DIN 277 des Deutschen Normenausschusses zu verwenden.

Auch in § 91 Absatz 2b des Zweiten Wohnungsbaugesetzes vom 27. Juni 1956 wurde die Bundesregierung ermächtigt, durch Rechtsverordnung Vorschriften über die Anwendung von Normen des Deutschen Normenausschusses zu erlassen. Auf dieser Grundlage wurde mit der Verordnung über wohnungswirtschaftliche Berechnungen nach dem Zweiten Wohnungsbaugesetz (Zweite Berechnungsverordnung – II. BVO) vom 17. Oktober 1957 (BGBl. I S. 1719) die Verpflichtung, die Normblätter DIN 276 und DIN 277 anzuwenden, wiederholt. Die in Anlage 1 zu § 5 Abs. 5 der II. BVO vorgeschriebene „Aufstellung der Gesamtkosten" enthält allerdings zum Teil von DIN 276 abweichende Bestimmungen; auch ist das Normblatt nicht ausdrücklich erwähnt. In der Anlage 2 zu den §§ 11a und 34 Absatz 1 der II. BVO ist für die Ermittlung des umbauten Raumes Abschnitt 1 des Normblattes DIN 277 vorgeschrieben. Hieran wurde auch durch die Verordnung zur Änderung der Berechnungsverordnungen vom 1. Januar 1963 nichts geändert.

Aufgrund der Neufassung des zweiten Wohnungsbaugesetzes vom 1. September 1965 wurde die II. BVO am 20. Dezember 1965 (BGBl. I S. 1617) ebenfalls neu gefasst, wobei die Vorschriften über die Anwendung der Normen DIN 276 und DIN 277 uneingeschränkt bestehen blieben. Auch als infolge des Wohnungsbauänderungsgesetzes vom 17. Juli 1968, durch das auch das Zweite Wohnungsbaugesetz geändert wurde, die Zweite Berechnungsverordnung (jetzt II. BV) neue Fassungen erhielt, blieben diese Vorschriften weiterhin voll gültig.

Nach diesem Zeitpunkt hat jedoch der Gesetzgeber auf die weitere Fortschreibung der Normen DIN 276 und 277 nicht mehr reagiert, so dass der Zusammenhang der II. BV mit diesen Normen nur noch schwer erkennbar ist. Eklatantes Beispiel sind die Personen- und Lastenaufzüge, die in der gültigen DIN 276 unter der Kostengruppe 461 sinnvollerweise als Förderanlagen zu den Technischen Anlagen des Bauwerks zählen, während sie nach Anlage 1 der II. BV zu den Kosten der „Besondere Betriebseinrichtungen" rechnen, einem Begriff, den es in der gültigen Kostengliederung bereits seit 1981 nicht mehr gibt. Auch die Anlage 2 mit den Regeln für die Berechnung des umbauten Raumes weist immer noch auf die Fassung der DIN 277 aus dem Jahre 1950 hin.

Bei der Bewältigung des öffentlich geförderten Wohnungsbauprogramms der Nachkriegszeit, das zunächst den wichtigsten Abschnitt des Hochbauwesens bildete, haben diese beiden Normen eine bedeutende Rolle gespielt. Die Vorschriften aus der Wohnungsbaugesetzgebung haben aber auch wesentlich dazu beigetragen, dass sie weithin bekannt wurden und für die Ermittlung von Hochbaukosten unentbehrliche Hilfsmittel geworden sind. Nachdem jedoch in den letzten Jahren die staatliche Wohnraumförderung aufgrund der wirtschaftlichen Entwicklung zum Erliegen gekommen ist und auch bestehende Wohnbauten durch Streichen der Anschlussförderung in die Privatwirtschaft entlassen werden, haben die Normen DIN 276 und DIN 277 ihren obligatorischen Charakter verloren. Lediglich in der „Verordnung über die Honorare für Architekten- und Ingenieurleistungen" (HOAI) wird noch vorgeschrieben, dass die Honorare auf der Grundlage der nach DIN 276-1 ermittelten Baukosten zu berechnen sind.

Im Übrigen stellen die Regeln in den gültigen Fassungen der Normen zwar den Stand der Technik dar, eine Verpflichtung, sie anzuwenden, kann jedoch nur durch eine private Vereinbarung (Vertrag) oder durch behördliche Vorschrift wie im Falle der HOAI erreicht werden.

DIN 276-1

Kosten im Bauwesen – Teil 1: Hochbau

Ausgabe Dezember 2008

Ein Stichwortverzeichnis befindet sich am Ende des Kapitels, Seite 108

DEUTSCHE NORM   Dezember 2008

DIN 276-1

DIN

ICS 91.010.20

Ersatz für
DIN 276-1:2006-11 und
DIN 276-1
Berichtigung 1:2007-02

Kosten im Bauwesen –
Teil 1: Hochbau

Building costs –
Part 1: Building construction

Coûts de bâtiment –
Partie 1: Bâtiment

Gesamtumfang 26 Seiten

Normenausschuss Bauwesen (NABau) im DIN

Preisgruppe 13
www.din.de
www.beuth.de

1467312

Seite 2   DIN 276-1:2008-12

Inhalt

Vorwort

Diese Norm wurde vom NABau Arbeitsausschuss NA 005-01-05 AA „Kosten im Hochbau" erarbeitet. Der Teil 1 gilt für den Hochbau; Teil 2 für den Ingenieurbau ist in Vorbereitung.

Änderungen

Gegenüber DIN 276-1:2006-11 und DIN 276-1 Berichtigung 1:2007-02 wurden folgende Änderungen vorgenommen:

a)   die Änderung A1 (Entwurf 2008-02) wurde eingearbeitet;

b)   die Berichtigung 1:2007-02 wurde eingearbeitet.

Frühere Ausgaben

DIN 276: 1934-08, 1943-08, 1954x-03, 1993-06
DIN 276-1: 1971-09, 1981-04
DIN 276-1 Berichtigung 1:2007-02
DIN 276-2: 1971-09, 1981-04
DIN 276-3: 1971-09, 1981-04
DIN 276-3 Auswahl 1: 1981-04

1   Anwendungsbereich

Dieser Teil der Norm gilt für die Kostenplanung im Hochbau, insbesondere für die Ermittlung und die Gliederung von Kosten. Sie erstreckt sich auf die Kosten für den Neubau, den Umbau und die Modernisierung von Bauwerken sowie die damit zusammenhängenden projektbezogenen Kosten; für Nutzungskosten im Hochbau gilt DIN 18960.

Die Norm legt Begriffe der Kostenplanung im Bauwesen fest; sie legt Unterscheidungsmerkmale von Kosten fest und schafft damit die Voraussetzungen für die Vergleichbarkeit der Ergebnisse von Kostenermittlungen. Die nach dieser Norm ermittelten Kosten können bei Verwendung für andere Zwecke (z. B. Vergütung von Auftragnehmerleistungen, steuerliche Förderung) den dabei erforderlichen Ermittlungen zugrunde gelegt werden. Eine Bewertung der Kosten im Sinne der entsprechenden Vorschriften nimmt die Norm jedoch nicht vor.

2   Begriffe

Für die Anwendung dieses Dokuments gelten die folgenden Begriffe.

2.1
Kosten im Bauwesen
Aufwendungen für Güter, Leistungen, Steuern und Abgaben, die für die Vorbereitung, Planung und Ausführung von Bauprojekten erforderlich sind

ANMERKUNG   Kosten im Bauwesen werden in diesem Dokument im Folgenden als Kosten bezeichnet.

2.2
Kostenplanung
Gesamtheit aller Maßnahmen der Kostenermittlung, der Kostenkontrolle und der Kostensteuerung

2.3
Kostenvorgabe
Festlegung der Kosten als Obergrenze oder als Zielgröße für die Planung

2.4
Kostenermittlung
Vorausberechnung der entstehenden Kosten bzw. Feststellung der tatsächlich entstandenen Kosten

Entsprechend dem Planungsfortschritt werden die folgenden Stufen der Kostenermittlung unterschieden:

2.4.1
Kostenrahmen
Ermittlung der Kosten auf der Grundlage der Bedarfsplanung

2.4.2
Kostenschätzung
Ermittlung der Kosten auf der Grundlage der Vorplanung

2.4.3
Kostenberechnung
Ermittlung der Kosten auf der Grundlage der Entwurfsplanung

2.4.4
Kostenanschlag
Ermittlung der Kosten auf der Grundlage der Ausführungsvorbereitung

2.4.5
Kostenfeststellung
Ermittlung der endgültigen Kosten

2.5
Kostenkontrolle
Vergleichen aktueller Kostenermittlungen mit Kostenvorgaben und früheren Kostenermittlungen

2.6
Kostensteuerung
Eingreifen in die Planung zur Einhaltung von Kostenvorgaben

2.7
Kostenkennwert
Wert, der das Verhältnis von Kosten zu einer Bezugseinheit darstellt

2.8
Kostengliederung
Ordnungsstruktur, nach der die Gesamtkosten eines Bauprojekts in Kostengruppen unterteilt werden

2.9
Kostengruppe
Zusammenfassung einzelner, nach den Kriterien der Planung oder des Projektablaufes zusammen-gehörender Kosten

2.10
Gesamtkosten
Kosten, die sich als Summe aus allen Kostengruppen ergeben

2.11
Bauwerkskosten
Kosten, die sich als Summe der Kostengruppen 300 und 400 ergeben

2.12
Kostenprognose
Ermittlung der Kosten auf den Zeitpunkt der Fertigstellung

2.13
Kostenrisiko
Unwägbarkeiten und Unsicherheiten bei Kostenermittlungen und Kostenprognosen

3 Grundsätze der Kostenplanung

3.1 Allgemeines

Ziel der Kostenplanung ist es, ein Bauprojekt wirtschaftlich und kostentransparent sowie kostensicher zu realisieren.

Die Kostenplanung ist auf der Grundlage von Planungsvorgaben (Quantitäten und Qualitäten) oder von Kostenvorgaben kontinuierlich und systematisch über alle Phasen eines Bauprojekts durchzuführen.

Kostenplanung kann nach folgenden Grundsätzen erfolgen:

— die Kosten sind durch Anpassung von Qualitäten und Quantitäten einzuhalten;

— die Kosten sind bei definierten Qualitäten und Quantitäten zu minimieren.

3.2   Kostenvorgabe

3.2.1   Ziel und Zweck

Ziel der Kostenvorgabe ist es, die Kostensicherheit zu erhöhen, Investitionsrisiken zu vermindern und frühzeitige Alternativüberlegungen in der Planung zu fördern.

3.2.2   Festlegung der Kostenvorgabe

Eine Kostenvorgabe kann auf der Grundlage von Budget- oder Kostenermittlungen festgelegt werden.

Vor der Festlegung einer Kostenvorgabe ist ihre Realisierbarkeit im Hinblick auf die weiteren Planungsziele zu überprüfen. Bei Festlegung einer Kostenvorgabe ist zu bestimmen, ob sie als Kostenobergrenze oder als Zielgröße für die Planung gilt. Diese Vorgehensweise ist auch für eine Fortschreibung der Kostenvorgabe – insbesondere auf Grund von Planungsänderungen – anzuwenden.

3.3   Kostenermittlung

3.3.1   Zweck

Kostenermittlungen dienen als Grundlagen für Finanzierungsüberlegungen und Kostenvorgaben, für Maßnahmen der Kostenkontrolle und der Kostensteuerung, für Planungs-, Vergabe- und Ausführungsentscheidungen sowie zum Nachweis der entstandenen Kosten.

3.3.2   Darstellung und Vollständigkeit

Kostenermittlungen sind in der Systematik der Kostengliederung zu ordnen. Die Kosten sind vollständig zu erfassen und zu dokumentieren.

3.3.3   Grundlagen und Erläuterungen

Die Grundlagen der Kostenermittlung sind anzugeben. Erläuterungen zum Bauprojekt sind in der Systematik der Kostengliederung zu ordnen.

3.3.4   Kostenermittlung bei Bauabschnitten

Besteht ein Bauprojekt aus mehreren Abschnitten (z. B. funktional, zeitlich, räumlich oder wirtschaftlich), sind für jeden Abschnitt getrennte Kostenermittlungen aufzustellen.

3.3.5   Bauprojekte im Bestand

Bei Bauprojekten im Bestand sollten die Kosten nach Abbruch-, Instandsetzungs- und Neubaumaßnahmen unterschieden werden.

3.3.6   Vorhandene Bausubstanz und wiederverwendete Teile

Der Wert vorhandener Bausubstanz und wiederverwendeter Teile ist bei den betreffenden Kostengruppen gesondert auszuweisen.

3.3.7   Eigenleistungen

Der Wert von Eigenleistungen ist bei den betreffenden Kostengruppen gesondert auszuweisen. Für Eigenleistungen sind die Personal- und Sachkosten einzusetzen, die für entsprechende Unternehmerleistungen entstehen würden.

3.3.8 Besondere Kosten

Sofern Kosten durch außergewöhnliche Bedingungen des Standortes (z. B. Gelände, Baugrund, Umgebung), durch besondere Umstände des Bauprojekts oder durch Forderungen außerhalb der Zweckbestimmung des Bauwerks verursacht werden, sind diese Kosten bei den betreffenden Kostengruppen gesondert auszuweisen.

3.3.9 Kostenrisiken

In Kostenermittlungen sollten vorhersehbare Kostenrisiken nach ihrer Art, ihrem Umfang und ihrer Eintrittswahrscheinlichkeit benannt werden. Es sollten geeignete Maßnahmen zur Reduzierung, Vermeidung, Überwälzung und Steuerung von Kostenrisiken aufgezeigt werden.

3.3.10 Kostenstand und Kostenprognose

Bei Kostenermittlungen ist vom Kostenstand zum Zeitpunkt der Ermittlung auszugehen; dieser Kostenstand ist durch die Angabe des Zeitpunktes zu dokumentieren.

Sofern Kosten auf den Zeitpunkt der Fertigstellung prognostiziert werden, sind sie gesondert auszuweisen.

3.3.11 Umsatzsteuer

Die Umsatzsteuer kann entsprechend den jeweiligen Erfordernissen wie folgt berücksichtigt werden:

— in den Kostenangaben ist die Umsatzsteuer enthalten („Brutto-Angabe");

— in den Kostenangaben ist die Umsatzsteuer nicht enthalten („Netto-Angabe");

— nur bei einzelnen Kostenangaben (z. B. bei übergeordneten Kostengruppen) ist die Umsatzsteuer ausgewiesen.

In der Kostenermittlung und bei Kostenkennwerten ist immer anzugeben, in welcher Form die Umsatzsteuer berücksichtigt worden ist.

3.4 Stufen der Kostenermittlung

In 3.4.1 bis 3.4.5 werden die Stufen der Kostenermittlung nach ihrem Zweck, den erforderlichen Grundlagen und dem Detaillierungsgrad festgelegt.

3.4.1 Kostenrahmen

Der Kostenrahmen dient als eine Grundlage für die Entscheidung über die Bedarfsplanung sowie für grundsätzliche Wirtschaftlichkeits- und Finanzierungsüberlegungen und zur Festlegung der Kostenvorgabe.

Bei dem Kostenrahmen werden insbesondere folgende Informationen zugrunde gelegt:

— quantitative Bedarfsangaben, z. B. Raumprogramm mit Nutzeinheiten, Funktionselemente und deren Flächen;

— qualitative Bedarfsangaben, z. B. bautechnische Anforderungen, Funktionsanforderungen, Ausstattungsstandards;

— gegebenenfalls auch Angaben zum Standort.

Im Kostenrahmen müssen innerhalb der Gesamtkosten mindestens die Bauwerkskosten gesondert ausgewiesen werden.

3.4.2   Kostenschätzung

Die Kostenschätzung dient als eine Grundlage für die Entscheidung über die Vorplanung.

In der Kostenschätzung werden insbesondere folgende Informationen zugrunde gelegt:

— Ergebnisse der Vorplanung, insbesondere Planungsunterlagen, zeichnerische Darstellungen;

— Berechnung der Mengen von Bezugseinheiten der Kostengruppen, nach DIN 277;

— erläuternde Angaben zu den planerischen Zusammenhängen, Vorgängen und Bedingungen;

— Angaben zum Baugrundstück und zur Erschließung.

In der Kostenschätzung müssen die Gesamtkosten nach Kostengruppen mindestens bis zur 1. Ebene der Kostengliederung ermittelt werden.

3.4.3   Kostenberechnung

Die Kostenberechnung dient als eine Grundlage für die Entscheidung über die Entwurfsplanung.

In der Kostenberechnung werden insbesondere folgende Informationen zugrunde gelegt:

— Planungsunterlagen, z. B. durchgearbeitete Entwurfzeichnungen (Maßstab nach Art und Größe des Bauvorhabens), gegebenenfalls auch Detailpläne mehrfach wiederkehrender Raumgruppen;

— Berechnung der Mengen von Bezugseinheiten der Kostengruppen;

— Erläuterungen, z. B. Beschreibung der Einzelheiten in der Systematik der Kostengliederung, die aus den Zeichnungen und den Berechnungsunterlagen nicht zu ersehen, aber für die Berechnung und die Beurteilung der Kosten von Bedeutung sind.

In der Kostenberechnung müssen die Gesamtkosten nach Kostengruppen mindestens bis zur 2. Ebene der Kostengliederung ermittelt werden.

3.4.4   Kostenanschlag

Der Kostenanschlag dient als eine Grundlage für die Entscheidung über die Ausführungsplanung und die Vorbereitung der Vergabe.

Im Kostenanschlag werden insbesondere folgende Informationen zugrunde gelegt:

— Planungsunterlagen, z. B. endgültige vollständige Ausführungs-, Detail- und Konstruktionszeichnungen;

— Berechnungen, z. B. für Standsicherheit, Wärmeschutz, technische Anlagen;

— Berechnung der Mengen von Bezugseinheiten der Kostengruppen;

— Erläuterungen zur Bauausführung, z. B. Leistungsbeschreibungen;

— Zusammenstellungen von Angeboten, Aufträgen und bereits entstandenen Kosten (z. B. für das Grundstück, Baunebenkosten usw.).

Im Kostenanschlag müssen die Gesamtkosten nach Kostengruppen mindestens bis zur 3. Ebene der Kostengliederung ermittelt und nach den vorgesehenen Vergabeeinheiten geordnet werden. Der Kostenanschlag kann entsprechend dem Projektablauf in einem oder mehreren Schritten aufgestellt werden.

3.4.5 Kostenfeststellung

Die Kostenfeststellung dient zum Nachweis der entstandenen Kosten sowie gegebenenfalls zu Vergleichen und Dokumentationen.

In der Kostenfeststellung werden insbesondere folgende Informationen zugrunde gelegt:

— geprüfte Abrechnungsbelege, z. B. Schlussrechnungen, Nachweise der Eigenleistungen;

— Planungsunterlagen, z. B. Abrechnungszeichnungen;

— Erläuterungen.

In der Kostenfeststellung müssen die Gesamtkosten nach Kostengruppen bis zur 3. Ebene der Kostengliederung unterteilt werden.

3.5 Kostenkontrolle und Kostensteuerung

3.5.1 Zweck

Kostenkontrolle und Kostensteuerung dienen der Überwachung der Kostenentwicklung und der Einhaltung der Kostenvorgabe.

3.5.2 Grundsatz

Bei der Kostenkontrolle und Kostensteuerung sind die Planungs- und Ausführungsmaßnahmen eines Bauprojekts hinsichtlich ihrer resultierenden Kosten kontinuierlich zu bewerten. Wenn bei der Kostenkontrolle Abweichungen festgestellt werden insbesondere beim Eintreten von Kostenrisiken, sind diese zu benennen. Es ist dann zu entscheiden, ob die Planung unverändert fortgesetzt wird, oder ob zielgerichtete Maßnahmen der Kostensteuerung ergriffen werden.

3.5.3 Dokumentation

Die Ergebnisse der Kostenkontrolle sowie die vorgeschlagenen und durchgeführten Maßnahmen der Kostensteuerung sind zu dokumentieren.

3.5.4 Kostenkontrolle bei der Vergabe und Ausführung

Bei der Vergabe und der Ausführung sind die Angebote, Aufträge und Abrechnungen (einschließlich Nachträgen) in der für das Bauprojekt festgelegten Struktur aktuell zusammenzustellen und durch Vergleiche mit vorherigen Ergebnissen zu kontrollieren.

4   Kostengliederung

4.1   Aufbau der Kostengliederung

Die Kostengliederung nach 4.3 sieht drei Ebenen der Kostengliederung vor; diese sind durch dreistellige Ordnungszahlen gekennzeichnet.

In der 1. Ebene der Kostengliederung werden die Gesamtkosten in folgende sieben Kostengruppen gegliedert:

    100   Grundstück

    200   Herrichten und Erschließen

    300   Bauwerk — Baukonstruktionen

    400   Bauwerk — Technische Anlagen

    500   Außenanlagen

    600   Ausstattung und Kunstwerke

    700   Baunebenkosten

Die Kostengruppen 300 und 400 können zu Bauwerkskosten zusammengefasst werden.

Bei Bedarf werden diese Kostengruppen entsprechend der Kostengliederung in die Kostengruppen der 2. und 3. Ebene der Kostengliederung unterteilt.

Über die Kostengliederung dieser Norm hinaus können die Kosten entsprechend den technischen Merkmalen z. B. für eine differenzierte Kostenplanung oder den herstellungsmäßigen Gesichtspunkten z. B. im Hinblick auf Vergabe und Ausführung oder nach der Lage im Bauwerk bzw. auf dem Grundstück z. B. für Zwecke der Termin- oder Finanzplanung weiter untergliedert werden.

Ab dem Kostenanschlag sollten die Kostengruppen auch in Vergabeeinheiten entsprechend der projektspezifischen Vergabestruktur geordnet werden, damit die Angebote, Aufträge und Abrechnungen (einschließlich Nachträgen) aktuell zusammengestellt und kontrolliert werden können.

4.2   Ausführungsorientierte Gliederung der Kosten

Soweit es die Umstände des Einzelfalls zulassen (z. B. im Wohnungsbau) oder erfordern (z. B. bei Modernisierungen), können die Kosten vorrangig ausführungsorientiert gegliedert werden, indem bereits die Kostengruppen der ersten Ebene der Kostengliederung nach ausführungs- oder gewerkeorientierten Strukturen unterteilt werden. Dies entspricht der 2. Ebene der Kostengliederung. Hierfür kann die Gliederung in Leistungsbereiche entsprechend dem Standardleistungsbuch für das Bauwesen (Internet unter www.gaeb.de) verwendet werden.

Im Falle einer solchen ausführungsorientierten Gliederung der Kosten ist eine weitere Unterteilung, z. B. in Teilleistungen, erforderlich, damit die Leistungen hinsichtlich Inhalt, Eigenschaften und Menge beschrieben und erfasst werden können. Dies entspricht der 3. Ebene der Kostengliederung.

Auch bei einer ausführungsorientierten Gliederung sollten die Kosten in Vergabeeinheiten geordnet werden.

4.3   Darstellung der Kostengliederung

Die in der Spalte „Anmerkungen" aufgeführten Güter, Leistungen oder Abgaben sind Beispiele für die jeweilige Kostengruppe; die Aufzählung ist nicht abschließend.

Die Kosten sind möglichst getrennt und eindeutig den einzelnen Kostengruppen zuzuordnen. Bestehen mehrere Zuordnungsmöglichkeiten und ist eine Aufteilung nicht möglich, sind die Kosten entsprechend der überwiegenden Verursachung zuzuordnen (z. B. KG 390, KG 490, KG 590).

Tabelle 1

Kostengruppen		Anmerkungen
100	**Grundstück**	
110	**Grundstückswert**	
120	**Grundstücksnebenkosten**	Kosten, die im Zusammenhang mit dem Erwerb eines Grundstücks entstehen
121	Vermessungsgebühren	
122	Gerichtsgebühren	
123	Notariatsgebühren	
124	Maklerprovisionen	
125	Grunderwerbssteuer	
126	Wertermittlungen, Untersuchungen	Wertermittlungen, Untersuchungen zu Altlasten und deren Beseitigung, Baugrunduntersuchungen und Untersuchungen über die Bebaubarkeit, soweit sie zur Beurteilung des Grundstückswertes dienen
127	Genehmigungsgebühren	
128	Bodenordnung, Grenzregulierung	
129	Grundstücksnebenkosten, sonstiges	
130	**Freimachen**	Kosten, die aufzuwenden sind, um ein Grundstück von Belastungen freizumachen
131	Abfindungen	Abfindungen und Entschädigungen für bestehende Nutzungsrechte, z. B. Miet- und Pachtverträge
132	Ablösen dinglicher Rechte	Ablösung von Lasten und Beschränkungen, z. B. Wegerechten
139	Freimachen, sonstiges	
200	**Herrichten und Erschließen**	Kosten aller vorbereitenden Maßnahmen, um die Baumaßnahme auf dem Grundstück durchführen zu können
210	**Herrichten**	Kosten der vorbereitenden Maßnahmen, soweit nicht in anderen Kostengruppen erfasst
211	Sicherungsmaßnahmen	Schutz von vorhandenen Bauwerken, Bauteilen, Versorgungsleitungen sowie Sichern von Bewuchs und Vegetationsschichten
212	Abbruchmaßnahmen	Abbrechen und Beseitigen von vorhandenen Bauwerken, Ver- und Entsorgungsleitungen sowie Verkehrsanlagen
213	Altlastenbeseitigung	Beseitigen von Kampfmitteln und anderen gefährlichen Stoffen, Sanieren belasteter und kontaminierter Böden
214	Herrichten der Geländeoberfläche	Roden von Bewuchs, Planieren, Bodenbewegungen einschließlich Oberbodensicherung, soweit nicht in KG 500 erfasst
219	Herrichten, sonstiges	

Tabelle 1 *(fortgesetzt)*

Kostengruppen	Anmerkungen
220 Öffentliche Erschließung	Anteilige Kosten aufgrund gesetzlicher Vorschriften (Erschließungs-beiträge/Anliegerbeiträge) und Kosten aufgrund öffentlich-recht-licher Verträge für
	— die Beschaffung oder den Erwerb der Erschließungsflächen gegen Entgelt durch den Träger der öffentlichen Erschließung,
	— die Herstellung oder Änderung gemeinschaftlich genutzter technischer Anlagen, z. B. zur Ableitung von Abwasser sowie zur Versorgung mit Wasser, Wärme, Gas, Strom und Tele-kommunikation,
	— die erstmalige Herstellung oder den Ausbau der öffentlichen Verkehrsflächen, der Grünflächen und sonstiger Freiflächen für öffentliche Nutzung.
	Kostenzuschüsse und Anschlusskosten sollen getrennt ausgewie-sen werden.
221 Abwasserentsorgung	Kostenzuschüsse, Anschlusskosten
222 Wasserversorgung	Kostenzuschüsse, Anschlusskosten
223 Gasversorgung	Kostenzuschüsse, Anschlusskosten
224 Fernwärmeversorgung	Kostenzuschüsse, Anschlusskosten
225 Stromversorgung	Kostenzuschüsse, Anschlusskosten
226 Telekommunikation	Einmalige Entgelte für die Bereitstellung und Änderung von Netz-anschlüssen
227 Verkehrserschließung	Erschließungsbeiträge für die Verkehrs- und Freianlagen ein-schließlich deren Entwässerung und Beleuchtung
228 Abfallentsorgung	Kostenzuschüsse, Anschlusskosten z. B. für eine leitungsgebundene Abfallentsorgung
229 Öffentliche Erschließung, sonstiges	
230 Nichtöffentliche Erschließung	Kosten für Verkehrsflächen und technische Anlagen, die ohne öffentlich-rechtliche Verpflichtung oder Beauftragung mit dem Ziel der späteren Übertragung in den Gebrauch der Allgemeinheit hergestellt und ergänzt werden. Kosten von Anlagen auf dem eigenen Grundstück gehören zu der Kostengruppe 500.
	Soweit erforderlich, kann die Kostengruppe 230 entsprechend der Kostengruppe 220 untergliedert werden.
240 Ausgleichsabgaben	Kosten, die aufgrund rechtlicher Bestimmungen aus Anlass des geplanten Bauvorhabens einmalig und zusätzlich zu den Erschließungbeiträgen entstehen. Hierzu gehört insbesondere das Ablösen von Verpflichtungen aus öffentlich-rechtlichen Vorschriften, z. B. Stellplätze, Baumbestand.
250 Übergangsmaßnahmen	
251 Provisorien	Kosten der Erstellung, Anpassung oder Umlegung von Bauwerken und Außenanlagen als provisorische Maßnahme der endgültigen Bauwerke und Außenanlagen einschließlich dem Wiederentfernen der Provisorien soweit nicht in den Kostengruppen 398, 498 und 598 erfasst.
252 Auslagerungen	Kosten für die Auslagerung von Nutzungen während der Bauzeit

Tabelle 1 *(fortgesetzt)*

Kostengruppen		Anmerkungen
300	Bauwerk — Baukonstruktionen	Kosten von Bauleistungen und Lieferungen zur Herstellung des Bauwerks, jedoch ohne die Technischen Anlagen (Kostengruppe 400). Dazu gehören auch die mit dem Bauwerk fest verbundenen Einbauten, die der besonderen Zweckbestimmung dienen, sowie übergreifende Maßnahmen in Zusammenhang mit den Baukonstruktionen. Bei Umbauten und Modernisierungen zählen hierzu auch die Kosten von Teilabbruch-, Instandsetzungs-, Sicherungs- und Demontagearbeiten. Die Kosten sind bei den betreffenden Kostengruppen auszuweisen.
310	Baugrube	
311	Baugrubenherstellung	Bodenabtrag, Aushub einschließlich Arbeitsräumen und Böschungen, Lagern, Hinterfüllen, Ab- und Anfuhr
312	Baugrubenumschließung	Verbau, z. B. Schlitz-, Pfahl-, Spund-, Trägerbohl-, Injektions- und Spritzbetonwände einschließlich Verankerung, Absteifung
313	Wasserhaltung	Grund- und Schichtenwasserbeseitigung während der Bauzeit
319	Baugrube, sonstiges	
320	Gründung	Die Kostengruppen enthalten die zugehörigen Erdarbeiten und Sauberkeitsschichten.
321	Baugrundverbesserung	Bodenaustausch, Verdichtung, Einpressung
322	Flachgründungen	Einzel-, Streifenfundamente, Fundamentplatten
323	Tiefgründungen	Pfahlgründung einschließlich Roste, Brunnengründungen; Verankerungen
324	Unterböden und Bodenplatten	Unterböden und Bodenplatten, die nicht der Fundamentierung dienen
325	Bodenbeläge	Beläge auf Boden- und Fundamentplatten, z. B. Estriche, Dichtungs-, Dämm-, Schutz-, Nutzschichten
326	Bauwerksabdichtungen	Abdichtungen des Bauwerks einschließlich Filter-, Trenn- und Schutzschichten
327	Dränagen	Leitungen, Schächte, Packungen
329	Gründung, sonstiges	
330	Außenwände	Wände und Stützen, die dem Außenklima ausgesetzt sind bzw. an das Erdreich oder an andere Bauwerke grenzen
331	Tragende Außenwände	Tragende Außenwände einschließlich horizontaler Abdichtungen
332	Nichttragende Außenwände	Außenwände, Brüstungen, Ausfachungen, jedoch ohne Bekleidungen
333	Außenstützen	Stützen und Pfeiler mit einem Querschnittsverhältnis ≤ 1 : 5
334	Außentüren und -fenster	Fenster und Schaufenster, Türen und Tore einschließlich Fensterbänken, Umrahmungen, Beschlägen, Antrieben, Lüftungselementen und sonstigen eingebauten Elementen
335	Außenwandbekleidungen, außen	Äußere Bekleidungen einschließlich Putz-, Dichtungs-, Dämm-, Schutzschichten an Außenwänden und -stützen

Tabelle 1 *(fortgesetzt)*

Kostengruppen		Anmerkungen
336	Außenwandbekleidungen, innen	Raumseitige Bekleidungen, einschließlich Putz-, Dichtungs-, Dämm-, Schutzschichten an Außenwänden und -stützen
337	Elementierte Außenwände	Elementierte Wände, bestehend aus Außenwand, -fenster, -türen, -bekleidungen
338	Sonnenschutz	Rollläden, Markisen und Jalousien einschließlich Antrieben
339	Außenwände, sonstiges	Gitter, Geländer, Stoßabweiser und Handläufe
340	**Innenwände**	Innenwände und Innenstützen
341	Tragende Innenwände	Tragende Innenwände einschließlich horizontaler Abdichtungen
342	Nichttragende Innenwände	Innenwände, Ausfachungen, jedoch ohne Bekleidungen
343	Innenstützen	Stützen und Pfeiler mit einem Querschnittsverhältnis < 1 : 5
344	Innentüren und -fenster	Türen und Tore, Fenster und Schaufenster einschließlich Umrahmungen, Beschlägen, Antrieben und sonstigen eingebauten Elementen
345	Innenwandbekleidungen	Bekleidungen einschließlich Putz, Dichtungs-, Dämm-, Schutzschichten an Innenwänden und -stützen
346	Elementierte Innenwände	Elementierte Wände, bestehend aus Innenwänden, -türen, -fenstern, -bekleidungen, z. B. Falt- und Schiebewände, Sanitärtrennwände, Verschläge
349	Innenwände, sonstiges	Gitter, Geländer, Stoßabweiser, Handläufe, Rollläden einschließlich Antrieben
350	**Decken**	Decken, Treppen und Rampen oberhalb der Gründung und unterhalb der Dachfläche
351	Deckenkonstruktionen	Konstruktionen von Decken, Treppen, Rampen, Balkonen, Loggien einschließlich Über- und Unterstützen, füllenden Teilen wie Hohlkörpern, Blindböden, Schüttungen, jedoch ohne Beläge und Bekleidungen
352	Deckenbeläge	Beläge auf Deckenkonstruktionen einschließlich Estrichen, Dichtungs-, Dämm-, Schutz-, Nutzschichten; Schwing- und Installationsdoppelböden
353	Deckenbekleidungen	Bekleidungen unter Deckenkonstruktionen einschließlich Putz, Dichtungs-, Dämm-, Schutzschichten; Licht- und Kombinationsdecken
359	Decken, sonstiges	Abdeckungen, Schachtdeckel, Roste, Geländer, Stoßabweiser, Handläufe, Leitern, Einschubtreppen
360	**Dächer**	Flache oder geneigte Dächer
361	Dachkonstruktionen	Konstruktionen von Dächern, Dachstühlen, Raumtragwerken und Kuppeln einschließlich Über- und Unterzügen, füllenden Teilen wie Hohlkörpern, Blindböden, Schüttungen, jedoch ohne Beläge und Bekleidungen
362	Dachfenster, Dachöffnungen	Fenster, Ausstiege einschließlich Umrahmungen, Beschlägen, Antrieben, Lüftungselementen und sonstigen eingebauten Elementen
363	Dachbeläge	Beläge auf Dachkonstruktionen einschließlich Schalungen, Lattungen, Gefälle-, Dichtungs-, Dämm-, Schutz- und Nutzschichten; Entwässerungen der Dachfläche bis zum Anschluss an die Abwasseranlagen

Tabelle 1 *(fortgesetzt)*

Kostengruppen	Anmerkungen
364 Dachbekleidungen	Dachbekleidungen unter Dachkonstruktionen einschließlich Putz, Dichtungs-, Dämm-, Schutzschichten; Licht- und Kombinationsdecken unter Dächern
369 Dächer, sonstiges	Geländer, Laufbohlen, Schutzgitter, Schneefänge, Dachleitern, Sonnenschutz
370 Baukonstruktive Einbauten	Kosten der mit dem Bauwerk fest verbundenen Einbauten, jedoch ohne die nutzungsspezifischen Anlagen (siehe Kostengruppe 470). Für die Abgrenzung gegenüber der Kostengruppe 610 ist maßgebend, dass die Einbauten durch ihre Beschaffenheit und Befestigung technische und bauplanerische Maßnahmen erforderlich machen, z. B. Anfertigen von Werkplänen, statischen und anderen Berechnungen, Anschließen von Installationen
371 Allgemeine Einbauten	Einbauten, die einer allgemeinen Zweckbestimmung dienen, z. B. Einbaumöbel wie Sitz- und Liegemöbel, Gestühl, Podien, Tische, Theken, Schränke, Garderoben, Regale, Einbauküche
372 Besondere Einbauten	Einbauten, die einer besonderen Zweckbestimmung eines Objektes dienen, z. B. Werkbänke in Werkhallen, Labortische in Labors, Bühnenvorhänge in Theatern, Altäre in Kirchen, Einbausportgeräte in Sporthallen, Operationstische in Krankenhäusern
379 Baukonstruktive Einbauten, sonstiges	z. B. Rauchschutzvorhänge
390 Sonstige Maßnahmen für Baukonstruktionen	Baukonstruktionen und übergreifende Maßnahmen im Zusammenhang mit den Baukonstruktionen, die nicht einzelnen Kostengruppen der Baukonstruktionen zugeordnet werden können oder die nicht unter KG 490 oder KG 590 erfasst sind
391 Baustelleneinrichtung	Einrichten, Vorhalten, Betreiben, Räumen der übergeordneten Baustelleneinrichtung, z. B. Material- und Geräteschuppen, Lager-, Wasch-, Toiletten- und Aufenthaltsräume, Bauwagen, Misch- und Transportanlagen, Energie- und Bauwasseranschlüsse, Baustraßen, Lager- und Arbeitsplätze, Verkehrssicherungen, Abdeckungen, Bauschilder, Bau- und Schutzzäune, Baubeleuchtung, Schuttbeseitigung
392 Gerüste	Auf-, Um-, Abbauen, Vorhalten von Gerüsten
393 Sicherungsmaßnahmen	Sicherungsmaßnahmen an bestehenden Bauwerken, z. B. Unterfangungen, Abstützungen
394 Abbruchmaßnahmen	Abbruch- und Demontagearbeiten einschließlich Zwischenlagern wiederverwendbarer Teile, Abfuhr des Abbruchmaterials, soweit nicht in anderen Kostengruppen erfasst
395 Instandsetzungen	Maßnahmen zur Wiederherstellung des zum bestimmungsgemäßen Gebrauch geeigneten Zustandes, soweit nicht in anderen Kostengruppen erfassbar
396 Materialentsorgung	Entsorgung von Materialien und Stoffen, die bei dem Abbruch, bei der Demontage und bei dem Ausbau von Bauteilen oder bei der Erstellung einer Bauleistung anfallen zum Zweck des Recyclings oder der Deponierung

Tabelle 1 *(fortgesetzt)*

Kostengruppen	Anmerkungen
397 Zusätzliche Maßnahmen	Zusätzliche Maßnahmen bei der Erstellung von Baukonstruktionen z. B. Schutz von Personen, Sachen; Reinigung vor Inbetriebnahme; Maßnahmen aufgrund von Forderungen des Wasser-, Landschafts-, Lärm- und Erschütterungsschutzes während der Bauzeit; Schlechtwetter und Winterbauschutz, Erwärmung des Bauwerks, Schneeräumung
398 Provisorische Baukonstruktionen	Kosten für die Erstellung, Beseitigung provisorischer Baukonstruktionen, Anpassung des Bauwerks bis zur Inbetriebnahme des endgültigen Bauwerks
399 Sonstige Maßnahmen für Baukonstruktionen, sonstiges	Baukonstruktionen, die mehrere Kostengruppen betreffen, z. B. Schließanlagen, Schächte, Schornsteine, soweit nicht in anderen Kostengruppen erfasst
400 Bauwerk — Technische Anlagen	Kosten aller im Bauwerk eingebauten, daran angeschlossenen oder damit fest verbundenen technischen Anlagen oder Anlagenteile
	Die einzelnen technischen Anlagen enthalten die zugehörigen Gestelle, Befestigungen, Armaturen, Wärme- und Kältedämmung, Schall- und Brandschutzvorkehrungen, Abdeckungen, Verkleidungen, Anstriche, Kennzeichnungen sowie die anlagenspezifischen Mess-, Steuer- und Regelanlagen.
	Die Kosten für das Erstellen und Schließen von Schlitzen und Durchführungen werden in der Regel in der KG 300 erfasst.
410 Abwasser-, Wasser-, Gasanlagen	
411 Abwasseranlagen	Abläufe, Abwasserleitungen, Abwassersammelanlagen, Abwasserbehandlungsanlagen, Hebeanlagen
412 Wasseranlagen	Wassergewinnungs-, Aufbereitungs- und Druckerhöhungsanlagen, Rohrleitungen, dezentrale Wassererwärmer, Sanitärobjekte
413 Gasanlagen	Gasanlagen für Wirtschaftswärme: Gaslagerungs- und Erzeugungsanlagen, Übergabestationen, Druckregelanlagen und Gasleitungen, soweit nicht zu den Kostengruppen 420 oder 470 gehörend
419 Abwasser-, Wasser-, Gasanlagen, sonstiges	Installationsblöcke, Sanitärzellen
420 Wärmeversorgungsanlagen	
421 Wärmeerzeugungsanlagen	Brennstoffversorgung, Wärmeübergabestationen, Wärmeerzeugung auf der Grundlage von Brennstoffen oder unerschöpflichen Energiequellen einschließlich Schornsteinanschlüsse, zentrale Wassererwärmungsanlagen
422 Wärmeverteilnetze	Pumpen, Verteiler; Rohrleitungen für Raumheizflächen, raumlufttechnische Anlagen und sonstige Wärmeverbraucher
423 Raumheizflächen	Heizkörper, Flächenheizsysteme
429 Wärmeversorgungsanlagen, sonstiges	Schornsteine, soweit nicht in anderen Kostengruppen erfasst

Tabelle 1 *(fortgesetzt)*

Kostengruppen		Anmerkungen
430	**Lufttechnische Anlagen**	Anlagen mit und ohne Lüftungsfunktion
431	Lüftungsanlagen	Abluftanlagen, Zuluftanlagen, Zu- und Abluftanlagen ohne oder mit einer thermodynamischen Luftbehandlungsfunktion, mechanische Entrauchungsanlagen
432	Teilklimaanlagen	Anlagen mit zwei oder drei thermodynamischen Luftbehandlungs-funktionen
433	Klimaanlagen	Anlagen mit vier thermodynamischen Luftbehandlungsfunktionen
434	Kälteanlagen	Kälteanlagen für lufttechnische Anlagen: Kälteerzeugungs- und Rück-kühlanlagen einschließlich Pumpen, Verteiler und Rohrleitungen
439	Lufttechnische Anlagen, sonstiges	Lüftungsdecken, Kühldecken, Abluftfenster; Installationsdoppel-böden, soweit nicht in anderen Kostengruppen erfasst
440	**Starkstromanlagen**	Einschließlich der Brandschutzdurchführungen, soweit nicht in anderen Kostengruppen erfasst
441	Hoch- und Mittelspannungs-anlagen	Schaltanlagen, Transformatoren
442	Eigenstromversorgungsanlagen	Stromerzeugungsaggregate einschließlich Kühlung, Abgasanlagen und Brennstoffversorgung, zentrale Batterie- und unterbrechungs-freie Stromversorgungsanlagen, photovoltaische Anlagen
443	Niederspannungsschaltanlagen	Niederspannungshauptverteiler, Blindstromkompensationsanlagen, Maximumüberwachungsanlagen
444	Niederspannungsinstallations-anlagen	Kabel, Leitungen, Unterverteiler, Verlegesysteme, Installations-geräte
445	Beleuchtungsanlagen	Ortsfeste Leuchten, Sicherheitsbeleuchtung
446	Blitzschutz- und Erdungsanlagen	Auffangeinrichtungen, Ableitungen, Erdungen, Potentialausgleich
449	Starkstromanlagen, sonstiges	Frequenzumformer
450	**Fernmelde- und informationstechnische Anlagen**	Die einzelnen Anlagen enthalten die zugehörigen Verteiler, Kabel, Leitungen.
451	Telekommunikationsanlagen	
452	Such- und Signalanlagen	Personenrufanlagen, Lichtruf- und Klingelanlagen, Türsprech- und Türöffneranlagen
453	Zeitdienstanlagen	Uhren- und Zeiterfassungsanlagen
454	Elektroakustische Anlagen	Beschallungsanlagen, Konferenz- und Dolmetscheranlagen, Ge-gen- und Wechselsprechanlagen
455	Fernseh- und Antennenanlagen	Fernsehanlagen, soweit nicht in den Such-, Melde-, Signal- und Gefahrenmeldeanlagen erfasst, einschließlich Sende- und Emp-fangsantennenanlagen, Umsetzer
456	Gefahrenmelde- und Alarm-anlagen	Brand-, Überfall-, Einbruchmeldeanlagen, Wächterkontrollanlagen, Zugangskontroll- und Raumbeobachtungsanlagen
457	Übertragungsnetze	Netze zur Übertragung von Daten, Sprache, Text und Bild, soweit nicht in anderen Kostengruppen erfasst, Verlegesysteme, soweit nicht in KG 444 erfasst

Tabelle 1 *(fortgesetzt)*

Kostengruppen	Anmerkungen
459	Fernmelde- und informations-technische Anlagen, sonstiges	Fernwirkanlagen, Parkleitsysteme
460	**Förderanlagen**	
461	Aufzugsanlagen	Personenaufzüge, Lastenaufzüge
462	Fahrtreppen, Fahrsteige	
463	Befahranlagen	Fassadenaufzüge und andere Befahranlagen
464	Transportanlagen	Automatische Warentransportanlagen, Aktentransportanlagen, Rohrpostanlagen
465	Krananlagen	Einschließlich Hebezeuge
469	Förderanlagen, sonstiges	Hebebühnen
470	**Nutzungsspezifische Anlagen**	Kosten der mit dem Bauwerk fest verbundenen Anlagen, die der besonderen Zweckbestimmung dienen, jedoch ohne die baukonstruktiven Einbauten (KG 370)
		Für die Abgrenzung gegenüber der KG 610 ist maßgebend, dass die nutzungsspezifischen Anlagen technische und planerische Maßnahmen erforderlich machen, z. B. Anfertigen von Werkplänen, Berechnungen, Anschließen von anderen technischen Anlagen.
471	Küchentechnische Anlagen	Anlagen zur Speisen- und Getränkezubereitung, -ausgabe und -lagerung einschließlich zugehöriger Kälteanlagen
472	Wäscherei- und Reinigungs-anlagen	Einschließlich zugehöriger Wasseraufbereitung, Desinfektions- und Sterilisationseinrichtungen
473	Medienversorgungsanlagen	Medizinische und technische Gase, Druckluft, Vakuum, Flüssigchemikalien, Lösungsmittel, vollentsalztes Wasser; einschließlich Lagerung, Erzeugungsanlagen, Übergabestationen, Druckregelanlagen, Leitungen und Entnahmearmaturen
474	Medizin- und labortechnische Anlagen	Ortsfeste medizin- und labortechnische Anlagen,
475	Feuerlöschanlagen	Sprinkler-, Gaslöschanlagen, Löschwasserleitungen, Wandhydranten, Handfeuerlöscher
476	Badetechnische Anlagen	Aufbereitungsanlagen für Schwimmbeckenwasser, soweit nicht in KG 410 erfasst
477	Prozesswärme-, kälte- und -luft-anlagen	Wärme-, Kälte- und Kühlwasserversorgungsanlagen für Industrie-, Gewerbe- und Sportanlagen, soweit nicht in anderen Kostengruppen erfasst; Farbnebelabscheideanlagen, Prozessfortluftsysteme, Absauganlagen
478	Entsorgungsanlagen	Abfall- und Medienentsorgungsanlagen, Staubsauganlagen
479	Nutzungsspezifische Anlagen, sonstiges	Bühnentechnische Anlagen, Tankstellen- und Waschanlagen
480	**Gebäudeautomation**	Kosten der anlageübergreifenden Automation
481	Automationssysteme	Automationsstationen mit Bedien- und Beobachtungseinrichtungen, GA-Funktionen, Anwendungssoftware, Lizenzen, Sensoren und Aktoren, Schnittstellen zu Feldgeräten und anderen Automationseinrichtungen

Tabelle 1 *(fortgesetzt)*

Kostengruppen	Anmerkungen
482 Schaltschränke	Schaltschränke zur Aufnahme von Automationssystemen (KG 481) mit Leistungs-, Steuerungs- und Sicherungsbaugruppen einschließlich zugehöriger Kabel und Leitungen, Verlegesysteme soweit nicht in anderen Kostengruppen erfasst
483 Management- und Bedieneinrichtungen	Übergeordnete Einrichtungen für Gebäudeautomation und Gebäudemanagement mit Bedienstationen, Programmiereinrichtungen, Anwendungssoftware, Lizenzen, Servern, Schnittstellen zu Automationseinrichtungen und externen Einrichtungen
484 Raumautomationssysteme	Raumautomationsstationen mit Bedien- und Anzeigeeinrichtungen, Schnittstellen zu Feldgeräten und andere Automationseinrichtungen
485 Übertragungsnetze	Netze zur Datenübertragung, soweit nicht in anderen Kostengruppen erfasst
489 Gebäudeautomation, sonstiges	
490 Sonstige Maßnahmen für technische Anlagen	Technische Anlagen und übergreifende Maßnahmen im Zusammenhang mit technischen Anlagen, die nicht einzelnen Kostengruppen der technischen Anlagen zugeordnet werden können
491 Baustelleneinrichtung	Einrichten, Vorhalten, Betreiben, Räumen der übergeordneten Baustelleneinrichtung für technische Anlagen, z. B. Material- und Geräteschuppen, Lager-, Wasch-, Toiletten- und Aufenthaltsräume, Bauwagen, Misch- und Transportanlagen, Energie- und Bauwasseranschlüsse, Baustraßen, Lager- und Arbeitsplätze, Verkehrssicherungen, Abdeckungen, Bauschilder, Bau- und Schutzzäune, Baubeleuchtung, Schuttbeseitigung
492 Gerüste	Auf-, Um-, Abbauen, Vorhalten von Gerüsten
493 Sicherungsmaßnahmen	Sicherungsmaßnahmen an bestehenden Bauwerken, z. B. Unterfangungen, Abstützungen
494 Abbruchmaßnahmen	Abbruch- und Demontagearbeiten einschließlich Zwischenlagern wieder verwendbarer Teile, Abfuhr des Abbruchmaterials, soweit nicht in anderen Kostengruppen erfasst
495 Instandsetzungen	Maßnahmen zur Wiederherstellung des zum bestimmungsgemäßen Gebrauch geeigneten Zustandes, soweit nicht in anderen Kostengruppen erfasst
496 Materialentsorgung	Entsorgung von Materialien und Stoffen, die bei dem Abbruch, bei der Demontage und bei dem Ausbau von Anlagenteilen oder bei der Erstellung einer Bauleistung anfallen zum Zweck des Recyclings oder der Deponierung
497 Zusätzliche Maßnahmen	Zusätzliche Maßnahmen bei der Erstellung von technischen Anlagen z. B. Schutz von Personen, Sachen; Reinigung vor Inbetriebnahme; Maßnahmen aufgrund von Forderungen des Wasser-, Landschafts-, Lärm- und Erschütterungsschutzes während der Bauzeit; Schlechtwetter und Winterbauschutz, Erwärmung der technischen Anlagen, Schneeräumung,
498 Provisorische technische Anlagen	Kosten für die Erstellung, Beseitigung provisorischer technischer Anlagen, Anpassung der technischen Anlagen bis zur Inbetriebnahme der endgültigen technischen Anlagen
499 Sonstige Maßnahmen für technische Anlagen, sonstiges	

Tabelle 1 *(fortgesetzt)*

Kostengruppen	Anmerkungen
500 Außenanlagen	
510 Geländeflächen	
511 Oberbodenarbeiten	Oberbodenabtrag und -sicherung
512 Bodenarbeiten	Bodenabtrag und -auftrag
519 Geländeflächen, sonstiges	
520 Befestigte Flächen	
521 Wege	Befestigte Fläche für den Fuß- und Radfahrverkehr
522 Straßen	Flächen für den Leicht- und Schwerverkehr; Fußgängerzonen mit Anlieferungsverkehr
523 Plätze, Höfe	Gestaltete Platzflächen, Innenhöfe
524 Stellplätze	Flächen für den ruhenden Verkehr
525 Sportplatzflächen	Sportrasenflächen, Kunststoffflächen
526 Spielplatzflächen	
527 Gleisanlagen	
529 Befestigte Flächen, sonstiges	
530 Baukonstruktionen in Außen-anlagen	
531 Einfriedungen	Zäune, Mauern, Türen, Tore, Schrankenanlagen
532 Schutzkonstruktionen	Lärmschutzwände, Sichtschutzwände, Schutzgitter
533 Mauern, Wände	Stütz-, Schwergewichtsmauern
534 Rampen, Treppen, Tribünen	Kinderwagen- und Behindertenrampen, Block- und Stellstufen, Zuschauertribünen von Sportplätzen
535 Überdachungen	Wetterschutz, Unterstände; Pergolen
536 Brücken, Stege	Holz- und Stahlkonstruktionen
537 Kanal- und Schachtbauanlagen	Bauliche Anlagen für Medien- oder Verkehrserschließung
538 Wasserbauliche Anlagen	Brunnen, Wasserbecken,
539 Baukonstruktionen in Außen-anlagen, sonstiges	
540 Technische Anlagen in Außenanlagen	Kosten der technischen Anlagen auf dem Grundstück einschließlich der Ver- und Entsorgung des Bauwerks
541 Abwasseranlagen	Kläranlagen, Oberflächen- und Bauwerksentwässerungsanlagen, Sammelgruben, Abscheider, Hebeanlagen
542 Wasseranlagen	Wassergewinnungsanlagen, Wasserversorgungsnetze, Hydranten-anlagen, Druckerhöhungs- und Beregnungsanlagen
543 Gasanlagen	Gasversorgungsnetze, Flüssiggasanlagen
544 Wärmeversorgungsanlagen	Wärmeerzeugungsanlagen, Wärmeversorgungsnetze, Freiflächen- und Rampenheizungen
545 Lufttechnische Anlagen	Bauteile von lufttechnischen Anlagen, z. B. Außenluftansaugung, Fortluftausblas, Erdwärmetauscher, Kälteversorgung

Tabelle 1 *(fortgesetzt)*

Kostengruppen	Anmerkungen
546 Starkstromanlagen	Stromversorgungsnetze, Freilufttrafostationen, Eigenstromerzeugungsanlagen, Außenbeleuchtungs- und Flutlichtanlagen einschließlich Maste und Befestigung
547 Fernmelde- und informations-technische Anlagen	Leitungsnetze, Beschallungs-, Zeitdienst- und Verkehrssignalanlagen, elektronische Anzeigetafeln, Objektsicherungsanlagen, Parkleitsysteme
548 Nutzungsspezifische Anlagen	Medienversorgungsanlagen, Tankstellenanlagen, badetechnische Anlagen, leitungsgebundene Abfallentsorgung
549 Technische Anlagen in Außen-anlagen, sonstiges	
550 Einbauten in Außenanlagen	
551 Allgemeine Einbauten	Wirtschaftsgegenstände, z. B. Möbel, Fahrradständer, Schilder, Pflanzbehälter, Abfallbehälter, Fahnenmaste
552 Besondere Einbauten	Einbauten für Sport- und Spielanlagen, Tiergehege
559 Einbauten in Außenanlagen, sonstiges	
560 Wasserflächen	Naturnahe Wasserflächen
561 Abdichtungen	Einschließlich Schutzschichten, Bodensubstrat und Uferausbildung
562 Bepflanzungen	
569 Wasserflächen, sonstiges	
570 Pflanz- und Saatflächen	
571 Oberbodenarbeiten	Oberbodenauftrag, Oberbodenlockerung
572 Vegetationstechnische Bodenbearbeitung	Bodenverbesserung, z. B. Düngung, Bodenhilfsstoffe
573 Sicherungsbauweisen	Vegetationsstücke, Geotextilien, Flechtwerk
574 Pflanzen	Einschließlich Fertigstellungspflege
575 Rasen und Ansaaten	Einschließlich Fertigstellungspflege, ohne Sportrasenflächen (siehe KG 525
576 Begrünung unterbauter Flächen	Auf Tiefgaragen, einschließlich Wurzelschutz- und Fertigstellungspflege
579 Pflanz- und Saatflächen, sonstiges	
590 Sonstige Außenanlagen	Außenanlagen und übergreifende Maßnahmen im Zusammenhang mit den Außenanlagen, die nicht einzelnen Kostengruppen der Außenanlagen zugeordnet werden können
591 Baustelleneinrichtung	Einrichten, Vorhalten, Betreiben, Räumen der übergeordneten Baustelleneinrichtung für Außenanlagen, z. B. Material- und Geräteschuppen, Lager-, Wasch-, Toiletten- und Aufenthaltsräume, Bauwagen, Misch- und Transportanlagen, Energie- und Bauwasseranschlüsse, Baustraßen, Lager- und Arbeitsplätze, Verkehrssicherungen, Abdeckungen, Bauschilder, Bau- und Schutzzäune, Baubeleuchtung, Schuttbeseitigung
592 Gerüste	Auf-, Um-, Abbauen, Vorhalten von Gerüsten

Tabelle 1 *(fortgesetzt)*

Kostengruppen		Anmerkungen
593	Sicherungsmaßnahmen	Sicherungsmaßnahmen an bestehenden baulichen Anlagen, z. B. Unterfangungen, Abstützungen
594	Abbruchmaßnahmen	Abbruch- und Demontagearbeiten einschließlich Zwischenlagern wiederverwendbarer Teile, Abfuhr des Abbruchmaterials, soweit nicht in anderen Kostengruppen erfasst
595	Instandsetzungen	Maßnahmen zur Wiederherstellung des zum bestimmungsgemäßen Gebrauch geeigneten Zustandes, soweit nicht in anderen Kostengruppen erfasst
596	Materialentsorgung	Entsorgung von Materialien und Stoffen, die bei dem Abbruch, bei der Demontage und bei dem Ausbau von Außenanlagen oder bei der Erstellung einer Bauleistung anfallen zum Zweck des Recyclings oder der Deponierung
597	Zusätzliche Maßnahmen	Zusätzliche Maßnahmen bei der Erstellung von Außenanlagen z. B. Schutz von Personen, Sachen; Reinigung vor Inbetriebnahme; Maßnahmen aufgrund von Forderungen des Wasser-, Landschafts-, Lärm- und Erschütterungsschutzes während der Bauzeit; Schlechtwetter und Winterbauschutz, Erwärmung, Schneeräumung
598	Provisorische Außenanlagen	Kosten für die Erstellung, Beseitigung provisorischer Außen- anlagen, Anpassung der Außenanlagen bis zur Inbetriebnahme der endgültigen Außenanlagen
599	Sonstige Maßnahmen für Außenanlagen, sonstiges	
600	**Ausstattung und Kunstwerke**	Kosten für alle beweglichen oder ohne besondere Maßnahmen zu befestigenden Sachen, die zur Ingebrauchnahme, zur allgemeinen Benutzung oder zur künstlerischen Gestaltung des Bauwerks und der Außenanlagen erforderlich sind (siehe Anmerkungen zu den KG 370 und 470
610	**Ausstattung**	
611	Allgemeine Ausstattung	Möbel und Geräte, z. B. Sitz- und Liegemöbel, Schränke, Regale, Tische; Textilien, z. B. Vorhänge, Wandbehänge, lose Teppiche, Wäsche; Hauswirtschafts-, Garten- und Reinigungsgeräte
612	Besondere Ausstattung	Ausstattungsgegenstände, die der besonderen Zweckbestimmung eines Objekts dienen wie z. B. wissenschaftliche, medizinische, technische Geräte
619	Ausstattung, sonstiges	Schilder, Wegweiser, Orientierungstafeln, Werbeanlagen
620	**Kunstwerke**	
621	Kunstobjekte	Kunstwerke zur künstlerischen Ausstattung des Bauwerks und der Außenanlagen einschließlich Tragkonstruktionen, z. B. Skulpturen, Objekte, Gemälde, Möbel, Antiquitäten, Altäre, Taufbecken
622	Künstlerisch gestaltete Bauteile des Bauwerks	Kosten für die künstlerische Gestaltung, z. B. Malereien, Reliefs, Mosaiken, Glas-, Schmiede-, Steinmetzarbeiten
623	Künstlerisch gestaltete Bauteile der Außenanlagen	Kosten für die künstlerische Gestaltung, z. B. Malereien, Reliefs, Mosaiken, Glas-, Schmiede-, Steinmetzarbeiten
629	Kunstwerke, sonstiges	

DIN 276-1:2008-12   Seite 23

Tabelle 1 *(fortgesetzt)*

Kostengruppen		Anmerkungen
700	**Baunebenkosten**	
710	**Bauherrenaufgaben**	
711	Projektleitung	Kosten zum Zwecke der Zielvorgabe, der Überwachung und Vertretung der Bauherreninteressen
712	Bedarfsplanung	Kosten für Bedarfs-, Betriebs- und Organisationsplanung, z. B. zur betrieblichen Organisation, zur Arbeitsplatzgestaltung, zur Erstellung von Raum- und Funktionsprogrammen, zur betrieblichen Ablaufplanung und zur Inbetriebnahme
713	Projektsteuerung	Kosten für Projektsteuerungsleistungen sowie für andere Leistungen, die sich mit der übergeordneten Steuerung und Kontrolle von Projektorganisation, Terminen, Kosten, Qualitäten und Quantitäten befassen
719	Bauherrenaufgaben, sonstiges	Baubetreuung, Rechtsberatung, Steuerberatung
720	**Vorbereitung der Objektplanung**	
721	Untersuchungen	Standortanalysen, Baugrundgutachten, Gutachten für die Verkehrsanbindung, Bestandsanalysen, z. B. Untersuchungen zum Gebäudebestand bei Umbau- und Modernisierungsmaßnahmen, Umweltverträglichkeitsprüfungen
722	Wertermittlungen	Gutachten zur Ermittlung von Gebäudewerten, soweit nicht KG 126 erfasst
723	Städtebauliche Leistungen	vorbereitende Bebauungsstudien
724	Landschaftsplanerische Leistungen	vorbereitende Grünplanstudien
725	Wettbewerbe	Kosten für Ideenwettbewerbe und Realisierungswettbewerbe
729	Vorbereitung der Objektplanung, sonstiges	
730	**Architekten- und Ingenieurleistungen**	Kosten für die Planung und Überwachung der Ausführung
731	Gebäudeplanung	
732	Freianlagenplanung	
733	Planung der raumbildenden Ausbauten	
734	Planung der Ingenieurbauwerke und Verkehrsanlagen	
735	Tragwerksplanung	
736	Planung der technischen Ausrüstung	
739	Architekten- und Ingenieurleistungen, sonstiges	

Seite 24   DIN 276-1:2008-12

Tabelle 1 *(fortgesetzt)*

Kostengruppen	Anmerkungen
740 Gutachten und Beratung	
741 Thermische Bauphysik	
742 Schallschutz und Raumakustik	
743 Bodenmechanik, Erd- und Grundbau	
744 Vermessung	Vermessungstechnische Leistungen mit Ausnahme von Leistungen, die aufgrund landesrechtlicher Vorschriften für Zwecke der Landvermessung und des Liegenschaftskatasters durchgeführt werden (siehe Kostengruppe 771)
745 Lichttechnik, Tageslichttechnik	
746 Brandschutz	
747 Sicherheits- und Gesundheitsschutz	
748 Umweltschutz, Altlasten	
749 Gutachten und Beratung, sonstiges	
750 Künstlerische Leistungen	
751 Kunstwettbewerbe	Kosten für die Durchführung von Wettbewerben zur Erarbeitung eines Konzepts für Kunstwerke oder künstlerisch gestaltete Bauteile
752 Honorare	Kosten für die geistig-schöpferische Leistung für Kunstwerke oder künstlerisch gestaltete Bauteile, soweit nicht in der Kostengruppe 620 enthalten
759 Künstlerische Leistungen, sonstiges	
760 Finanzierungskosten	Alle im Zusammenhang mit der Finanzierung des Projektes anfallenden Kosten bis zum Zeitpunkt der Fertigstellung und der Übergabe zur Nutzung
761 Finanzierungsbeschaffung	
762 Fremdkapitalzinsen	
763 Eigenkapitalzinsen	
769 Finanzierungskosten, sonstiges	
770 Allgemeine Baunebenkosten	
771 Prüfung, Genehmigungen, Abnahmen	Kosten im Zusammenhang mit Prüfungen, Genehmigungen und Abnahmen, z. B. Prüfung der Tragwerksplanung, Vermessungsgebühren für das Liegenschaftskataster
772 Bewirtschaftungskosten	Baustellenbewachung, Nutzungsentschädigungen während der Bauzeit; Gestellung des Baustellenbüros für Planer und Bauherrn sowie dessen Beheizung, Beleuchtung und Reinigung
773 Bemusterungskosten	Modellversuche, Musterstücke, Eignungsversuche, Eignungsmessungen

Tabelle 1 *(fortgesetzt)*

Kostengruppen		Anmerkungen
774	Betriebskosten nach der Abnahme	Kosten für den vorläufigen Betrieb insbesondere der technischen Anlagen nach der Abnahme bis zur Inbetriebnahme
775	Versicherungen	Haftpflicht- und Bauwesenversicherung
779	Allgemeine Baunebenkosten, sonstiges	Kosten für Vervielfältigung und Dokumentation, Post- und Fernsprechgebühren, Kosten für Baufeiern, z. B. Grundsteinlegung, Richtfest
790	**Sonstige Baunebenkosten**	

Literaturhinweise

DIN 277-1, *Grundflächen und Rauminhalte von Bauwerken im Hochbau — Teil 1: Begriffe, Ermittlungsgrundlagen*

DIN 277-2, *Grundflächen und Rauminhalte von Bauwerken im Hochbau — Teil 2: Gliederung der Netto-Grundfläche (Nutzflächen, Technische Funktionsflächen und Verkehrsflächen)*

DIN 277-3, *Grundflächen und Rauminhalte von Bauwerken im Hochbau — Teil 3: Mengen und Bezugseinheiten*

DIN 18205, *Bedarfsplanung im Bauwesen*

DIN 18960, *Nutzungskosten im Hochbau*

Standardleistungsbuch für das Bauwesen (STLB-Bau); Zu beziehen durch Beuth Verlag GmbH, Burggrafenstraße 6, 10787 Berlin; im Internet unter www.gaeb.de

Vergabe- und Vertragsordnung für Bauleistungen (VOB Teil C); Zu beziehen durch Beuth Verlag GmbH, Burggrafenstraße 6, 10787 Berlin

HOAI Verordnung über die Honorare für Leistungen der Architekten und der Ingenieure (Honorarordnung für Architekten und Ingenieure); Zu beziehen durch Bundesanzeiger-Verlagsgesellschaft mbH, Postfach 10 05 34, 50445 Köln

DIN 276-1 – Kommentierung

Allgemeines

Nach einer Anwendungszeit von 13 Jahren wurde die Norm DIN 276, Ausgabe Juni 1993, den Regeln der Normung entsprechend überarbeitet und im November 2006 in einer neuen Fassung herausgegeben. Gegenüber der alten Ausgabe wurden nur wenige sachliche, dafür jedoch umfangreiche redaktionelle und semantische Änderungen vorgenommen, so dass im Ganzen betrachtet die Auswirkungen auf die praktische Kostengliederung von Bauwerken nicht wesentlich waren.

Leider war die neue Fassung mit einigen Druckfehlern behaftet, die jedoch so geringfügig waren, dass die Ausgabe einer Neufassung nicht gerechtfertigt erschien. Das Deutsche Institut für Normung entschied sich daher, die Fehler in einer „Berichtigung 1" vom Februar 2007 und in einer „Änderung 1" von Januar 2008 zu korrigieren. In Erwartung der neuen Honorarordnung für Architekten und Ingenieure (HOAI), die auf die aktuelle DIN 276-1 Bezug nehmen würde, hat man sich offenbar jedoch entschlossen, eine unveränderte Neufassung der Norm unter Berücksichtigung der vorher erfolgten Korrekturen herauszugeben, um den Anwendern der HOAI eine eventuelle Nachschau in den getrennt veröffentlichten Berichtigungen zu ersparen. Diese Neufassung trägt das Ausgabedatum Dezember 2008 und liegt der nachfolgenden Kommentierung zugrunde.

Die Zählnummer der Norm wurde in DIN 276-1 (DIN 276 Teil 1) geändert und der Titel entsprechend modifiziert, weil das zuständige Arbeitsgremium des DIN die Absicht geäußert hatte, weitere Teile über die Kostengliederung von anderen Bereichen des Bauwesens aufzustellen, z. B. für den Tiefbau oder den Ingenieurbau[1].

---

[1] Inzwischen wurde im November 2008 ein Norm-Entwurf DIN 276-4 für den Ingenieurbau herausgegeben, der sich im Hinblick auf die Kostengliederung weitgehend an den Teil 1 anlehnt.

Die Gliederung der Norm nach den vier Hauptabschnitten
- 1 Anwendungsbereich,
- 2 Begriffe,
- 3 Kostenermittlung (jetzt „Grundsätze der Kostenplanung") sowie
- 4 Kostengliederung

wurde unverändert beibehalten.

Die textlichen Änderungen und Ergänzungen gegenüber der Ausgabe 1993 konzentrieren sich auf die Abschnitte 2 und 3, in denen neue Begriffsdefinitionen und Festlegungen für eine verbesserte Planung, Steuerung und Kontrolle der Kosten aufgenommen wurden.

Die sachlichen Änderungen beschränken sich auf die Tabelle der Kostengliederung in Abschnitt 4, in der an der Gruppierung der Kosten nichts geändert wurde, jedoch einige neue Kostenstellen aufgenommen wurden, für die aber keine zwingende Notwendigkeit bestand. Die einzig bemerkenswerte Änderung in der Kostengliederung ist die Verlagerung der „Feuerlöschanlagen" aus der Gruppe „410 Abwasser-, Wasser-, Gasanlagen" in die Gruppe 470 „Nutzungsspezifische Anlagen".

Die umfangreichen Fußnoten, die bisher in der Kostengliederung enthalten waren, wurden gestrichen, weil ihre Aussagen – die Zusammenfassung von Kostengruppen betreffend – bereits im Textteil der Norm angesprochen wurden. Ferner wurde der bisherige Abschnitt 4.4 mit der Tabelle 2 gestrichen, weil die ausführungsorientierte Kostengliederung bereits im Abschnitt 4.2 behandelt wird. Der Hinweis auf das Standardleistungsbuch wurde in das Literaturverzeichnis aufgenommen.

Ferner wurde auf den Abschnitt „Erläuterungen" am Ende der Norm verzichtet, der eine Gegenüberstellung der Kostengruppen nach den Fassungen 1981 und 1993 enthielt. Diese Gegenüberstellung hatte sich für die Honorarermittlungen als nicht praktikabel erwiesen, sie ist darüber hinaus mit der Einführung der neuen HOAI im August 2009 ohnehin obsolet geworden.

Zum Titel:

Der geänderte Titel bringt die Absicht des zuständigen Arbeitsgremiums zum Ausdruck, nach der Norm über die Kosten im Hochbau, weitere Teile für andere Bereiche des Bauwesens aufzustellen, siehe hierzu den zweiten Absatz im Abschnitt „Allgemeines"

Wie bisher beschränkt sich die Neufassung der Norm auch weiterhin auf den Hochbau im Gegensatz zu „Tiefbau". Während man unter Hochbauten vorwiegend oberirdische Baukörper versteht, die dem geschützten Aufenthalt dienen, werden im Tiefbau Konstruktionen auf und im Erdboden hergestellt, z. B. Erdbauwerke, Straßen oder Gleisanlagen. Die Kosten von Tiefbauarbeiten fallen nur dann in den Bereich der DIN 276-1, wenn sie zur Errichtung von Hochbauten erforderlich sind, z. B. Baugrubenaushub, Verbau- oder Wasserhaltungsarbeiten (siehe Bild 3).

Zum Vorwort:
Nach den aktuellen Regeln des DIN für die Gestaltung der Normen und in Anpassung an die Bestimmungen der Europäischen Normenorganisation CEN werden die nachrichtlichen Angaben über vorgenommene Änderungen, die Daten der früheren Ausgaben u. Ä., die bisher am Ende der Norm zu finden waren, inzwischen in einem Vorwort untergebracht.
Nachdem die sachlichen und redaktionellen Änderungen gegenüber der Ausgabe 1993 im Vorwort der Neufassung 2006 aufgelistet worden waren, enthält der Änderungsvermerk der Ausgabe 2008 nur noch den Hinweis auf die eingearbeiteten Berichtigungen.

Zu 1 Anwendungsbereich:
Trotz gewisser semantischer Unterschiede, z. B. „projektbezogene Kosten" anstelle von „Investitionskosten" bleibt die Aussage dieses Abschnitts gegenüber der Fassung 1993 im Wesentlichen unverändert. Einbezogen in den Anwendungsbereich wird jedoch die Erstellung eines „Kostenrahmens", eine Leistung, die bisher nicht mit der Kostengliederung nach DIN 276 in Verbindung gebracht wurde und die auch nicht als Teil der Planungsleistung in den Leistungsbildern der Anlage 11 zum § 33 der neuen HOAI zu finden ist. Die Festlegungen über die Ermittlung eines Kostenrahmens nach Abschnitt 3.4.1 sind daher kritisch zu betrachten.
Die Norm gilt weiterhin nicht für Kosten, die durch die Nutzung des Bauwerks nach seiner Fertigstellung entstehen (Baunutzungskosten), siehe DIN 18960.

Zu 2 Begriffe:
Einzelne Begriffe aus dem Bereich der Kostenplanung wurden neu aufgenommen, im Übrigen wurden die Begriffsdefinitionen lediglich auf unvollständige Sätze verkürzt, indem das Begriffswort in der Definition nicht mehr wiederholt wird.

Zu 2.1 Kosten im Bauwesen:
Die Änderung gegenüber dem bisherigen Begriff „Kosten im Hochbau" ist eine Konsequenz aus der beabsichtigten Erweiterung der Norm (siehe Abschnitt „Allgemeines"). Es war hervorzuheben, dass „Kosten im Bauwesen" etwas anderes sind als „Kosten" und „Baukosten". Im Übrigen blieb jedoch die Erläu-

terung des Begriffs als „Aufwendungen" für Güter, Leistungen und Abgaben unverändert. Zusätzlich wurde jedoch die Angabe , für erforderlich gehalten, dass Steuern, die in dem Begriff „Abgaben" subsumiert sind, zu den Kosten gehören.

Zu 2.2 Kostenplanung bis 2.13 Kostenrisiko:
Nachdem bereits in der Fassung 1993 im Hinblick auf die wachsende Komplexität der Bauaufgaben die Begriffe Kostenplanung, Kostenkontrolle, Kostensteuerung und Kostenkennwerte aufgenommen wurden, sind weitere Begriffe in den Abschnitt 2 eingefügt worden, z. B. Kostenvorgabe (2.3). Bemerkenswert ist, dass zu den bisherigen vier Arten der Kostenermittlung (Schätzung, Berechnung, Anschlag, Feststellung) als weitere Leistung ein „Kostenrahmen" definiert wurde (2.4.1). Außerdem wurden die Definitionen der Arten der Kostenermittlung, die sich bisher lediglich durch qualitative Angaben unterschieden (überschlägig, angenähert, möglichst genau), mit den konkreten begriffen der Leistungsphasen § 33 HOAI in Zusammenhang gebracht. Zu Kostenvorgabe und Kostenrahmen siehe auch Abschnitt 3.2.

Zu 3 Grundsätze der Kostenplanung

Zu 3.1 Allgemeines:
Nach der Definition des Abschnitts 2.1 über die Kosten im Bauwesen – hier generell als Kosten bezeichnet – ist es fraglich, ob der Begriff „Kostenplanung" für die Gesamtheit der Maßnahmen zum Themenkatalog Baukosten glücklich gewählt ist. Planung findet in der Regel vor der Ausführung statt und daher können Maßnahmen, die z. B. während der Bauzeit zur Einhaltung der vorgegebenen oder geschätzten Kosten dienen, schlecht als „Planung" bezeichnet werden. Insofern wäre der Begriff „Kostenmanagement" zutreffender gewesen, oder man hätte bei Vermeidung von Fremdwörtern die Bezeichnung „Kostenkontrolle und Kostensteuerung" wählen können, dessen jetzt neu formulierte und allgemein gehaltenen Ausführungsbestimmungen (3.5) trivial und für keinen Normenanwender zwingend sind.

Zu 3.2 Kostenvorgabe:
Der Begriff der Kostenvorgabe (2.3) ist ebenso wie der des Kostenrahmens (2.4.1) neu in die Norm aufgenommen worden. Unter Kostenvorgabe versteht man eine Summe, die der Auftraggeber (Bauherr) für sein Bauprojekt zur Verfügung stellen will oder kann und die nicht überschritten werden soll. Insofern erscheint die Aussage unter 3.2.2, dass die Kostenvorgabe auf der Grundlage von Budget- oder Kostenermittlungen festgelegt werden kann, etwas großzü-

gig formuliert, denn in der Regel stehen bei den Überlegungen für ein Bauprojekt die Mittel, die der Bauherr aufbringen kann, im Vordergrund.

In diesem Zusammenhang muss auf die häufig geübte Praxis bei der Erstellung öffentlicher Bauprojekte hingewiesen werden, bei der ein zu knapp angesetzter Bedarf mit einer entsprechend niedrigen Bausumme die öffentliche Hand veranlasst, das Vorhaben zu finanzieren. Später wird im Rahmen des Bauablaufs ein größerer Bedarf nachgewiesen, der den Souverän, d. h. den Steuerzahler, zwingt, Baukosten aufzubringen, denen er ursprünglich nie zugestimmt hätte. Im Übrigen sind die Angaben zu „Kostenvorgabe" so allgemein gehalten, dass sie im Sinne des Vorschlages in der Anmerkung zu 3.1 auch auf den Oberbegriff „Kostenplanung" zutreffen.

Zu 3.3 Kostenermittlung:
Die Unterabschnitte zu 3.3 entsprechen im Wesentlichen den Unterabschnitten von 3.1 „Grundsätze der Kostenermittlung" der Ausgabe 1993. Auf folgende Änderungen wird hingewiesen:
– In 3.3.1 „Zweck" berücksichtigen textliche Einschübe den Umstand, dass jetzt auch die Kostenvorgabe als eine Art der Kostenermittlung bezeichnet wird.
– Der bisherige Abschnitt 3.1.3 über die Art (der Kostenermittlung) wurde gestrichen, weil er offenbar als überflüssig erkannt wurde.
– Der bisherige Abschnitt 3.1.6 „Kostenstand" wurde gekürzt und durch Angaben zur Kostenprognose ergänzt (3.3.10).
– Im alten Abschnitt 3.1.9 wurden „wiederverwendete Teile" durch „vorhandene Bausubstanz" ergänzt (3.3.6) und die Angaben zu den „Eigenleistungen" wurden abgetrennt (3.3.7).
– Die Abschnitte 3.3.5 „Bauprojekte im Bestand" und 3.3.9 „Kostenrisiken" wurden neu aufgenommen.

Zu 3.4 Stufen der Kostenermittlung:
Mit der Änderung der bisherigen Überschrift des Abschnitts 3.2 wird zum Ausdruck gebracht, dass die Ermittlungsergebnisse der verschiedenen Arten in der angegebenen Reihenfolge zunehmend genauer werden sollen.

Zu 3.4.1 Kostenrahmen:
Die seit der Ausgabe von 1981 festgelegten vier Arten der Kostenermittlung,
– Kostenschätzung,
– Kostenberechnung,
– Kostenanschlag und
– Kostenfeststellung
wurden durch den „Kostenrahmen" ergänzt, der als unterste Stufe der Kostenermittlungen anzusehen ist.

Durch die im letzten Satz festgelegte Bestimmung, dass im Kostenrahmen mindestens die Bauwerkskosten gesondert auszuweisen sind, wird der Nutzen dieser zusätzlichen Kostenermittlungsstufe zweifelhaft. Die Bauwerkskosten bestehen nach Abschnitt 2.11 aus den Kostengruppen 300 und 400 (Baukonstruktionen und Technische Anlagen), deren Kosten zu dem relevanten Zeitpunkt nur abgeschätzt werden können. Mit einem gleichfalls geringen Aufwand können daher auch die übrigen Gruppen der 1. Ebene der Kostengliederung als Größenordnungen ermittelt werden, so dass sich der „Kostenrahmen" kaum von der nächsten Stufe, der „Kostenschätzung" unterscheidet.

In der Honorarordnung für Architekten und Ingenieure (HOAI) wird die Kostenschätzung im Rahmen der Vorplanung aufgeführt, die die 2. Leistungsphase des Leistungsbildes für Gebäude und raumbildende Ausbauten darstellt (HOAI § 33, Anlage 11). Nachdem der Begriff „Kostenrahmen" in die Norm DIN 276 aufgenommen wurde, muss angenommen werden, dass er als Leistung des Objektplaners angesehen werden soll, die damit als Vorstufe zur Kostenschätzung nur mit der Leistungsphase 1 „Grundlagenermittlung" in Verbindung gebracht werden kann, in der jedoch das Aufstellen eines Kostenrahmens als Teilleistung nicht vorgesehen ist. Wird daher die Beachtung von DIN 276-1 in einem Vertrag zwischen Bauherrn und Planer vereinbart, ist der Planer verpflichtet, einen Kostenrahmen mit ähnlichem Aufwand wie eine Kostenschätzung bereits im Zusammenhang mit seiner ersten Leistungsphase zu ermitteln.

Zu 3.4.2 Kostenschätzung:
Die Kostenschätzung, früher auch Kostenvoranschlag genannt, soll bereits zu einem Zeitpunkt zuverlässig Auskunft über die Kosten geben, zu dem die Planung erst in groben Umrissen erkennbar ist. Für die Ermittlung der Gesamtkosten nach Kostengruppen ist in der Kostenschätzung die Kostengliederung mindestens bis zur 1. Ebene anzuwenden (siehe Abschnitt 4.1). Wie in der Anmerkung zu Abschnitt 3.4.1 dargelegt, unterscheidet sich der Aufwand zur Ermittlung der Kostenschätzung kaum von dem des Kostenrahmens. Da der Kostenschätzung u. a. die Ergebnisse der Vorplanung zugrunde gelegt werden sollen (1. Spiegelstrich), kann sie kaum Grundlage für die Entscheidung sein, ob eine Vorplanung überhaupt durchgeführt werden soll (1. Satz). Wie bei der ersten Stufe, dem Kostenrahmen, sollen auch bei der Kostenschätzung die Gesamtkosten bis zur 1. Ebene der Kostengliederung aufgeschlüsselt werden. Das heißt, dass unter anderem die Bauwerkskosten (KG 300 und 400) zu ermitteln sind. Auch wenn es sich hierbei nur um Schätzungen auf der Basis ausgeführter und vergleichbarer Objekte handeln kann, dürfte dies ohne eine Vorplanung nach den Kriterien der angeführten Spiegelstriche kaum möglich sein.

Ob eine Kostenschätzung zusammen mit einer Vorplanung als Grundlage für die Entscheidung dienen kann, die vorgesehene Baumaßnahme weiterzuführen oder zu verwerfen, hängt allein von der zwischen Bauherrn und Planer getroffenen Vereinbarung ab. Immerhin hat der Planer nach dem Erstellen einer Vorplanung für ein Gebäude Anspruch auf 10 % des schätzungsweise ermittelten Gesamthonorars, wobei nach § 33 HOAI 3 % auf die Grundlagenermittlung und 7 % auf die Vorplanung entfallen.

Zu den Grundlagen, die für die Kostenschätzung herangezogen werden sollen, werden unter dem 2. Spiegelstrich die „Mengen der Bezugseinheiten der Kostengruppen nach DIN 277" genannt. In DIN 277-3 sind die Begriffe „Bezugseinheit" und „Mengeneinheit" nicht klar getrennt, gemeint sind jedoch immer die gesetzlichen Einheiten im Messwesen, die den Mengen zugrunde gelegt werden und mit denen die Kosten einer Baumaßnahme überschlägig zu ermitteln sind. Dies ist in aller Regel das Flächenmaß (m^2), in Einzelfällen auch das Raummaß (m^3) oder das Längenmaß (m). Bei der Kostenschätzung können das auch der nach DIN 277-1 ermittelten Rauminhalt oder die Brutto-, Netto- oder Nutzfläche sein. Zwar können nach der Aussage des letzten Satzes bei einer Kostenschätzung die Gesamtkosten auch stärker als bis zur 1. Ebene differenziert werden, jedoch wird dieser Aufwand nur in seltenen Fällen getrieben werden. Zweckmäßiger wäre daher der Hinweis gewesen, dass zur Kostenschätzung auch andere, nutzungsspezifische Bezugseinheiten herangezogen werden können, z. B. Bettplätze, Büroarbeitsplätze oder Hotelzimmer.

Zu 3.4.3 Kostenberechnung:
Die Kostenberechnung wurde zuerst in der Ausgabe 1981 der DIN 276 zusätzlich zum Kostenanschlag eingeführt, um die Vorteile der Anwendung von Erfahrungswerten und etwa vorliegender pauschalierten Angaben auch für eine verbindliche Kostenermittlung zu nutzen, die bereits auf ausführlichen Berechnungsunterlagen, z. B. Entwurf, Baubeschreibung, Ausführungsunterlagen, beruhen. Der wesentliche Unterschied zur Kostenschätzung besteht darin, dass die Gesamtkosten mindestens bis in die 2. Ebene der Kostengliederung erfasst und aufgeschlüsselt werden. Der Hinweis des 2. Spiegelstrichs auf die „Bezugseinheiten" der Kostengruppen ist hier selbstverständlicher als in dem vorangegangenen Abschnitt, weil in der 2. Gliederungsebene die Bezugs- (bzw. Mengen-)einheiten von Teilleistungen nur auf der Basis der üblichen Einheiten im Messwesen zugrunde gelegt werden können, z. B. m^2 bei KG 340 Innenwände.

Das Aufstellen einer Kostenberechnung ist Teil der Entwurfsplanung nach HOAI § 33, Anlage 11, Leistungsphase 3, Buchstabe f). Für die Kostenberechnung können Erfahrungswerte und, soweit vorhanden, pauschalierte Angaben verwendet werden. Deshalb braucht der Genauigkeitsgrad der

Kostenberechnung nicht hinter dem des Kostenanschlages zurückzustehen. Er ist naturgemäß davon abhängig, in welchem Maße diese Erfahrungswerte oder Angaben zutreffend sind. Gegenüber dem Kostenanschlag ist die Ermittlung insofern einfacher, als die dort notwendige eingehende Kalkulation der Einzelpositionen nicht vorgenommen zu werden braucht, eine Aufgabe, für die sogar manchem erfahrenen Baufachmann ausreichende Kenntnisse und die erforderliche Übersicht über die Baumarktlage fehlen.

Zu 3.4.4 Kostenanschlag:
Mit dem Kostenanschlag lässt sich ein sehr hoher Genauigkeitsgrad der Kostenermittlung erzielen. Voraussetzung allerdings ist, dass die Ermittlungsgrundlagen ausgereift und vollständig vorliegen, dass der Ausführungsvorgang richtig beschrieben ist, dass die Mengenansätze stimmen und dass die Preisbildung für die einzelnen Leistungspositionen nach betriebswirtschaftlichen Kalkulationssätzen vorgenommen wird. Es leuchtet ein, dass die Beachtung dieser Voraussetzungen einen verhältnismäßig hohen Arbeits- und Zeitaufwand erfordert. Wie auch bei den anderen Kostenermittlungsarten dient der Kostenanschlag dem Zweck, die Vergleichbarkeit der Kosten zu gewährleisten und Missverständnisse bei der Einordnung der Leistungen in die betreffenden Kostengruppen zu vermeiden.
Für den Kostenanschlag, bei dem die Gesamtkosten bis zur 3. Ebene der Kostengliederung ermittelt werden sollen, können sowohl Erfahrungswerte oder Ergebnisse von Eigenkalkulationen in die einzelnen Kostengruppen eingesetzt werden, als auch die tatsächlich zu erwartenden Kosten aufgrund von Angeboten der Auftragnehmer. An dieser Stelle wird das immer noch ungelöste Problem des Übergangs von der Element- zur ausführungsorientierten Gliederung insbesondere bei den Bauwerkskosten relevant. Die Ausschreibung von Unternehmerleistungen werden immer noch nach den in der Vertragsordnung für Bauleistungen (VOB) bzw. dem Standardleistungsbuch (StLB) gegliederten betriebstypischen Leistungsbereichen ausgeschrieben. Für die Aufspaltung bzw. die Zusammenfassung der dadurch ermittelten Kosten in die Gliederungselemente nach DIN 276 müssen die Leistungspositionen der Ausschreibung darauf bereits Rücksicht nehmen oder nachträglich aufgeteilt werden, z. B. Innenwandputz in die Teilleistungen auf den Innenseiten von Außenwänden (KG 336) und auf Innenwänden (KG 345).
Die nach Gewerke durch Ausschreibung ermittelten Kosten auf die Kostengruppen nach DIN 276 umzustellen, erscheint nur dann gerechtfertigt, wenn die ersteren in erheblichem Maße von den vorher überschlägig ermittelten Kosten abweichen und die Ursachen dafür festgestellt werden sollen.
Andere Teile der Gesamtkosten, die zum Zeitpunkt, an dem der Kostenanschlag erstellt wird, bereits fällig geworden sind, z. B. für das Baugrundstück,

die Erschließung und vorausgegangene Baunebenkosten, können bereits in ihrer tatsächlichen Höhe eingesetzt werden.

Das Aufstellen eines Kostenanschlags ist Bestandteil der 7. Leistungsphase nach HOAI § 33, Anlage 11 (Mitwirkung bei der Vergabe).

Zu 3.4.5 Kostenfeststellung:

Die Kostenfeststellung kann im Gegensatz zu den anderen Ermittlungsarten erst nach Abschluss aller Bauarbeiten erstellt werden, weil sie die tatsächlich aufgewendeten Mittel erfassen muss. Sie hat dokumentarischen Charakter und eignet sich zu Kostenvergleichen. Bei der Kostenfeststellung werden alle durch Abrechnungsunterlagen belegten Kosten in der Systematik der Kostengliederung geordnet und zusammengefasst. Aus der Auswertung mehrerer Kostenfeststellungen gleichartiger Bauobjekte lassen sich Erfahrungswerte ableiten, die einen Kostenvergleich zwischen noch nicht ausgeführten und ausgeführten Bauvorhaben ermöglichen.

Diese Erfahrungswerte sind umso genauer, je mehr Kostenfeststellungen zur Auswertung zur Verfügung stehen und je ähnlicher die durch Kostenfeststellung erfassten Objekte einander sind. Bei der Mittelwertbildung aus einer Vielzahl so behandelter gleichartiger Projekte müssen jedoch auch die qualitativen, quantitativen, örtlichen und zeitlichen Kosteneinflüsse berücksichtigt werden. Sammlungen von Baukosten vergleichbarer Objekte und ihre Fortschreibung werden von den Baukostenberatungsdiensten der Architektenkammern und privaten Institutionen durchgeführt und den Planern in EDV-gestützter Form (CD-ROM, Internet) als Kalkulationshilfen angeboten.

Das Ausarbeiten einer Kostenfeststellung ist Bestandteil der 8. Leistungsphase des Leistungsbildes nach HOAI § 33, Anlage 11 (Objektüberwachung).

Zu 3.5 Kostenkontrolle und Kostensteuerung

Nach den in der Honorarordnung beschriebenen Teilleistungen des Planers muss er auch die in der jeweiligen Planungs- und Ausführungsphase erforderlichen Kostenermittlungen nach DIN 276 aufstellen. Eine besondere Kontrolle und Steuerung der Kosten durch den Planer wird darin allerdings nicht gefordert, die Notwendigkeit dazu ergibt sich jedoch aus seiner Stellung dem Auftraggeber gegenüber, die ihn verpflichtet, auf voraussehbare Kostensteigerungen möglichst frühzeitig hinzuweisen, um Schaden vom Auftraggeber abzuwenden. Dieser Hinweis darf sich nicht darauf beschränken, ein Kostenrisiko erst durch die nächste Stufe der Kostenermittlung darzustellen, sondern es muss so bald als möglich erkannt werden, damit entsprechend reagiert werden kann. Dazu ist eine laufende Kostenkontrolle durch den Planer unumgänglich. Die aufgrund von Kostenrisiken notwendige Kostensteuerung, d. h. Einsatz zusätzlicher Mittel oder die Einsparung von Mitteln durch Planungsänderungen, ist jedoch nur in Zusammenwirken bzw. mit Genehmigung des Auftraggebers möglich.

Insofern sind die in diesem Abschnitt beschriebenen Grundsätze und Maßnahmen selbstverständlich und bedürfen keiner besonderen Erwähnung. Die Festlegung besonderer Zuständigkeiten wird durch die allgemein gehaltenen Formulierungen bewusst vermieden. Es ist darauf hinzuweisen, dass sich rechtlich gesehen die Pflichten des Planers allein aus den vertraglichen Vereinbarungen ergeben. Ist dabei die Anwendung der HOAI vorgesehen, ergeben sich seine Pflichten konkret aus den dort aufgeführten Leistungsphasen, bei denen Kostenkontrollen

- in Leistungsphase 3 unter Buchstabe g) durch Vergleich zwischen Kostenschätzung und Kostenberechnung,
- in Leistungsphase 7 unter Buchstabe g) durch Vergleich zwischen Kostenberechnung und Kostenanschlag sowie
- in Leistungsphase 8 unter Buchstabe j) durch Vergleich zwischen Kostenanschlag und Kostenfeststellung

durchzuführen sind.

Zu 4 Kostengliederung:

Zu 4.1 Aufbau der Kostengliederung:
Die in der Ausgabe 1993 eingeführte dreistufige Kostengliederung wurde unverändert beibehalten. Auch die Gliederung und die Kostenstellen selbst sowie ihre Zuordnung zu den Kostengruppen blieben im Wesentlichen unverändert; wegen der Änderungen im Einzelnen siehe Abschnitt 4.3.

Zu 4.2 Ausführungsorientierte Gliederung der Kosten:
Die bisher unter 4.2 enthaltene Feststellung, dass die Kosten bereits in der 1. Gliederungsebene nach herstellungsmäßigen Gesichtspunkten unterteilt werden können, war eindeutig falsch. Die Gliederung in sieben Hauptkostengruppen kann nicht anders als in Abschnitt 4.1 dargestellt werden. Insofern wurde der Text in der neuen Norm dahingehend korrigiert, dass eine nach unternehmensspezifischen Bauleistungen orientierte Kostengliederung erst ab der 2. Gliederungsebene möglich ist. Dies schließt jedoch nicht aus, dass bereits für den Kostenrahmen und die Kostenschätzung Kalkulationen in dieser Gliederungstiefe verwendet werden, sofern sie zu dem jeweiligen Zeitpunkt bereits vorliegen sollten. Wegen der ausführungsorientierten Gliederung der Kosten siehe im Übrigen die Anmerkung zu Abschnitt 3.4.4.

Zu 4.3 Darstellung der Kostengliederung:
Die im Normentext verwendeten Begriffe, 1., 2. oder 3. Kostengliederungsebene werden durch die Kennziffern der einzelnen Kostengruppen der nachfolgenden Tabelle charakterisiert.
Die 1. Ebene enthält die mit runden Hunderterzahlen gekennzeichneten Kostengruppen (siehe Abschnitt 4.1), die 2. Ebene die Kostengruppen mit runden Zehnerzahlen, z. B. 310, 320 usw. bis 390, und die 3. Ebene alle in der Tabelle aufgeführten Kostengruppen, soweit dafür im jeweiligen Einzelfall Kosten anfallen.
Aufgrund des Bestrebens der Verfasser der Norm, die Kostengliederung so weit als möglich zu systematisieren, enthält die Tabelle eine Reihe von Kostengruppen, die miteinander verbunden sind und deren Kosten sich nicht im Einzelnen ermitteln lassen. Dies trifft insbesondere auf die mit „Sonstige Maßnahmen" bezeichneten Gruppen zu, deren gemeinsame Kostenangabe daher ausdrücklich zugelassen werden musste, siehe 4.3, letzter Absatz.
Auch bei anderen Kosten ist eine Aufgliederung in mehrere Kostengruppen nach der Tabelle nur mit großem Aufwand möglich und würde häufig keine weitere Hilfe für die Kostenplanung und die Kostenkontrolle bedeuten. Auf die Möglichkeit, diese Kosten nicht zu trennen, wurde in der Tabelle bisher durch eine Reihe von Fußnoten hingewiesen, z. B. bei Bodenbelägen auf Fundamentplatten (KG 325) und auf Decken (KG 352). Diese Fußnoten sind in der gültigen Fassung nicht mehr enthalten, als Ersatz soll offenbar der letzte Absatz dieses Abschnitts dienen.
Im Übrigen wurden in der Tabelle nur wenige und meist nicht zwingende Veränderungen vorgenommen, auf die nachfolgend im Einzelnen hingewiesen wird.

Zu Tabelle 1:

Zu 100 Grundstück:
Nach Bild 1 ist die Fläche der Parzelle 177 von den Buchstaben A, B, C, D umschrieben. Für die aufgrund eines Bebauungsplanes vorgesehene Erschließungsstraße wird von dieser Parzelle der Grundstücksteil E, F, C, H, G in Anspruch genommen. Die Fläche A, B, F, E östlich der Straße verbleibt als Baugrundstück, auf das sich die Kostenermittlung bezieht. Außerdem bleibt die Fläche G, H, D als Restparzelle westlich der Straße übrig. Für die Inanspruchnahme der Verkehrs- und Versorgungsfläche E, F, C, H, G ist der Eigentümer nach § 93 Abs. (1) BauGB[2] zu entschädigen, soweit ihm Vermögensnachteile entstehen. Ist der Eigentümer zur Abgabe nicht bereit, so kann

---

[2] Baugesetzbuch vom 8. Dezember 1986 in der Neufassung vom 27. August 1997

der Träger der öffentlichen Erschließung (z.B. die Gemeinde) die Enteignung betreiben (§ 85 BauGB). Für die Restparzelle G, H, D kann der Eigentümer die Übernahme durch die Gemeinde nach § 96 Abs. (2) BauGB verlangen, da ihm wirtschaftlich nicht mehr zuzumuten ist, diese nicht mehr nutzbare Fläche zu behalten. Er kann sie jedoch auch verkaufen, z.B. an den Eigentümer der Parzelle 201, sofern dieser kaufwillig ist.

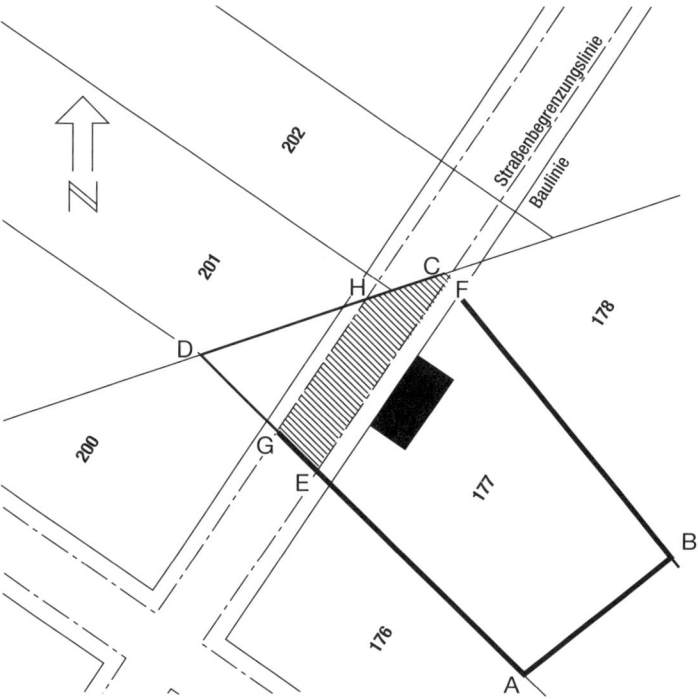

Bild 1: Beispiel für ein Grundstück

Zu 110 Grundstückswert:

Während der Kaufpreis anzusetzen war, wenn das Baugrundstück gekauft wurde, und nur dann der Wert zu ermitteln war, wenn der Kaufpreis als überholt gelten musste oder kein Grundstückskauf vorlag, richtet sich nunmehr der Grundstückswert ausschließlich nach dem Verkehrswert zum Zeitpunkt der Kostenermittlung und zwar auch dann, wenn der Kaufpreis vom Verkehrswert zum Zeitpunkt der Kostenermittlung abweicht. Da der Verkehrswert veränderlich ist, bedeutet diese Festlegung, dass bei zeitlich verschiedenen Kostenermittlungen der Verkehrswert überprüft und gegebenenfalls verändert werden muss. Dementsprechend heißt es in § 194 BauGB: „Der Verkehrswert wird durch den Preis bestimmt, der in dem Zeitpunkt, auf den sich die Ermittlung bezieht, im gewöhnlichen Geschäftsverkehr nach den Eigenschaften, der sonstigen Beschaffenheit und der Lage des Grundstücks oder des sonstigen Gegenstands der Wertermittlung ohne Rücksicht auf ungewöhnliche oder persönliche Verhältnisse zu erzielen wäre."

Darüber hinaus verlangt das Baugesetzbuch die Einrichtung von Gutachterausschüssen zur Ermittlung der Grundstückswerte (§ 192, § 193, § 197 und § 198), die Ermittlung von Bodenrichtwerten (§ 196) und die Einrichtung von Kaufpreissammlungen für Zwecke der Besteuerung (§ 195). Außerdem wird in § 199 die Bundesregierung ermächtigt, durch Rechtsverordnung Vorschriften über die Anwendung gleicher Grundsätze bei der Ermittlung der Verkehrswerte zu erlassen.

Bei Grundstücken, für die ein Erbbaurecht bestellt ist, darf der Grundstückswert nicht in die Gesamtkosten eingerechnet werden, da der Bauherr nicht Eigentümer des Baugrundstücks ist. Das Erbbaurecht dient nach der Verordnung vom 15. Januar 1919 in erster Linie als Rechtsform für die Bereitstellung öffentlichen Landes für Bauzwecke; es fördert das Bauen und belässt der öffentlichen Hand als Eigentümerin des Grund und Bodens bestimmte Einwirkungsmöglichkeiten, z. B. Veräußerungsverbot. Bei solchen Grundstücken wird empfohlen, in einer Anlage zur Kostenermittlung jedoch folgende Angaben zu erfassen: Dauer des Erbbaurechts, Größe der Grundstücksfläche, jährlicher Erbbauzins in EUR/m² sowie Auflagen, die mit dem Erbbaurecht verbunden sind. Die Erbbauzinsen gehören ebenfalls nicht zu den Baukosten, da sie unabhängig von dem zu errichtendem Bauwerk sind und jedes Jahr anfallen. Sie sind daher Baunutzungskosten im Sinne von DIN 18960.

Zu 120 Grundstücksnebenkosten:

Die Grundstücksnebenkosten wurden früher als Erwerbskosten bezeichnet. Sie können im Einzelnen bestehen aus

– Kosten für die Vermessung, die im Zusammenhang mit der Parzellenbildung anfallen, die aber nicht die Kosten für das Einmessen des Bauwerks auf dem Grundstück enthalten (siehe KG 744),

– Gerichtsgebühren, z. B. für die Eintragung ins Grundbuch,

– Notariatsgebühren für die Beurkundung des Kaufes und der Auflassung,

– Maklerprovisionen, sofern der Erwerb durch einen Grundstücksmakler vermittelt wurde,

– die Grunderwerbsteuer,

– Kosten für Wertermittlungen, z. B. zur Beurteilung des Grundstückswertes, und Untersuchungen, z. B. über Kontaminierung mit Schadstoffen oder die Existenz von Kampfmitteln, Baugrunduntersuchungen soweit sie der Ermittlung des Grundstückswertes dienen, nicht jedoch die Kosten von Untersuchungen, die im Zusammenhang mit der Planung durchzuführen sind (siehe KG 721).

– Genehmigungsgebühren, z. B. bei Genehmigungen für den Bodenverkehr oder bei Grundstücken, die in Bergbau-, Wassereinzugs- und Naturschutzgebieten liegen,
– Kosten für Bodenordnung und Grenzregulierungen, d. h Kosten, die im Zusammenhang mit Umlegungen nach den §§ 45 bis 79 BauGB oder mit Grenzregulierungen nach den §§ 80 bis 84 BauGB entstehen,
– Sonstiges, z. B Kosten für die Beschaffung von Karten, Stadtplänen, Leitungsplänen, Flurkarten, Katasterauszügen.

Zu 130 Freimachen:
Freimachen eines erworbenen Baugrundstücks bedeutet, die Rechte anderer, die mit dem Grundstück verbunden sind, oder die Lasten, die auf dem Grundstück ruhen, abzulösen, um die freie Verfügungsgewalt zu erhalten. dazu gehören
– Kosten für Abfindungen, z. B. Entschädigungen für Miet- und Pachtverträge. Diese Kosten können erheblich sein; die Feststellung der Entschädigungsansprüche kann lange Zeit erfordern und rechtlich viele Schwierigkeiten bereiten. Das gilt besonders für das Freimachen von Kleingartengelände, das unter gesetzlichem Schutz steht, ferner für die Auflösung langfristiger Pacht- und Unterpachtverträge vor Ablauf der vereinbarten Kündigungsfristen und für die Räumung von Wohnungen in Gebäuden, die zum Abbruch bestimmt sind,
– Kosten für das Ablösen dinglicher Rechte, z. B. Wegerechte, Recht des Nachbarn auf Überbauung, wie sie aus Abteilung II des Grundbuchblattes ersichtlich sind oder das Löschen von Belastungen, z. B. Hypotheken, entsprechend Abteilung III, ferner das Löschen von Baulasten im Baulastenverzeichnis.
– Sonstiges, z. B. Prozesskosten bei einer Räumungsklage, Anwaltskosten.

Zu 200 Herrichten und Erschließen:
Seitdem die Kosten für das Herrichten und das Erschließen zusammengefasst wurden, enthält diese Kostengruppe nunmehr alle Baukosten und Entgelte, die erforderlich sind, um die Bebaubarkeit des Grundstücks sicherzustellen.

Zu 210 Herrichten:
Als „Herrichten" werden alle vorbereitenden Maßnahmen bezeichnet, die nicht der Erschließung dienen. Sie enthalten auch das Beseitigen von vorhandenen Anlagen, die durch eine frühere Nutzung des Grundstücks entstanden sind. Die Maßnahmen werden häufig im Zusammenhang mit der Errichtung des geplanten Bauwerks ausgeführt und sind dann nicht leicht von ihnen zu trennen, z. B. das Herrichten der Geländeoberfläche (KG 214) und die Geländebearbeitung (KG 511). Zu den Kosten für das Herrichten zählen

– der Schutz von vorhandenen und zu erhaltenen Anlagen, Bewuchs und Vegetationsschichten,

– Abbruchmaßnahmen von vorhandenen und zu beseitigenden Anlagen. Bei Trümmergrundstücken gehören die Abbruch- und Abräumarbeiten, sofern sie nach dem Erwerb des Grundstücks kostenpflichtig durchgeführt werden müssen, zu den Herrichtungskosten. Ein etwaiger Erlös aus dem Abbruchgut ist bei der Ermittlung der Herrichtungskosten zu berücksichtigen. Bei öffentlicher Abräumung entstehen dem Eigentümer keine Kosten, dafür erhält der Träger der öffentlichen Abräumung das Verfügungsrecht über das Abräumgut.

– das Beseitigen von Kampfmitteln und anderen gefährlichen Stoffen, Sanieren belasteter und kontaminierter Böden,

– das Herrichten der Geländeoberfläche, wie Roden von Bewuchs, Planieren, Bodenbewegungen einschließlich Oberbodensicherung. Ist das Grundstück mit Bäumen bestanden, die als Nutzholz verwendbar sind, so ist der Verkaufserlös, der nach Abzug der dadurch entstehenden Kosten verbleibt, den Herrichtungskosten gutzuschreiben.

– Sonstiges, z. B. die dauernde oder zeitweilige Umlegung eines offenen oder verrohrten Gewässers.

Zu 220 Öffentliche Erschließung:
Die öffentliche und auch die nichtöffentliche Erschließung (KG 230) betreffen den Anschluss des Grundstücks an öffentliche Verkehrsflächen sowie an Ver- und Entsorgungsanlagen und sind von den Erschließungsmaßnahmen nach KG 200 zu unterscheiden.
Nach § 123 BauGB ist die Erschließung Aufgabe der Gemeinde, soweit sie nicht nach anderen gesetzlichen Vorschriften oder öffentlich-rechtlichen Verpflichtungen einem anderen obliegt. Die Erschließungsanlagen sollen entsprechend den Erfordernissen der Bebauung und des Verkehrs hergestellt werden und spätestens bis zur Fertigstellung der baulichen Anlagen auf dem Grundstück benutzbar sein. Die Gemeinde kann die Erschließung durch Vertrag auf einen anderen übertragen. Ein Rechtsanspruch auf Erschließung besteht nicht. Die Unterhaltung der Erschließungsanlagen richtet sich nach landesrechtlichen Vorschriften.
Die öffentliche Erschließung umfasst den Erwerb und das Freimachen des Bodens, der für die öffentlichen Anlagen vorgesehen ist, sowie den Bau der Erschließungsanlagen. Erschließungsanlagen im Sinne des § 127 BauGB sind

– die öffentlichen zum Anbau bestimmten Straßen, Wege und Plätze;

– die öffentlichen aus rechtlichen oder tatsächlichen Gründen mit Kraftfahrzeugen nicht befahrbaren Verkehrsanlagen der Baugebiete, z. B. Fußwege, Wohnwege;

– Sammelstraßen innerhalb der Baugebiete, d. h. öffentliche Straßen, Wege und Plätze, die selbst nicht zum Anbau bestimmt, aber zur Erschließung der Baugebiete notwendig sind, z. B. Parkflächen und Grünanlagen mit Ausnahme von Kinderspielplätzen, soweit sie Bestandteil der vorgenannten Verkehrsanlagen oder nach städtebaulichen Grundsätzen innerhalb der Baugebiete zu deren Erschließung notwendig sind;

– die Anlagen zum Schutz von Baugebieten gegen schädliche Umwelteinflüsse im Sinne des Bundes-Immissionsschutzgesetzes, auch wenn sie nicht Bestandteil der Erschließungsanlagen sind.

Anlagen zur Ableitung von Abwasser sowie zur Versorgung mit Wasser, Gas, Elektrizität und Wärme zählen nicht zu den Erschließungsanlagen nach § 127 BauGB. Ungeachtet dessen sind sie jedoch für die Nutzung der erschlossenen Baugrundstücke unerlässlich und das Recht der Gemeinden, dafür Anschlussbeiträge bzw. Kostenzuschüsse zu erheben, bleibt nach § 127, Absatz 4, unberührt. Sie zählen daher ebenso zu den Kosten für die öffentliche Erschließung wie satzungsgemäße einmalige Entgelte für den Anschluss an Telekommunikationsnetze privater Betreiber.

Wichtig für die Klarheit der Kostenermittlung ist die richtige Trennung der Erschließungskosten von den Kosten der Außenanlagen. Bei der öffentlichen Erschließung zählen die Kosten der Anschlussleitungen von den öffentlichen Hauptleitungen bis zur Grenze des Baugrundstücks zu den Erschließungskosten. Der auf dem Baugrundstück gelegene Teil der Anschlussleitungen gehört von der Grundstücksgrenze an bis zum Bauwerk zu den Außenanlagen, siehe KG 500. Bisher gehörten zu den Erschließungskosten nur die Kosten der Daueranlagen, d. h. der Anlagen, die auch nach einem etwaigen Abgang eines Bauwerks als Erschließungsanlagen bestehen bleiben müssen. Die Anschlussleitungen wurden bisher also ohne Rücksicht auf die Grenze des Baugrundstücks bis zu den Hauptversorgungsleitungen gemessen und die Kosten voll den Außenanlagen zugerechnet. Jetzt findet eine Aufteilung dieser Kosten entsprechend den Eigentumsverhältnissen statt, wobei es unerheblich ist, ob die Anschlussleitung ganz oder nur teilweise vom Versorgungsträger hergestellt wird. Die im oder am Bauwerk beginnenden Anschlusseinrichtungen gehören zur KG 400 „Bauwerk – Technische Anlagen", siehe Bild 2.

Zu den Kosten der aufgeführten Gruppen 221 bis 227 gehören

– bei den Abwasseranlagen die anteiligen Kosten der Entwässerungskanäle in der öffentlichen Erschließungsstraße bis zur Grenze des Baugrundstücks und gegebenenfalls die durch Satzung festgelegten anteiligen Kosten für die erstmalige Herstellung oder Vervollständigung der das Abwasser behandelnden technischen Anlagen, z. B. eines Klärwerkes;

– bei der Wasser-, Gas-, und Fernwärmeversorgung die anteiligen Kosten der öffentlichen Versorgungsleitungen bis zur Grenze des Baugrundstücks und gegebenenfalls die durch Satzung oder vom Versorgungsträger festgelegten anteiligen Kosten für die erstmalige Herstellung oder Vervollstän-

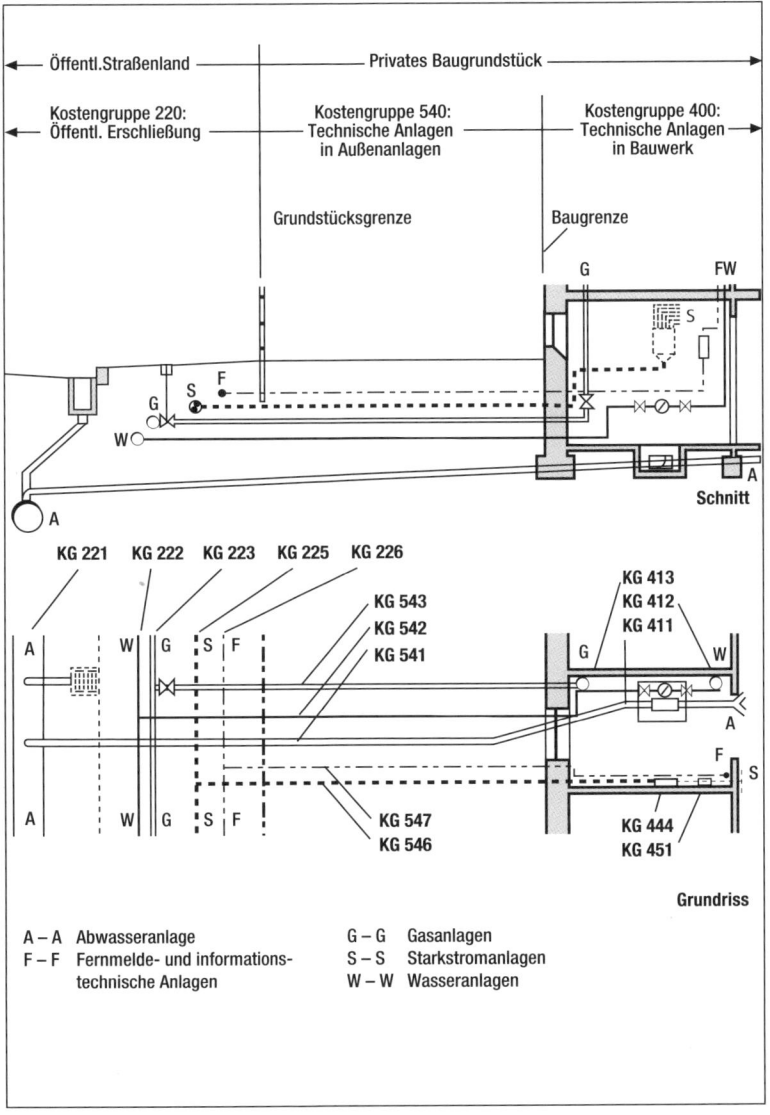

Bild 2. Öffentliche Erschließung und die Zuordnung Technischer Anlagen

digung der Wassergewinnungs- bzw. Gas- oder Wärmeerzeugungsanlagen, z. B. eines Wasser-, Gas- oder Heizwerkes;

– bei der Stromversorgung die anteiligen Kosten der öffentlichen Kabel oder Freileitungen bis zur Grenze des Baugrundstücks und gegebenenfalls die vom Stromerzeuger festgelegten anteiligen Kosten für die erstmalige Herstellung oder Vervollständigung der Stromversorgungsanlagen, z. B. eines Elektrizitätswerkes;

– bei Telekommunikationsanlagen die vom Betreiber geforderten einmaligen Entgelte für die Bereitstellung und Änderung von Netzanschlüssen;

– bei der Verkehrserschließung anteilige Beiträge für die Herstellung von Verkehrs- und Freianlagen nach § 127 BauGB einschließlich ihrer Entwässerung und Beleuchtung sowie etwa erforderlicher Maßnahmen gegen schädliche Umwelteinflüsse, z. B. Lärmschutzwände.

Die Kostengruppe 228 „Abfallentsorgung" wurde neu in den Komplex Öffentliche Erschließung aufgenommen und das angegebene Beispiel zeigt, dass es sich hier um einen in die Zukunft weisenden Kostenfaktor handelt, der zum gegenwärtigen Zeitpunkt noch keine Bedeutung hat, da leitungsgebundene öffentliche Abfallentsorgung in Deutschland zur Zeit kaum zu realisieren ist. Sollten in Ausnahmefällen derartige Erschließungskosten anfallen, hätten sie daher ohne weiteres der KG 229 über sonstige Kosten zugeordnet werden können.

Zu 230 Nichtöffentliche Erschließung:

Die Nichtöffentliche Erschließung erfordert Aufwendungen für Verkehrsflächen und technische Anlagen, die ohne öffentlich-rechtliche Verpflichtung oder Beauftragung mit dem Ziel der späteren Übertragung in den Gebrauch der Allgemeinheit hergestellt und ergänzt werden.

Bei größeren Siedlungsprojekten oder bei Bauvorhaben besonderer Art, z. B. Flughäfen, Kasernen, wird die Erschließung von Fall zu Fall von den Gemeinden durch Vertrag dem Bauherrn oder einem für den Bauherrn tätigen Treuhänder übertragen. Es entstehen dann private Erschließungsanlagen, z. B. so genannte Unternehmerstraßen, die in der Regel erst nach fünfjähriger Unterhaltung von der öffentlichen Hand übernommen oder aber als private Anlagen mit öffentlichem Charakter (Daueranlagen) langfristig beibehalten werden. Die aufzuwendenden Selbstkosten entsprechen den Anliegerleistungen bei öffentlicher Erschließung. Besteht keine Parzellierung, so muss für die Aufteilung der Kosten auf einzelne Bauwerke jeweils ein entsprechendes Baugrundstück angenommen werden. Das ist insbesondere für Kostenvergleiche notwendig. Bei der Nichtöffentlichen Erschließung werden die Anschlussleitungen von den Hauptversorgungsleitungen bis zum Bauwerk in der ganzen Länge den Außenanlagen zugerechnet, siehe KG 500. Die Kostengliederung in der 3. Ebene ist die gleiche wie bei der Öffentlichen Erschließung.

Zu 240 Ausgleichsabgaben:

Ausgleichsabgaben, früher „Andere einmalige Abgaben" genannt, sind Kosten, die aufgrund landesrechtlicher Bestimmungen oder einer Ortssatzung einmalig und zusätzlich zu den Erschließungsbeiträgen entstehen, z. B. das Ablösen von der Verpflichtung, KFZ-Stellplätze anzulegen.

Durch Satzung oder andere baurechtliche Regelungen kann eine Baugenehmigung von der Entrichtung einer einmaligen Abgabe (Bauabgabe) abhängig gemacht werden, die insbesondere zur Mitfinanzierung kommunaler Folgeeinrichtungen der Erschließung verwendet wird. Erfahrungsgemäß wird im ländlichen Siedlungsraum der Vorteil des günstigen Erwerbs von Bauland durch solche Abgaben, die zusätzlich zu den Erschließungsbeiträgen erhoben werden können, in gewissem Maße wieder gemindert.

Ausgleichsabgaben können im einzelnen umfassen:

– Ansiedlungsgebühren, d. h. die Entrichtung eines anteiligen Beitrages als Zuschuss für Gemeindeeinrichtungen, wie Amtsverwaltung, Feuerwehr, Kirche, Kindertagesstätte, Schule, Friedhof, Sportplatz u. a.;
– Beiträge zum Bau von Kfz-Stellplätzen, d. h. Ablösungskosten für notwendige Stellplätze, die auf dem Baugrundstück nicht untergebracht werden können.
– Durch Satzung festgelegte anteilige Kosten für die erstmalige Herstellung oder Vervollständigung gemeinschaftlicher Anlagen, die für den Erschließungsbereich von Bedeutung sind, z. B. Fremdenverkehrseinrichtungen.

Zu 250 Übergangsmaßnahmen:

Diese Kostengruppe wurde neu aufgenommen und ihre Notwendigkeit erschließt sich aus den angegebenen Beispielen nicht. Wie dort bereits angedeutet, handelt es sich bei den Provisorien (KG 251) um vorübergehende bauliche Maßnahmen beim Bauwerk, den technischen oder den Außenanlagen, die ebenso gut den dort neu eingerichteten Kostengruppen „Provisorien" zugeordnet werden können; sie haben nichts mit dem Herrichten und Erschließen des Baugrundstücks zu tun. Auch für KG 252 „Auslagerungen" wurde kein überzeugendes Beispiel angegeben. Soll z. B. die gewerbliche Nutzung eines unbebauten Grundstücks zukünftig in einer Halle stattfinden und muss die Nutzung aus diesem Grunde vorübergehend auf ein anderes Grundstück verlegt werden, können die dabei anfallenden Kosten – insbesondere die für die Rückverlagerung des Betriebes an den ursprünglichen Standort – nicht dem Herrichten des Baugrundstücks und damit den Baukosten zugerechnet werden. Derartige Kosten zählen in gleicher Weise zu den Betriebskosten des Unternehmens wie die Kosten, die durch einen endgültigen Umzug an einen neuen Standort entstehen würden.

Es bleibt daher unerklärlich, aus welchem Grunde die KG 252 „Auslagerungen" in die Kostengliederung und damit in die Gesamtbaukosten aufgenommen wurde, zumal sie für die Abschätzung der Kosten vergleichbarer Baumaßnahmen kaum hilfreich sein dürfte. Darüber hinaus bleiben die Kosten für das Herrichten und das Erschließen des Baugrundstücks nach HOAI § 32 Absatz (3) bei der Ermittlung des Architektenhonorars unberücksichtigt (nicht anrechenbare Kosten), so dass sich auch in dieser Hinsicht durch die neue Kostengruppe nichts ändern würde.

Zu 300 Bauwerk-Baukonstruktionen:
Diese Kostengruppe ist mit ihren Untergruppen weitgehend unverändert geblieben. Die bereits in der vorigen Ausgabe vorgenommene Abtrennung der Technischen Anlagen (KG 400) von den eigentlichen Baukonstruktionen wurde beibehalten, eine undifferenzierte Aussage über beide Kostengruppen zusammen als „Bauwerkskosten" ist nur bei der Ermittlung des Kostenrahmens zulässig, siehe Abschnitte 2.11 und 3.4.1.

Zu 310 Baugrube:
Siehe Bild 3. Die Kostengruppe umfasst alle Erdarbeiten, die zur Herstellung, zum Erhalt und zum Wiederverfüllen der Baugrube erforderlich sind, sowie die dazu notwendigen Hilfsmaßnahmen, wie Absteifungen und Grundwasserabsenkungen. Die Kosten der Erdarbeiten zum Einbau von Gründungs- bzw. Fundamentbauteilen, z. B. Streifenfundamenten, gehören nicht hierher, sondern müssen der Kostengruppe 320 zugeordnet werden.
Maßnahmen zur Vermeidung und Beseitigung von Regenwasseransammlungen in der Baugrube durch Unwetter o. ä. gehören nicht zu den Kosten für die Wasserhaltung (KG 313). Wenn Mittel dafür vorgesehen werden sollen, sind sie entweder der KG 319 „Baugrube, Sonstiges" oder besser der KG 397 „Zusätzliche Maßnahmen (bei Baukonstruktionen)" zuzuordnen, weil diese Maßnahmen in den meisten Fällen auch dem Schutz anderer Bauteile dienen, z. B. von Fundamenten oder Gründungssohlen.

Zu 320 Gründungen:
Siehe Bild 3. Die für die Gründung erforderlichen Aufwendungen beziehen sich auf die Kosten der Herstellung der Fundamentbauteile einschließlich der zugehörigen Erdarbeiten. Zur Gründung im Sinne dieser Gliederung zählen auch Bodenplatten einschließlich der zu ihrer Herstellung erforderlichen Sauberkeitsschichten, die das Bauwerk nach unten abschließen, jedoch keine Lasten des Bauwerks aufnehmen. Zu den aufgeführten Untergruppen ist im Einzelnen folgendes festzustellen:
– Baugrundverbesserung (KG 321) werden der Gründung zugeordnet, auch wenn es sich bei ihnen im Wesentlichen um Maßnahmen des Erdbaus handelt, die im Zusammenhang mit den Arbeiten für die Baugrube ausge-

führt werden, z. B. der Austausch ungeeigneter Bodenschichten oder das Verdichten von nicht ausreichend tragfähigem Untergrund.
–   Der Begriff „Flachgründung" (KG 322) bezieht sich nicht auf die Tiefe der Gründung unter der Geländeoberfläche, sondern drückt aus, dass die Gründungsbauteile nur eine geringe Höhe im Vergleich zum übrigen Baukörper aufweisen.

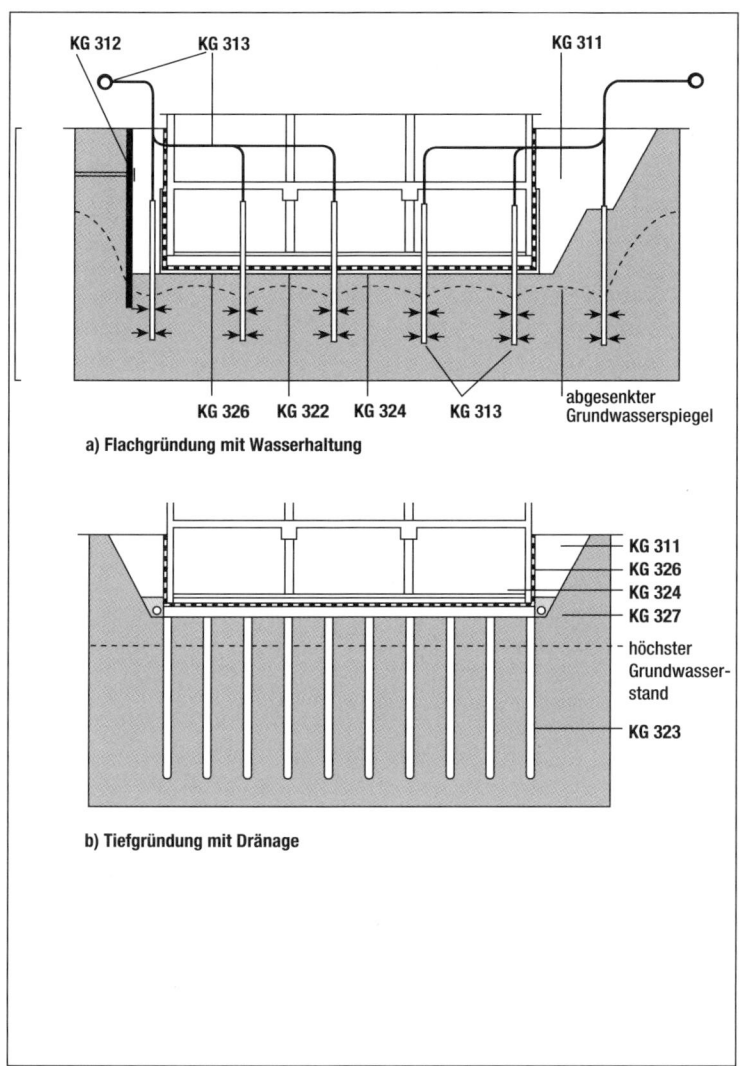

a) Flachgründung mit Wasserhaltung

b) Tiefgründung mit Dränage

Bild 3. Beispiele für die Zuordnung in den Kostengruppen
        310 Baugrube und 320 Gründung

– Als „Tiefgründungen" werden pfahl- oder röhrenförmige Gründungsbauteile bezeichnet, die eingesetzt werden, wenn in der Tiefe der geplanten Bauwerkssohle kein ausreichend tragfähiger Boden angetroffen wird. Dazu gehören auch Rostkonstruktionen, mit denen sie untereinander verbunden sind und die zur Aufnahme des Bauwerks dienen. Die Tiefgründungen werden entweder bis auf tragfähige Bodenschichten heruntergeführt oder sie sind durch die Mantelreibung mit dem umgebenden Erdreich selbst tragfähig.

– Zu den Gründungsbauteilen zählt auch die Bauwerkssohle, die das Bauwerk nach unten abschließt, auch wenn sie lediglich die auf sie wirkenden Verkehrslasten aufnehmen muss. Die Kosten für die Bauwerkssohle umfassen auch alle mit ihr zusammenhängenden Schichten wie Dämm- und Schutzschichten sowie raumseitige Nutzschichten wie Estriche und Fußbodenbeläge. Den Fußnoten entsprechend, die die Gliederung in der vorangegangenen Ausgabe der Norm enthielt, konnten die Kosten für diese Schichten mit denen für die Fußbodenkonstruktionen auf den Decken der anderen Geschosse (KG 352) zusammengefasst werden, wenn die Konstruktionen gleichartig waren. Diese Möglichkeit ist in der neuen Ausgabe nicht mehr gegeben.

– Ebenfalls zu den Gründungsbauteilen rechnen auch Abdichtungen und Dränagen, die das Bauwerk gegen Wasser oder die Feuchte im Boden schützen sollen. Sie umfassen alle dazu erforderlichen Abdichtungs-, Filter-, Trenn- und Schutzschichten nicht nur im Bereich der Bauwerkssohle, sondern auch auf den Kelleraußenwänden. Wegen der waagerechten Abdichtung in den Wandquerschnitten, die das Aufsteigen von Kapillarfeuchte verhindern sollen (Sperrschichten), siehe jedoch in KG 330 „Tragende Außenwände". Zu den Dränagen, die nicht direkt mit Gründungs- oder anderen Bauteilen verbunden sind, müssen auch Spül- und Kontrollschächte sowie gegebenenfalls Pumpenanlagen zur Einleitung des Wassers in einen Vorfluter gerechnet werden.

Zu 330 Außenwände:

Als Außenwände im Sinne der Gliederung werden alle flächigen Bauteile sowie Stützen bezeichnet, die das Bauwerk nach außen abschließen und die vorwiegend senkrecht oder mit leichter Neigung gegen die Senkrechte angeordnet sind. Die Grobgliederung des Bauwerks in Wände und Decken/Dächer (KG 350/360) basiert auf der Vorstellung eines Körpers, der von horizontalen und vertikalen ebenen Flächen begrenzt wird. Weisen die Flächen jedoch eine stärkere Neigung auf, kann die Abgrenzung zwischen Wänden und Decken/Dächer Schwierigkeiten bereiten. Sofern der Charakter des Bauteils nicht aus seiner Funktion eindeutig hervorgeht, muss eine Grenze willkürlich festgelegt werden, z. B. bei 45° Neigung.

– Unter „Tragende Außenwände" (KG 331) sind die Kosten für den Teil der Außenwandkonstruktion einzusetzen, der in der Regel aus Mauerwerk oder Beton besteht und der die Lasten aus dem Bauwerk aufnimmt und in die Fundamentierung weiterleitet. Aus Gründen der Vereinfachung werden hier auch die Teile der Bauwerksabdichtung eingerechnet, die das Aufsteigen von Feuchte in den Wänden verhindern soll, und die als Sperrschichten bezeichnet werden. Andere Teile der Bauwerksabdichtung fallen in die Kostengruppe „Gründung", siehe KG 326.

– Nichttragende Außenwände (KG 332) sind entweder zwischen Außenstützen nach KG 333 oder vor Innenstützen nach KG 343 angeordnet. Sie sind ohne äußere und innere Bekleidungen in Rechnung zu stellen, wenn die Bekleidungen erst nach Herstellung der nichttragenden Außenwände ausgeführt werden (siehe KG 335 und 336). Zu den nichttragenden Außenwänden zählen auch die so genannten vorgehängten Fassaden, die in Elementen einschließlich äußerer und innerer Bekleidung im Werk hergestellt und am Bau montiert werden. Ihre Kosten sind jedoch der KG 337 zuzuweisen, dabei ist eine gesonderte Angabe für die darin enthaltenen Öffnungskonstruktionen (Türen, Fenster) nicht erforderlich. Den nichttragenden Außenwänden sind auch massive Balkonbrüstungen zuzuordnen, bestehen sie aus Geländerkonstruktionen, sollten sie jedoch besser der KG 339 zugerechnet werden.

– Außenstützen (KG 333), Pfeiler und Säulen, sind entweder in die Außenwände eingebunden oder stehen frei vor den Außenwänden. Etwaige äußere und innere Bekleidungen gehören zu den KG 335 und 336. Stehen die Stützen hinter den Außenwänden, z. B. bei vorgehängte Fassaden, zählen sie zu den Innenstützen nach KG 343. Obwohl nirgends durch Definition bestimmt, hat sich allgemein die Auffassung durchgesetzt, Bauteile mit einem rechteckigem Querschnitt und einem Seitenverhältnis bis 1:5 als Pfeiler oder Stützen zu bezeichnen. Ist die lange Querschnittsseite länger, gelten sie als Wände. Die Gliederung geht davon aus, dass Pfeiler und Stützen immer eine tragende Funktion ausführen. Pfeilervorlagen, die lediglich aus gestalterischen Gründen angeordnet wurden, werden nicht gesondert betrachtet.

– Bei Außentüren und -fenstern (KG 334) sind die Kosten für die Abschlüsse aller in den Außenwänden befindlichen Öffnungen, soweit sie als gesonderte Bauteile mit allen, auch zusätzlichen Zwecken dienenden Einrichtungen hergestellt werden, einzusetzen. Zu diesen Einrichtungen zählen auch Anlagen zum Einbruchschutz wie Gitter und Rollläden. Eine Ausnahme bilden Sonnenschutzvorrichtungen, die in KG 338 getrennt zu erfassen sind. Ob die hier angeführten Rollläden als Sonnenschutz oder nicht primär als Einbruchschutz anzusehen sind, dürfte im Wesentlichen von der

Art der Konstruktion abhängen. Wegen der Öffnungen in vorgehängten Fassaden siehe KG 337.

- Bei der Bekleidung von Außenwänden ist zu unterscheiden, ob sie außen oder innen angebracht werden (KG 335, KG 336). Die Bekleidung von Außenstützen ist hier mit einzurechnen. Zu den Bekleidungen zählen nicht nur solche aus groß- oder kleinformatigen Platten, die montiert oder angemörtelt werden, sondern auch Beschichtungen mit Putzen oder Anstrichen. Die Beschichtung von Kelleraußenwänden zu Abdichtungszwecken einschließlich etwaiger Schutzschichten gehört jedoch nicht hierher, sondern zu KG 326.
- Elementierte Außenwände (KG 337), können tragend, z. B. im Fertighausbau, oder nichttragend, d. h. als vorgehängte Fassaden, ausgebildet sein. Die hier einzusetzenden Kosten enthalten alle integrierten Elemente wie Fenster und Türen sowie gegebenenfalls außen- und innenseitige Bekleidungen oder Beschichtungen.
- Sonnenschutzanlagen (KG 338) wurden als Bestandteil der Öffnungskonstruktionen nach KG 334 hier gesondert aufgeführt, weil sie auch unabhängig von ihnen an den Bauwerksaußenwänden angeordnet sein können. Neben den angegebenen Einrichtungen gehören auch Verdunkelungsanlagen, z. B. in Hörsälen, in diese Kostengruppe.

Zu 340 Innenwände:

Zu den Innenwänden rechnen alle Wände und Stützen eines Bauwerks, die nicht unter KG 330 fallen. Die Untergliederung entspricht dieser Kostengruppe, jedoch entfällt die Unterscheidung der Bekleidungen nach innen und außen und Kosten für Sonnenschutz können nicht anfallen.

- Nichttragende Innenwände (KG 342) sind raumtrennende Wände geringer Dicke, deren Standfestigkeit in der Regel durch Einbinden in tragende Wände, durch Einspannen zwischen Stützen oder durch Einspannen zwischen Boden und Decke sichergestellt werden muss. Nichttragende Innenwände aus vorgefertigten Elementen, die keiner Bekleidung bedürfen, sind der KG 346 zuzuordnen.
- Als Innenstützen (KG 343) gelten auch solche, die hinter der Außenwand angeordnet sind, aber die Funktion von Außenstützen erfüllen, siehe KG 333.
- Als Beispiel für Elementierte Innenwände (KG 346) werden in der Spalte Anmerkungen Falt- und Schiebewände aufgeführt. Ob diese Zuordnung jedoch sinnvoll ist, erscheint zweifelhaft, da sie keine Konstruktions-Grundfläche nach DIN 277, wie fest eingebaute Innenwände aufweisen. Insofern wäre es sinnvoller, ihre Kosten der KG 371 „Allgemeine Einbauten" zuzuordnen.

– Ob die unter „Innenwände, Sonstiges" (KG 349) aufgeführten Beispiele, „Gitter" und „Rollläden" hier sachgerecht angesiedelt sind, erscheint zweifelhaft, da sie in der Regel dem Einbruchschutz dienen, indem sie z. B. in Einkaufszentren die gewerblichen von den öffentlichen Bereichen trennen. Ihre Zuordnung zu den entsprechenden Öffnungskonstruktionen wie Schaufenster- oder Türanlagen (KG 344) wäre daher zutreffender.

Zu 350 Decken:
Decken sind die vorwiegend horizontal angeordneten Flächenbauteile, die ein Bauwerk nach Geschossen trennen oder in Form von Treppen oder Rampen unterschiedliche Höhenebenen miteinander verbinden. Ähnliche Bauteile, die das Bauwerk nach außen abschließen, wie Dächer (KG 360) sowie Boden- und Fundamentplatten (KG 320) gehören nicht hierzu.

– Zu den Deckenkonstruktionen (KG 351) gehören Bauteile, die eine tragende Funktion bei den angegebenen Beispielen ausüben (anstelle von „Über- und Unterstützen" muss es „Über- und Unterzüge heißen). Auch Blindböden und Schüttungen, die gegebenenfalls zwischen dem Belag und der tragenden Konstruktion der Decke angeordnet sind, werden hier zugeordnet, auch wenn sie keine tragenden Teile sind.

– Zu den Deckenbekleidungen (KG 353) zählen auch so genannte abgehängte Decken, die häufig zum Kaschieren von unterhalb der Decke angeordneten Installationen dienen und dazu in einem erheblichen Abstand zur tragenden Decke eingebaut sein können.

– Die hier unter „Decken, Sonstiges" (KG 359) aufgeführten Beispiele „Geländer", „Stoßabweiser" und „Handläufe" dürften dem Normenanwender Probleme bereiten, da sie bereits unter Sonstigem bei Außen- und Innenwänden (KG 339, KG 349) erscheinen. Sie sind dort auch zutreffender eingeordnet, weil Geländer wie Wände eine vertikale Ebene bilden, siehe auch die entsprechende Anmerkung zu KG 330. Auch Handläufe als gesonderte Bauteile werden an Wänden montiert und bei Stoßabweisern sollte der Kostenermittler nicht unterscheiden müssen, ob sie an einer Wand oder auf einer Decke angebracht sind.

Zu 360 Dächer:
Abgesehen von KG 362 „Dachfenster, Dachöffnungen" weist diese Kostengruppe die gleiche Untergliederung wie KG 350 auf.

– Stützt sich die Konstruktion eines Steildaches (Dachstuhl – KG 361), nicht auf die Wände des Bauwerkes sondern auf eine tragende Decke ab, ist diese der KG 350 und nicht dem Dach zuzuordnen. Wird jedoch die tragende Decke als Flachdach ausgebildet, zählt sie zu den Dächern.

– Bei den Dachbelägen (KG 363) sind neben den Kosten für die aufgeführten Funktionsschichten auch die für die Dachentwässerung einzurechnen, dabei erhebt sich jedoch die Frage, wo die Grenze zwischen Entwässerung und Abwasseranlage zu ziehen ist. Bei Steildächern mit Außenentwässerung erscheint es sinnvoll, die Fallrohre an den Fassaden, soweit sie vom Auftragnehmer für die Dachrinnen mit hergestellt werden, in die Dachentwässerung einzubeziehen. Bei Flachdächern mit innenliegender Entwässerung dürften lediglich die Dacheinläufe zur Entwässerung zählen, während die Fallrohre bereits den Abwasseranlagen zuzurechnen sind.

– Die unterseitigen Dachbekleidungen (KG 364) sind bei Flachdächern wie Deckenbekleidungen zu sehen, bei Steildächern sind es die Schichten, die es ermöglichen, den Dachraum zu nutzen, z. B. eine Wärmedämmschicht mit einer Putzbekleidung. Wird die Wärmedämmung eines Steildaches jedoch auf der Dachkonstruktion oder zwischen den Sparren eingebaut, sollte sie den Dachbelägen nach KG 363 zugerechnet werden.

– Im Zusammenhang mit den Beispielen für Sonstiges (KG 369) ist auf die massiven Umwehrungen genutzter Flachdachflächen (Attiken) hinzuweisen, die zwar die Funktion von Geländern haben, aber zweckmäßigerweise bei KG 332 „Nichttragende Außenwände" eingerechnet werden sollten, zumal auch sie beidseitig mit Bekleidungen versehen sein können.

– Sonnenschutz bei Dächern ist in aller Regel in Dachfenster oder Lichtkuppeln integriert, so dass seine Kosten eher in KG 362 erfasst werden sollten, weil sie nur schlecht von ihnen zu trennen sind.

Zu 370 Baukonstruktive Einbauten:
Unter baukonstruktiven Einbauten im Sinne dieser Kostengruppe werden Objekte verstanden, die in das Bauwerk eingebaut werden und fest mit ihm verbunden sind. Sie dienen der allgemeinen Nutzung des Bauwerkes und keinen spezifischen Zwecken. Wie die KG 371 und 372 zeigen, ist es sehr schwierig, Beispiele für konstruktive Einbauten ohne spezifischen Nutzungszweck aufzuführen. In Betracht kommen dafür ehestens elementierte Falt- oder Schiebewände, Einbauschränke und -objekte z. B. in Teeküchen, oder festes Gestühl in Räumen ohne besondere Zweckbestimmung. Andere Beispiele in den Anmerkungen zu den KG 371 und 372 sind eher unzutreffend, wie z. B. Werkbänke, Labor- und Operationstische, die ganz eindeutig nutzungsspezifischen Zwecken gemäß KG 470 dienen.

Zu 390 Sonstige Maßnahmen für Baukonstruktionen:
Der Begriff „Maßnahmen" im Titel dieser Kostengruppe würde implizieren, dass es sich hier nicht direkt um die Kosten für die Herstellung von Bauteilen oder -elementen handelt, sondern um Hilfsmaßnahmen, die zur Ausführung der Leistungen erforderlich sind, ohne dass sie selbst an dem fertigen Bauwerk nachweisbar sind. Entsprechende Maßnahmengruppen enthalten daher

auch die KG 400 „Technische Anlagen" und KG 500 „Außenanlagen" mit der gleichen Untergliederung (KG 490, KG 590). Da solche Hilfsmaßnahmen häufig in gleicher Weise für unterschiedliche Leistungen erforderlich werden, ist es schwierig, die Kosten dafür sinnvoll auf die jeweils relevanten Kostengruppen aufzuteilen. Z. B. dürfte es im Fall der Baustelleneinrichtung kaum möglich sein, sie in die Anteile für die Herstellung der Baukonstruktionen, der Technischen Anlagen und der Außenanlagen aufzuteilen (KG 391, KG 491, KG 591). Wie bei 390 unter den Anmerkungen erläutert, sollen in dieser Kostengruppe aber auch konkrete Bauleistungen untergebracht werden, die nicht sinnvoll zu einer der KG 310 bis 370 zugeordnet werden können.

Innerhalb der Untergliederung der KG 390 wurden gegenüber der vorangegangenen Ausgabe folgende Änderungen vorgenommen:

– Der Titel der KG 396 wurde zu „Materialentsorgung" verkürzt, weil das früher dort erwähnte Recycling von Abbruchmaterial in der Regel nicht den Baukosten zugeordnet werden kann. Die Kosten des Recycling werden im Allgemeinen mit dem Erwerb des wiedergewonnenen Materials abgegolten.

– Die bisherige KG 397 wurde gestrichen und die Maßnahmen zum Schutz gegen Schlechtwetter in der neuen KG 397 „Zusätzliche Maßnahmen" untergebracht.

– Neu wurde KG 398 „Provisorische Baukonstruktionen" eingeführt.

Die in KG 399 über sonstige Maßnahmen aufgeführten Beispiele können zwar per Definition hier aufgenommen werden, im Interesse der Kostentransparenz würden sie jedoch besser wie folgt eingeordnet werden:

– Schließanlagen in KG 371,

– Schächte in KG 349 oder in entsprechenden nutzungsspezifischen Untergruppen der KG 400

– Schornsteine in KG 429.

Zu 400 Bauwerk – Technische Anlagen:

Diese Kostengruppe ist 1993 durch Herauslösen von „Installationen" und „Zentrale Betriebstechnik" aus der bisherigen Kostengruppe 3 „Bauwerk" entstanden. Die Änderung entsprach dem gestiegenen Anteil an den Gesamtkosten, der inzwischen auf die technische Ausrüstung der Bauwerke, auch im Hinblick auf die Einführung neuer Medien, entfällt. Die frühere Trennung in Installationen und Zentrale Betriebstechnik wurde aufgegeben, weil sich die getrennte Erfassung der Kosten als unpraktikabel erwiesen hatte und die Teilkosten meist erst nach Abschluss des Bauprojektes bei der Kostenfeststellung mit hinreichender Genauigkeit zu ermitteln waren.

Zu 410 Abwasser-, Wasser-, Gasanlagen:
Siehe Bild 4. Die Zusammenfassung von Abwasser-, Wasser- und Gasanlagen in einer Kostengruppe folgt dem Schema der in VOB Teil C gegliederten Bauleistungen, das sich wiederum an traditionellen Abgrenzungen des Handwerks und an berufspolitischen Gesichtspunkten orientiert. Dabei handelt es sich um vollständig getrennte technische Anlagen und die Zusammenlegung ihrer Kosten ist nur bis zur Ebene der Kostenberechnung zulässig.
Zu den Kosten der Anlagen ist gegebenenfalls auch eine erforderliche Wärmedämmung von Rohrleitungen zu rechnen, falls sie in Sonderfällen erforderlich werden sollte, z. B. wenn Wasserleitungen durch frostgefährdete Bereiche geführt werden müssen.

– Zu den Abwasseranlagen (KG 411) gehören neben dem Leitungsnetz nur Fußbodenabläufe sowie solche Einrichtungen, die sich innerhalb des Bauwerkes befinden. Sanitärobjekte, wie Wannen, Waschtische und Klosettbecken, werden der KG 412 zugeordnet und Regenwassereinläufe von Flachdächern der KG 363.

– Wasseranlagen (KG 412) können im ökologischen Interesse in Trinkwasser- und Brauchwasseranlagen getrennt sein. Wassergewinnungsanlagen gehören nur dann hierher, wenn ein Brunnen unterhalb der Bauwerkssohle angeordnet sein sollte und Warmwassergeräte nur dann, wenn sie einzelnen Entnahmestellen zugeordnet sind. Einrichtungen zur zentralen Wassererwärmung, die in der Regel mit zentralen Heizanlagen gekoppelt sind, zählen zur KG 421.

– Gasanlagen (KG 413) gehören hierher, wenn sie der Versorgung von Küchen mit Stadt- oder Erdgas dienen. Anlagen für technische Gase, z. B. Sauerstoff, sind der KG 473 zuzuordnen. Bei Wohnungen, in denen Gas zum Kochen und als Brennstoff für eine Gas-Etagenheizung verwendet wird, rechnen die eigentlichen Heizeinrichtungen d. h. der mit Gas betriebene Wassererwärmer sowie die Warmwasserleitungen und die Raumheizgeräte zur KG 420. Gaserzeugungs- und Gaslagerungseinrichtungen werden in der Regel aus Sicherheitsgründen in gesonderten Gebäuden oder im Außenbereich untergebracht, z. B. Behälter für Propangas, wenn keine zentrale Gasversorgung gegeben ist.

Die früher hier noch aufgeführten Feuerlöschanlagen (KG 414) wurden in der neuen Fassung in die KG 470 „Nutzungsspezifische Anlagen" verwiesen, weil sie offensichtlich nicht als Anlagen der Ver- und Entsorgung anzusehen sind, die hier ausschließlich erfasst werden sollen.

Zu 420 Wärmeversorgungsanlagen:
Siehe Bild 5. In diese Kostengruppe sind alle Kosten für alle Anlagen aufzunehmen, die in einem Bauwerk zur Erzeugung und Verteilung von Raumwärme sowie zur zentralen Wassererwärmung dienen. Dazu gehört auch

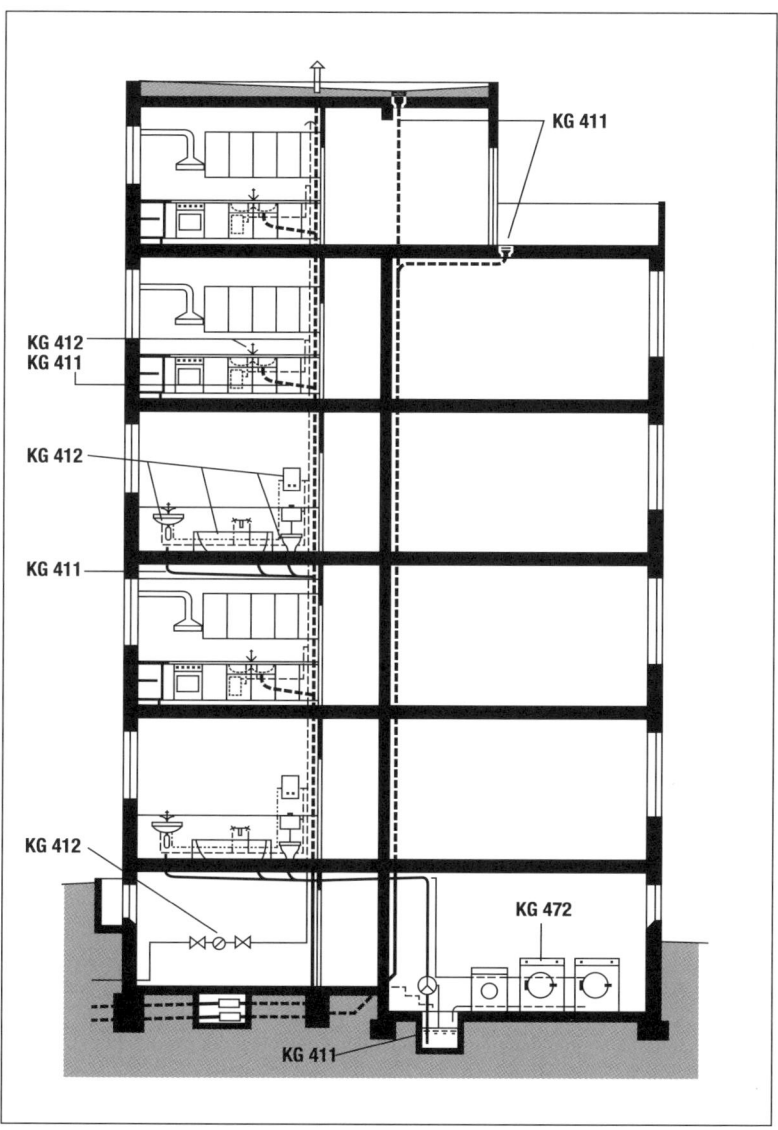

KG 411

KG 412
KG 411

KG 412

KG 411

KG 412

KG 472

KG 411

Bild 4. Beispiele für die Zuordnung in der Kostengruppe
410 Abwasser-, Wasser-, Gasanlagen

die erforderliche Wärmedämmung von Anlagenteilen, z. B. Rohrleitungen (Leistungen nach VOB Teil C DIN 18421).

- Zu den Wärmeerzeugungsanlagen (KG 421) gehören nicht nur konventionelle Heizkessel sondern auch alternative Einrichtungen zur Wärmegewinnung wie Solaranlagen und Anlagen zur Gewinnung von Erdwärme. Bei der Heizung mit fossilen Brennstoffen sind auch die Kosten für die für Brennstoffbevorratung im Bauwerk, z. B. Öltanks, hier zuzuordnen; sind sie jedoch außerhalb des Bauwerkes angeordnet, gehören sie zur KG 544. In die KG 421 gehören außerdem die Wärmeübergabestationen bei Fernwärmeanschlüssen, zentrale Wassererwärmungsanlagen, auch wenn sie keine Funktionseinheit mit den Raumheizkesseln bilden, und dezentrale Wärmeerzeugungsanlagen, wie Einzelgeräte für Gas- oder Elektroheizung, jedoch keine dezentralen Warmwassergeräte (siehe KG 412). Bei Gas-Etagenheizungen gehören auch die Gasleitungen mit Zubehör zur Wärmeversorgungsanlage, wenn die Heizung der einzige Gasverbraucher ist.
- Zu den Kosten der Wärmeverteilnetze (KG 422) gehören nicht nur alle Leitungen zwischen den Wärmeerzeugungsanlagen und den Verbrauchsgeräten, sondern auch Pumpen, Ausdehnungsgefäßen und Rückleitungen sowie gegebenenfalls die Dämmung gegen Wärmeverluste.
- Raumheizflächen (KG 423), sind sichtbar angeordnete Rippen- und Plattenheizkörper und verdeckt installierte Rohr- oder Schlauchleitungssysteme von Fußboden- oder Wandflächenheizungen. Die Kosten schließen alle Regel-, Mess- und Absperreinrichtungen ein.

Zu 430 Lufttechnische Anlagen:
Nachdem anlässlich einer früheren Ausgabe die „Prozesslufttechnischen Anlagen" (KG 434) in die damalige Kostengruppe „Raumlufttechnik" aufgenommen wurde, sind sie in dieser Ausgabe wieder entfernt worden, weil man erkannt hat, dass damit nur Anlagen gemeint sein können, die im Zusammenhang mit besonderen Nutzungen der Bauwerke stehen, so dass sie nun nach KG 470 verlagert wurden.

- Zu den Lüftungsanlagen (KG 431) zählen nur solche Einrichtungen, bei denen der Luftstrom durch ein maschinelles Gerät, z. B. Ventilator, erzeugt wird, d.h. die Zuleitung und Verteilung von Frischluft und/oder die Sammlung und Ableitung von Abluft ohne weitere Behandlung oder mit einer thermodynamischen Luftbehandlungsfunktion. Unter thermodynamischer Luftbehandlung werden Erwärmung, Kühlung, Befeuchtung und Trocknung des Luftstromes verstanden. Anlagen, in denen der Luftstrom auf mehrere Arten thermodynamisch behandelt wird, gehören zu den Teilklima- oder Klimaanlagen (KG 432, 433). Freie Belüftungen, bei denen der Luftaustausch lediglich durch Auftrieb, Temperaturunterschiede oder Wind-

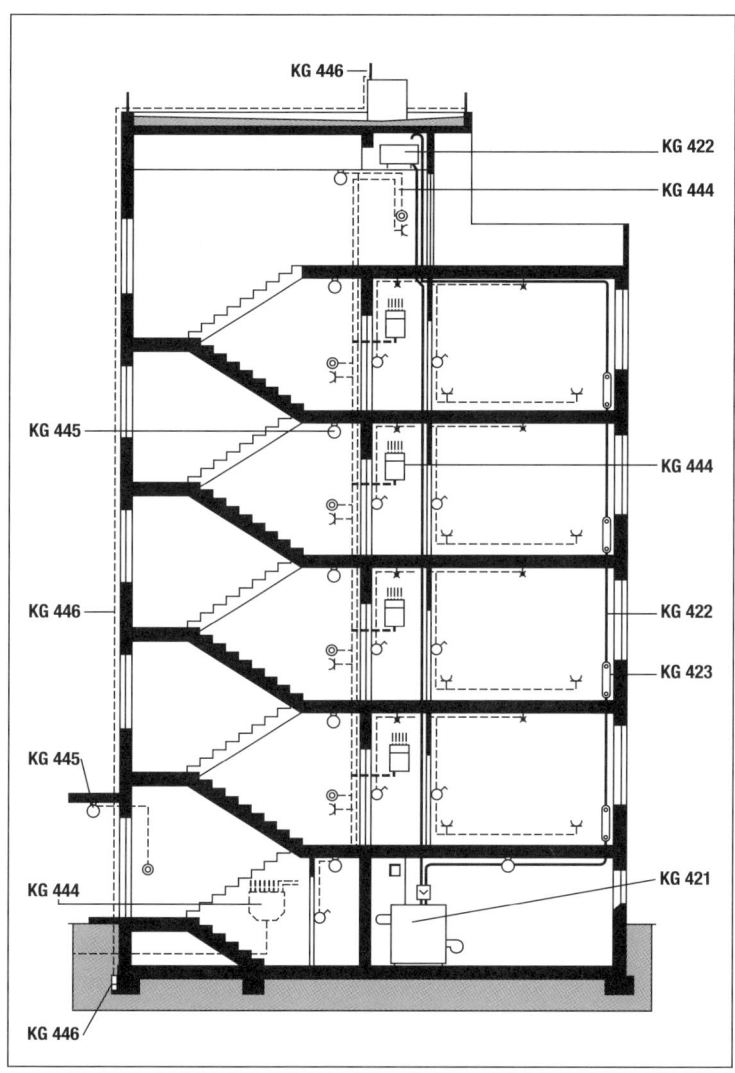

Bild 5. Beispiele für die Zuordnung in den Kostengruppen
420 Wärmeversorgungsanlagen und
440 Starkstromanlagen

druck erzeugt wird, z. B. Zu- und Abluftkanäle und -schächte für innenliegende Bäder oder Heizkeller gehören nicht zu den Lüftungsanlagen, es sei denn, dass die Schächte und Kanäle gesondert und nicht im Zusammenhang mit anderen Bauleistungen (Mauer- oder Betonarbeiten) hergestellt werden.

– Die hier als KG 434 aufgeführten Kälteanlagen können entweder nur als Teil von Klimaanlagen zum Zweck der Kühlung des Luftstromes angesehen werden und eine gesonderte Erfassung wäre daher entbehrlich, oder sie dienen besonderen Zwecken, z. B. dem Betrieb von Kühlräumen, und wären daher der KG 470 zuzuordnen. Insofern erscheint diese Kostengruppe als überflüssig.

– Die unter Sonstiges (KG 439) angegebenen Beispiele überzeugen nicht, da diese Bauteile, wenn sie Bestandteile von Lüftungs- oder Klimaanlagen sind, jeweils in die oben aufgeführten Gruppen einzurechnen sind. Fenster und Installationsdoppelböden sollten jedoch den KG 334 bzw. 352 zugeordnet werden, wenn sie mehreren Zwecken dienen.

Zu 440 Starkstromanlagen:

Siehe Bild 5. Elektrische Energie wird in Abhängigkeit von der Nennspannung unterschieden in

– Hochspannung: über 36 kV,
– Mittelspannung: über 1000 V bis 36 kV und
– Niederspannung: bis 1000 V.

Während Hochspannung vorwiegend zum Transport der elektrischen Energie über große Entfernungen eingesetzt wird und Mittelspannung als Energieträger für Industrie und Gewerbe dient, wird in Haushalten fast ausnahmslos Niederspannung zu Heiz-, Koch- und Beleuchtungszwecken sowie für mechanische Antriebe verwendet. In Abgrenzung zu den Fernmelde- und informationstechnischen Anlagen (siehe KG 450) werden elektrische Anlagen in Gebäuden mit dem Sammelbegriff „Starkstromanlagen" bezeichnet. Starkstrom wird in der Regel von zentralen Versorgern bereitgestellt (Elektrizitätsversorgungsunternehmen – EVU).

– Kosten für Hoch- und Mittelspannungsanlagen (KG 441) entstehen nur in Ausnahmefällen im Industriebau, wenn die elektrische Energie erst im Bauwerk auf Niederspannung umgeformt wird.

– Eigenstromversorgungsanlagen (KG 442) sind in der Regel Stromerzeugungsaggregate, die in Notfällen die Versorgung eines Bauwerkes mit elektrischer Energie bei einem Ausfall der Netzversorgung sicherstellen sollen. Sie bestehen entweder aus einer Zusammenkoppelung mehrerer Batterien (Akkus) oder aus Generatoren mit Antrieb durch Verbrennungsmotoren. In diesem Fall schließt die Kostengruppe die Kühlung, die Abgasanlage und die Brennstoffversorgung ein.

- Niederspannungsschalt- und -installationsanlagen (KG 443, 444) sind alle Einrichtungen, die der Versorgung von Wohngebäuden und üblichen Gewerbebauten mit elektrischer Energie bis 1000 V dienen. Wird elektrischer Strom höherer Spannung benötigt, dient er im Allgemeinen nutzungsspezifischen Zwecken nach KG 470.
- Bei den Beleuchtungsanlagen (KG 445) gehören auch die Leuchtmittel, wie Glühlampen und Leuchtstoffröhren als Erstausstattung hierher und damit zu den Baukosten, auch wenn der Auftragnehmer, der sie liefert und einsetzt, für solche Verbrauchsmittel keine Gewähr nach VOB Teil B übernehmen muss.
- Wird eine Blitzschutz- und Erdungsanlage (KG 446) an einen Fundamenterder nach DIN 18015-1 angeschlossen, gehören dessen Kosten zur KG 444, da er im Wesentlichen dem Hauptpotentialausgleich im Bauwerk dient.

Zu 450 Fernmelde- und informationstechnische Anlagen:
Siehe Bild 6. Fernmelde- und informationstechnische Anlagen werden in Abgrenzung zu den Anlagen der KG 440 auch als Schwachstromanlagen bezeichnet, sie werden mit elektrischem Strom bis maximal 24 V betrieben. Zu dieser Gruppe gehören auch Leerrohrnetze, die vorsorglich für einen eventuellen späteren Einbau von Übertragungsnetzen eingebaut werden. Im Übrigen werden für Informations- und Kommunikationsanlagen in zunehmendem Maße drahtlose Verbindungen (Funkübertragung) verwendet und die im Einzelnen aufgeführten speziellen Anlagen zu Systemen zusammengefasst, so dass eine kostenmäßige Erfassung der einzelnen Untergruppen kaum möglich ist. Bei einer weitgehenden Automatisierung dieser Funktionen und Integration in entsprechende Anlagen sind sie dann eher der KG 480 „Gebäudeautomation" zuzuordnen, insbesondere, wenn es sich um gebäudeinterne Anlagen handelt.

Zu 460 Förderanlagen:
Förderanlagen sind nach der Definition in VOB Teil C DIN 18385 ortsfeste Anlagen zur Beförderung von Personen oder Gütern zwischen festgelegten Zugangs- oder Haltestellen. Im Sinne dieser Gliederung zählen hierzu jedoch auch Förderanlagen ohne Haltestellen (Stetigförderer) und Hebeanlagen wie fest eingebaute Kräne und Hubbühnen. Die Kosten schließen alle zum Betrieb erforderlichen Vorrichtungen und Bauteile, wie Steuer-, Schaltvorrichtungen und Schachtgerüste ein. Hauptstromzuleitungen sind in KG 444 zu erfassen.

- Aufzugsanlagen (KG 461) sind kraftbetriebene Anlagen zur Beförderung von Personen und Gütern in senkrechter oder nicht mehr als 15° gegen die Senkrechte geneigter Richtung. Massive Schächte für Aufzugsanlagen werden in der Regel in KG 340 erfasst.

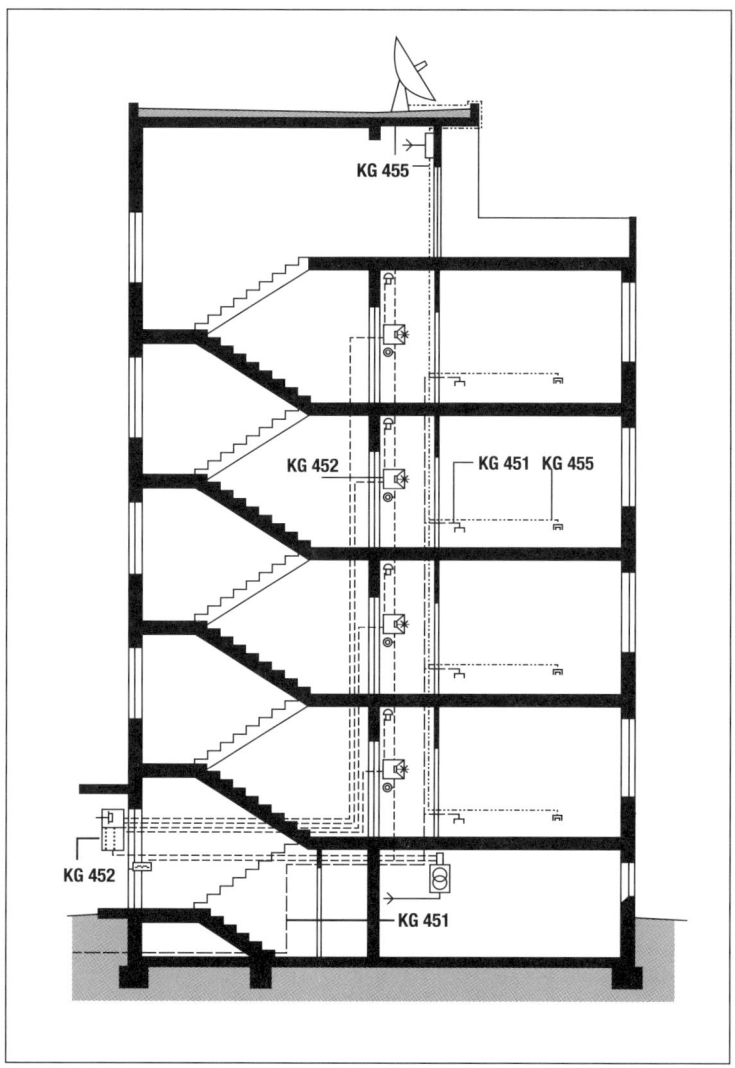

Bild 6. Beispiele für die Zuordnung in der Kostengruppe
450 Fernmelde- und informationstechnische Anlagen

- Fahrtreppen und Fahrsteige (KG 462) sind kraftbetriebene Anlagen mit umlaufenden Bändern oder Stufenbändern zur Beförderung von Personen zwischen Ebenen, die in gleicher oder unterschiedlicher Höhe liegen.
- Befahranlagen (KG 463) dienen vorwiegend der Wartung und Reinigung von senkrechten Bauwerksflächen (Fassaden) und werden durch mitfahrende Personen handgesteuert. Im Gegensatz dazu dienen Transportanlagen (KG 464) dem automatischen Transport von Gütern, z. B. in Werkhallen oder Hochregallagern, bei denen das Mitfahren von Personen nicht zulässig ist.
- Krananlagen (KG 465) können ortsfest sein, d. h. der Aktionsradius ist auf den Schwenkbereich des Kranauslegers beschränkt, oder sie können als Brückenkräne die gesamte Nutzfläche einer Werkhalleabdecken.

Zu 470 Nutzungsspezifische Anlagen:

Nutzungsspezifische Anlagen sind Einrichtungen, die der besonderen Zweckbestimmung des Bauwerks dienen und mit dem Bauwerk fest verbunden sind. Sie unterscheiden sich dadurch von den besonderen Ausstattungsgegenständen der KG 612, die jederzeit ohne besondere Bau- oder Montagemaßnahmen aus dem Bauwerk entfernt werden können. Die Abgrenzung zu den besonderen Einbauten der KG 372 ist allerdings nicht eindeutig. Eine Zuordnung von nutzungsspezifischen Anlagen oder Einbauten zur KG 372 sollte nur erfolgen, wenn für den Nutzungszweck in KG 470 keine Untergruppe vorgesehen ist.

Zu den nutzungsspezifischen Anlagen gehören auch die Einrichtungen zur Versorgung mit den notwendigen Medien wie Wasser, Gase oder Strom, soweit sie ausschließlich in diesen Anlagen verwendet werden.

- Neu wurden in diese Kostengruppe die Feuerlöschanlagen (KG 475) aufgenommen, die bisher den Abwasser-, Wasser- und Gasanlagen (KG 410) zugeordnet waren. Die Umlagerung war der Überlegung geschuldet, dass eine Feuerlöschanlage nicht der Ver- oder Entsorgung eines Bauwerkes dient, die Einordnung als „nutzungsspezifische" Anlage erfolgte mangels einer mehr zutreffenden Kostengruppe und entbehrt nicht einer gewissen Ironie. Anzumerken ist, dass hier auch die Kosten von Handfeuerlöschern untergebracht werden sollen, die man als nicht fest eingebautes Gerät eher der KG 610 „Ausstattung" zugeordnet hätte.
- Außerdem wurde die KG 477 für Kälteanlagen zu Prozesslufttechnischen Anlagen erweitert, die bisher den Lufttechnischen Anlagen der KG 430 zugeordnet waren, die jedoch aufgrund ihrer Funktion eindeutig hierher gehören.

Zu 480 Gebäudeautomation:
Gebäudeautomation ist ein System zur automatischen Steuerung, Regelung und Überwachung der durch dieses System miteinander vernetzten technischen Anlagen eines Bauwerkes. Innerhalb des Systems werden Informationen und Befehle durch elektronische Datenverarbeitung übertragen. Die Kostengruppe gilt jedoch nicht für funktional eigenständige Automationseinrichtungen an einzelnen technischen Anlagen, z. B. einer Heizungsanlage. Die Kosten solcher Einrichtungen zählen zu der jeweiligen technischen Anlage. Automationssysteme können auch Funktionen enthalten, die hier der KG 450 zugeordnet sind, so dass eine eindeutige Trennung der beiden Kostengruppen oft nicht möglich ist.

Zu 490 Sonstige Maßnahmen für Technische Anlagen:
Diese Kostengruppe hat ebenso wie die KG 390 und 590 den Zweck, Kosten, die nicht in unmittelbarem Zusammenhang mit der Herstellung bestimmter Bauteile oder Einrichtungen stehen, in den Gesamtkosten unterzubringen. Es wird daher auf die Bemerkungen zu KG 390 verwiesen.

Zu 500 Außenanlagen:
Siehe Bild 7. Die Kosten der Außenanlagen enthalten alle Kosten, die auf dem Baugrundstück, jedoch außerhalb des Bauwerks, im Rahmen der Baumaßnahme erforderlich sind.
Die Untergliederung der Kostengruppe wurde in der neuen Fassung insoweit geändert, als die Bearbeitung der Geländeflächen (KG 510) auf die reinen Bodenbewegungen reduziert wurde und für die vegetationstechnischen Arbeiten und die Arbeiten an Wasserflächen eigene Kostengruppen (KG 560 und 570) eingerichtet wurden.

Zu 510 Geländeflächen:
Zu den Geländeflächen zählen alle durch Garten- oder Landschaftsbau gestalteten Grundstücksflächen, soweit sie nicht durch Verkehr oder zu anderen Zwecken genutzt werden. Die vegetationstechnischen Arbeiten sowie solche für und an Wasserflächen sind jetzt den KG 560 und 570 zugeordnet worden.
– Oberboden (KG 511) ist die belebte oberste und vegetationsfähige Schicht des natürlichen Geländes (Mutterboden), der vor Beginn einer Baumaßnahme abgetragen und zur späteren Wiederverwendung gelagert werden muss. Das Abtragen und Sichern des Oberbodens im Bereich der Baugrube wird durch die KG 311 „Baugrubenherstellung" erfasst; hier handelt es sich um den übrigen Oberboden im Bereich der Außenanlagen. Das Wiedereinbringen des Oberbodens nach Abschluss der Geländegestaltung und vor den Saat- und Pflanzarbeiten wird durch die KG 571 erfasst.

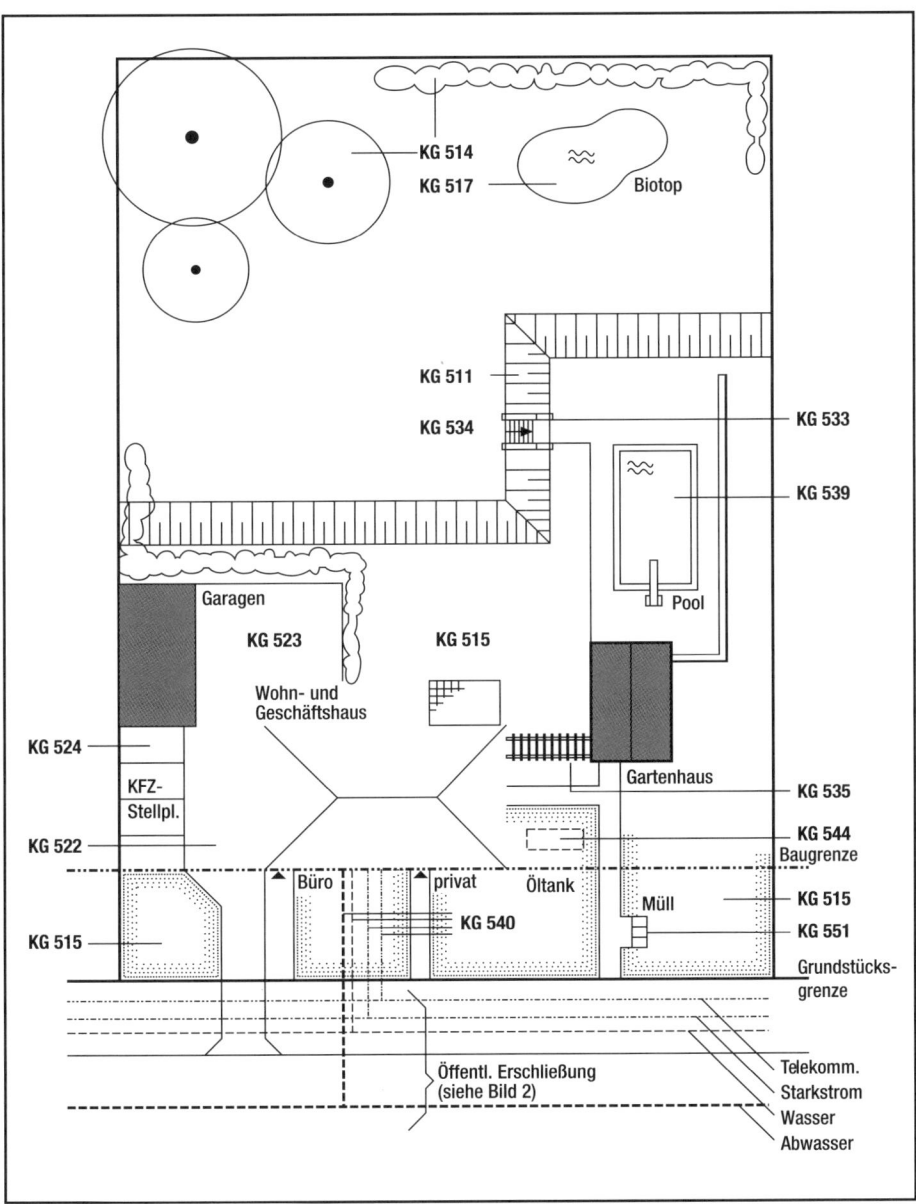

Bild 7. Beispiele für die Zuordnung in der Kostengruppe 500 Außenanlagen

- Bodenarbeiten (KG 512) sind alle Arbeiten zur Gestaltung des Geländes mit dem unterhalb des Oberbodens befindlichen Erdreiches, einschließlich des Entfernens von störenden Stoffen, Auf- und Abtrag von Boden einschließlich aller Transporte und erforderlicher Zwischenlagerungen, erforderlichenfalls auch das Ebnen und Verdichten.

Zu 520 Befestigte Flächen:

Befestigte Flächen des Baugrundstücks sind alle Flächen, die zur Nutzung durch Verkehr oder für sonstige Zwecke mit Pflaster oder einer Oberbauschicht versehen sind. Oberbauschichten bestehen aus verdichteten Mineralstoffen mit oder ohne hydraulische Bindemittel oder aus Asphalt.

- Höfe (KG 523) sind Grundflächen, die ganz oder teilweise von Bauwerken oder Bauwerksteilen umstellt sind. Sie können unterkellert sein und es ist zweifelhaft, ob in diesen Fällen die Befestigung ihrer Oberfläche noch zu den Kosten der Außenanlagen zu zählen ist, da sie wegen der Abdichtung gegen Niederschlag eher den Charakter eines Dachbelages hat. Die Begrünung solcher Flächen ist dementsprechend auch der KG 576 „Begrünung unterbauter Flächen" separat auszuweisen.
- Bei Sportplatzflächen (KG 525) ist zu beachten, dass auch solche, deren Oberflächen aus angesätem oder aus Fertigrasen bestehen, hier und nicht der KG 575 zuzuordnen sind.
- Spielplatzflächen (KG 526) sollten nur dann separat ausgewiesen werden, wenn ihre Flächen erheblich sind und eine besondere Flächenbefestigung aufweisen. Die Ausstattung von Spielplätzen mit Geräten ist nicht hier, sondern in KG 552 unterzubringen.
- Gleisanlagen (KG 527) kommen in der Regel nur bei den Außenanlagen von Gewerbe- und Industriebauten vor und sind meist in Flächenbefestigungen der KG 522 eingebettet. Das Herstellen einer Gleisanlage selbst ist zweckmäßigerweise in KG 548 unterzubringen.

Zu 530 Baukonstruktionen in Außenanlagen:

Zu dieser Kostengruppe gehören alle Konstruktionen auf dem Baugrundstück, die nicht in den Brutto-Rauminhalt des Bauwerks fallen, die jedoch mit Bauleistungen wie sie auch in den KG 320 bis 360 anfallen, hergestellt werden. Die Untergliederung ist für die Kostenerfassung etwas zu weitgehend, so dass die Zuordnung in bestimmten Fällen zweifelhaft sein kann, z. B. wenn eine Mauer als Einfriedung hergestellt wird (KG 531 und 533).

- Rampen und Treppen (KG 534) sollten nur dann hier zugeordnet werden, wenn sie mit einer Unterkonstruktion auf ebenem Gelände hergestellt werden. Rampen und Treppen, die direkt auf dem entsprechend geneigten Gelände liegen, gehören zu KG 520.

– Brücken und Stege (KG 536) gehören hierher, wenn sie im Rahmen der Außenanlagen an einem Hochbau errichtet werden und dem Verkehr über oder an grundstückseigenen Gewässern oder Ufern dienen.
– Kanal- und Schachtbauanlagen (KG 537) auf dem Baugrundstück sind in aller Regel Teile von Technischen Anlagen nach KG 540, so dass Eintragungen in diese Kostengruppe kaum vorkommen dürften.
– Maßnahmen für wasserbauliche Anlagen (KG 538) an öffentlichen Gewässern, die an das Grundstück grenzen oder es durchqueren, z. B. Uferregulierungen, können nur auf Verlangen oder im Einvernehmen mit den zuständigen Behörden vorgenommen werden. Brunnen, die der Trinkwasserversorgung auf dem Grundstück dienen, zählen zu KG 542, Zierbrunnen und Wasserbecken sollten, da sie nicht dem „Wasserbau" zuzurechnen sind, ebenso wie Schwimmbecken, unter KG 539 aufgeführt werden.

Zu 540 Technische Anlagen in Außenanlagen:
Zu den Technischen Anlagen in Außenanlagen gehören alle Einrichtungen, die auf dem Grundstück, jedoch außerhalb des Bauwerkes zur Versorgung und Abwasserbeseitigung dienen, oder die die Verbindung des Bauwerkes mit den entsprechenden öffentlichen Netzen herstellen. Außerdem gehören gegebenenfalls dazu alle technischen Einrichtungen, die erforderlich sind, um die Freiflächen des Grundstücks nutzen zu können, d. h. insbesondere informationstechnische und nutzungsspezifische Anlagen sowie Starkstromanlagen.
Die Außenanlagen zur Verbindung des Bauwerkes mit den öffentlichen Ver- oder Entsorgungsnetzen reichen theoretisch von der Grundstücksgrenze bis zur Bauwerksaußenfläche.
In der Praxis wird ihre Länge jedoch durch die Lage der tatsächlichen Anschlusseinrichtungen, z. B. Anschlussstutzen, Absperrventile, bestimmt, die meist nicht genau auf der Grundstücksgrenze und auf der Seite des Bauwerkes im Hausanschlussraum liegen.
– Abwasseranlagen (KG 541) können aus getrennten Einrichtungen für Schmutz- und Regenwasser bestehen oder sie können für beide Abwasserarten gemeinsam ausgelegt sein (Mischsystem). Zu ihnen gehören außer den Verbindungsleitungen vom Bauwerk zum öffentlichen Abwassersammelsystem auch eventuelle Abwasser- und Entwässerungseinrichtungen für Baukonstruktionen in den Außenanlagen und für befestigte Flächen. Ist das Baugrundstück nicht an ein öffentliches Abwassernetz angeschlossen, sind hier auch Kläranlagen mit den zugehörigen Einrichtungen einzurechnen, soweit sie außerhalb des Bauwerkes liegen.
– Zu den Wasseranlagen (KG 542) gehören nur in Ausnahmefällen Wassergewinnungsanlagen (Brunnen) auf dem Baugrundstück. Liegen solche Brunnen unterhalb der Bauwerkssohle, rechnen sie zu den technischen

Anlagen des Bauwerkes (KG 412). Die Verbindungsleitungen zum öffentlichen Wasserverteilnetz rechnen vom Mengenmessgerät im Bauwerk bis zum Anschlussstutzen bzw. Absperrventil an der öffentlichen Versorgungsleitung.

– Ist eine Versorgung mit Stadt- oder Erdgas durch ein öffentliches Netz nicht gegeben, kann eine Gasanlage (KG 543) auch dezentral auf dem Grundstück errichtet werden. Die Kosten für den Einbau oder die Aufstellung von Lagertanks zur Bevorratung mit Flüssiggas und die Verbindungsleitungen zum Bauwerk sind dann den Außenanlagen zuzurechnen.

– Die Wärmeversorgungsanlage (KG 544) für ein Bauwerk wird in den allermeisten Fällen im Bauwerk selbst untergebracht. Ist bei großen Bauwerken oder mehreren Gebäuden auf einem Grundstück ein besonderes Heizhaus vorgesehen, wird dafür eine gesonderte Kostenermittlung vorgenommen werden. Zu den Außenanlagen des versorgten Bauwerkes zählen dann nur die zum Heizhaus führenden Verbindungsleitungen. Bei dem Anschluss eines Bauwerkes an ein Fernwärmenetz sind die Heizleitungen vom Abzweig an der Hauptheizleitung bis zur Übergabestation im Bauwerk den Außenanlagen zuzurechnen.

Zu 550 Einbauten in Außenanlagen:

Unter Einbauten in Außenanlagen werden Objekte verstanden, die mit dem Baugrundstück fest verbunden sind, die jedoch nicht durch Baumaßnahmen oder im Rahmen der Technischen Anlagen hergestellt werden. Sie werden in der Regel als industrielles Serienprodukt beschafft und durch Eingraben oder örtliche Fundamente mit dem Grundstück verbunden. In Ausnahmefällen können sie auch lediglich auf einer ebenen Fläche aufgestellt werden und gelten durch ihr hohes Eigengewicht als „eingebaut". Möbel gemäß der Anmerkung unter KG 551, z. B. Gartenbänke, können nur dann hier eingerechnet werden, wenn sie fest mit dem Untergrund verbunden sind.

Zu 560 Wasserflächen:

Für naturnahe Wasserflächen, die bisher den Geländeflächen (KG 510) zugeordnet waren, ist in dieser Ausgabe eine eigene Kostengruppe in der zweiten Gliederungsebene eingerichtet worden. Hierzu gehören die Kosten für Kleingewässer, die zwar durch Baumaßnahmen hergestellt werden, ihrem Charakter nach jedoch wie ein natürliches Gewässer wirken sollen. In der Regel werden sie durch Abgraben, Auslegen mit wasserundurchlässigen Planen, Befestigen an den Uferrändern und dem gärtnerischen Gestalten der Ufer und des Beckenbodens hergestellt. Sie können auch mit Einrichtungen zum Wasseraustausch versehen sein. Andere künstlich hergestellte Wasserflächen, z. B. Becken von Springbrunnen, sind der KG 538 zuzuordnen.

Zu 570 Pflanz- und Saatflächen:

Ebenso wie die Wasserflächen haben auch die Pflanz- und Saatflächen aus der KG 510 jetzt eine eigene Kostengruppe in der zweiten Gliederungsebene erhalten. Hierzu gehört auch das Aufbringen des Oberbodens (Mutterboden), der vor Beginn der Baumaßnahme abgetragen und gelagert wurde. Die Kosten für das Abtragen und Lagern sind der KG 511 zuzurechnen.

– Sicherungsbauweisen (KG 573) sollen Erosionen oder Rutschungen des Geländes, das mit den Maßnahmen nach KG 510 gestaltet wurde, verhindern, dazu gehört auch der Einbau von Filter- oder Dränschichten.

– Der Umfang der Fertigstellungspflege richtet sich bei Anpflanzungen (KG 574) nach DIN 18916 und bei Rasenansaaten oder Rollrasen (KG 575) nach DIN 18917.

– Die so genannte Begrünung unterbauter Flächen (KG 576) kann nicht nur auf Tiefgaragen, sondern auch auf anderen flachen oder geneigten Bauwerksflächen z. B. Dächern, angelegt werden. Dabei wird zwischen extensiver und intensiver Begrünung unterschieden. Extensive Begrünung besteht nur aus angesäten oder sich selbst ansäenden Kleinpflanzen, die nur eine Bodenschicht von geringer Dicke benötigen und zu ihrer Entwicklung keiner besonderen Pflege und Bewässerung bedürfen. Eine intensive Begrünung beinhaltet nicht nur Ansaaten sondern auch Bepflanzungen, die artenabhängig ein Bodensubstrat von nennenswerter Dicke sowie gärtnerische Pflege und gegebenenfalls auch künstliche Bewässerung erfordert. Der Unterbau von begrünten Flächen muss gegen die Feuchte von Niederschlag und Bewässerung geschützt sein, die Kosten dafür gehören zu den KG 352 bzw. 363 (Decken- bzw. Dachbeläge). Der Aufwand für den Schutz solcher Abdichtungen gegen Durchwurzelung mit Hilfe besonderer Maßnahmen ist den Begrünungsmaßnahmen zuzurechnen, er ist jedoch nicht erforderlich, wenn die Abdichtung von sich aus wurzelfest hergestellt wird.

Zu 590 Sonstige Maßnahmen für Außenanlagen:

Diese Kostengruppe hat ebenso wie die KG 390 und 490 den Zweck, Kosten, die nicht in unmittelbarem Zusammenhang mit der Herstellung bestimmter Außenanlagen stehen, in den Gesamtkosten unterzubringen. Es wird daher auf die Bemerkungen zu KG 390 verwiesen.

Zu 600 Ausstattung und Kunstwerke:

Zur Ausstattung (KG 610) gehören Gegenstände, die nicht mit dem Bauwerk verbunden, jedoch für die Nutzung erforderlich sind, wie z. B. Mobiliar, Teppiche oder Reinigungsgerät, soweit sie im Rahmen der Bauwerksplanung vorgesehen sind und noch vor der Übergabe des fertigen Bauwerkes beschafft und eingebracht werden. Lose Ausstattungsgegenstände sind dadurch charakterisiert, dass ein Gebäude auch ohne sie fertiggestellt werden kann, sie werden dann nach Abschluss der Baumaßnahme vom Bauherren in Eigenregie beschafft. Zur Ausstattung gehören außerdem Objekte, die leicht mit dem Bauwerk verbunden sind, z. B. Leuchten, Beschilderungen, montiertes Zubehör in Bädern u. Ä. Die Abgrenzung zwischen diesen befestigten Objekten und den mit dem Bau fest verbundenen Einbauten der KG 370 oder 470 ist fließend. Im allgemeinen rechnet man Gegenstände, die lediglich mit Schrauben und Dübel am Bauwerk befestigt werden, zur Ausstattung, während Objekte, zu deren Ausbau Stemmarbeiten oder die Demontage von Leitungen erforderlich sind, als Einbauten oder als Teile von Anlagen gelten.

Bei den Kunstwerken (KG 620) wird ähnlich wie bei den Ausstattungsgegenständen zwischen denen, die nicht mit dem Bauwerk verbunden sind (KG 621) und den fest mit dem Bauwerk verbundenen (KG 622) unterschieden. Außerdem sind hier Kunstwerke, die an Baukonstruktionen der Außenanlagen angebracht sind, gesondert zu betrachten (KG 623). Inwieweit dabei z. B. Skulpturen, die in der Außenanlage auf einem fundamentierten Sockel frei stehen, der KG 620 oder KG 623 zuzuordnen sind, bleibt offen.

Bei den künstlerisch gestalteten Bauteilen, z. B. den Oberflächen von Wänden, Decken oder Fußböden, ist der Übergang von der rein handwerklich dekorativen Behandlung zum Kunstwerk fließend. Entscheidend für die Einordnung als Kunstwerk dürfte die Frage sein, ob für den Entwurf, unabhängig von den Ausführungskosten, ein Honorar zu zahlen ist, siehe KG 752.

Zu 700 Baunebenkosten:

Diese Kostengruppe enthält alle Kosten, die dem Bauherren, durch die Planung und bei der Durchführung des Bauprojektes durch eigene Maßnahmen und auf Grund von Verträgen mit anderen Beteiligten entstehen, jedoch nicht die Kosten aus Bauleistungsverträgen, die in die KG 200 bis 500 fallen. Außerdem gehören zu den Baunebenkosten amtliche Gebühren und die Kosten für den notwendigen Betrieb von Teilen des Bauwerks vor der Abnahme, z. B. Heizungsanlage, Aufzüge.

Gegenüber der vorigen Ausgabe hat sich die Gliederung der Kostengruppe in der zweiten Ebene nicht und in der dritten Ebene nur geringfügig verändert.

– Bei den Bauherrenaufgaben (KG 710) wurde die bisherige Untergruppe 713 „Betriebs- und Organisationsberatung" in „Bedarfsplanung" umbenannt und der „Projektsteuerung" dem Bauablauf entsprechend vorangestellt (KG 712). Hinweise für die Bedarfsplanung im Bauwesen gibt die Norm DIN 18205.

– Zu den Vorbereitungen der Objektplanung (KG 720) gehören alle Maßnahmen zur Ermittlung des oder der verantwortlichen Planer sowie zur Feststellung der Verhältnisse der engeren und weiteren Umgebung des beabsichtigten Bauwerks, die Einfluss auf die Planung haben können. Sie unterscheiden sich damit von den Untersuchungen und Ermittlungen im Rahmen der Kostengruppe 120 „Grundstücksnebenkosten", wo sie lediglich der Beurteilung des Grundstückswertes dienen.

– Bei den Gutachten und der Beratung (KG 740) wurden die Kosten für entsprechende Leistungen auf den Gebieten des Brand-, Gesundheits- und Umweltschutzes sowie der Sicherheit und der Altlastenentsorgung als gesonderte Posten neu aufgenommen (KG 746 bis 748).

Die der KG 744 beigefügten Anmerkungen erläutern den Inhalt nur schlecht. Vermessungstechnische Leistungen rechnen nicht zu den Gutachten oder Beratungen. Die Gebühren einschließlich der Pläne für die Vermessung des Grundstücks sind in KG 121 zu erfassen, andere amtliche Vermessungsleistungen im Zusammenhang mit dem Bauvorhaben in KG 771. Als vermessungstechnische Aufgabe verbleibt daher nur noch das Einmessen des Bauwerks und gegebenenfalls der Außenanlagen auf dem Grundstück, was jedoch nicht als Gutachten oder Beratung angesehen werden kann und deshalb besser in der KG 739 aufgehoben wäre, da es sich um eine Ingenieurleistung handelt.

– Bei den Kosten für die Finanzierung (KG 760) wird zwischen den eigentlichen Finanzierungskosten, d. h. den Kosten für die Beschaffung und Bereitstellung von Fremdkapital, z. B. Provisionen, und den Zinsen, die auf das bereitgestellte Kapital bis zum Beginn der Nutzung des Bauwerkes aufzuwenden sind, unterschieden. Dabei sind auch die dem Bauherren entgangenen Zinsen, die er erhalten hätte, wenn er sein Kapital nicht für die Baumaßnahme eingesetzt hätte, als Baunebenkosten anzusetzen. Zinsen, die nach der Fertigstellung aufzuwenden sind, zählen zu den Baunutzungskosten (siehe DIN 18960).

– In den allgemeinen Baunebenkosten (KG 770) wurde eine Untergruppe für Versicherungsprämien neu eingerichtet (KG 775).

– Die KG 790 über sonstige Baunebenkosten repräsentiert keine konkreten Kosten. Alle möglichen Baunebenkosten, die nicht den KG 710 bis 775 zuzuordnen sind, können unbedenklich in die KG 779 aufgenommen werden, so dass KG 790 in jedem Fall entbehrlich ist.

Als Arbeitshilfe für Kostenermittlungen sind nachstehend die folgenden Formulare abgedruckt:

- *Muster Kostenschätzung (1 Blatt)*
- *Muster Kostenberechnung (3 Blätter)*
- *Muster Kostenanschlag/Kostenfeststellung (15 Blätter)*

Sinngemäße Muster enthielt die frühere Ausgabe der DIN 276 vom April 1981. Sie wurden bei der nächsten Fassung gestrichen, um den Umfang der Norm zu reduzieren.

Kostenschätzung DIN 276-1	
Bauvorhaben:	
Zweckbestimmung:	
Grundstück, Lage: Größe:	
Bauherr:	
Planverfasser:	
Gebäudeform: Bauart:	
Brutto-Grundfläche: Brutto-Rauminhalt:	
Vorgesehene Ausführungszeit:	
Verwendete Unterlagen (Pläne, Berechnungen, Erläuterungen, Grundlagen der Kostenermittlung und Finanzierung):	

Kostengruppe		Betrag EUR
Alle Beträge einschließlich Mehrwertsteuer!		
100	Grundstück	
200	Herrichten und Erschließen	
300	Bauwerk – Baukonstruktionen	
400	Bauwerk – Technische Anlagen	
500	Außenanlagen	
600	Ausstattung und Kunstwerke	
700	Baunebenkosten	
	Zur Abrundung	
	Gesamtkosten	

Bearbeiter, Ort, Datum:

Prüfvermerke:

Kostenberechnung DIN 276-1		
Bauvorhaben:		
Zweckbestimmung:		
Grundstück, Lage:	Größe:	
Bauherr:		
Planverfasser:		
Gebäudeform:	Bauart:	
Brutto-Grundfläche:	Brutto-Rauminhalt:	
Vorgesehene Ausführungszeit:		
Verwendete Unterlagen (Pläne, Berechnungen, Erläuterungen, Grundlagen der Kostenermittlung und Finanzierung):		

Kostengruppe		Teilbetrag EUR	Gesamtbetrag EUR
Alle Beträge einschließlich Mehrwertsteuer!			
100	**Grundstück**		
110	Grundstückswert		
120	Grundstücksnebenkosten		
130	Freimachen		
	Gesamtbetrag Kostengruppe 100		
200	**Herrichten und Erschließen**		
210	Herrichten		
220	Öffentliche Erschließung		
230	Nichtöffentliche Erschließung		
240	Ausgleichsabgaben		
250	Übergangsmaßnahmen		
	Gesamtbetrag Kostengruppe 200		

Fortsetzung Blatt 2

Muster Kostenberechnung – Blatt 2

	Kostengruppe	Teilbetrag EUR	Gesamtbetrag EUR
300	**Bauwerk- Baukonstruktionen**		
310	Baugrube		
320	Gründung		
330	Außenwände		
340	Innenwände		
350	Decken		
360	Dächer		
370	Baukonstruktive Einbauten		
390	Sonstige Maßnahmen für Baukonstruktionen		
	Gesamtbetrag Kostengruppe 300		
400	**Bauwerk – Technische Anlagen**		
410	Abwasser-, Wasser-, Gasanlagen		
420	Wärmeversorgungsanlagen		
430	Lufttechnische Anlagen		
440	Starkstromanlagen		
450	Fernmelde- und informationstechnische Anlagen		
460	Förderanlagen		
470	Nutzungsspezifische Anlagen		
480	Gebäudeautomation		
490	Sonstige Maßnahmen für technische Anlagen		
	Gesamtbetrag Kostengruppe 400		
500	**Außenanlagen**		
510	Geländeflächen		
520	Befestigte Flächen		
530	Baukonstruktionen in Außenanlagen		
540	Technische Anlagen in Außenanlagen		
550	Einbauten in Außenanlagen		
560	Wasserflächen		
570	Pflanz- und Saatflächen		
590	Sonstige Maßnahmen für Außenanlagen		
	Gesamtbetrag Kostengruppe 500		

Fortsetzung Blatt 3

Muster Kostenberechnung – Blatt 3

Kostengruppe		Teilbetrag EUR	Gesamtbetrag EUR
600	Ausstattung und Kunstwerke		
610	Ausstattung		
620	Kunstwerke		
	Gesamtbetrag Kostengruppe 600		
700	**Baunebenkosten**		
710	Bauherrenaufgaben		
720	Vorbereitung der Objektplanung		
730	Architekten- und Ingenieurleistungen		
740	Gutachten und Beratung		
750	Kunst		
760	Finanzierung		
770	Allgemeine Baunebenkosten		
790	Sonstige Baunebenkosten		
	Gesamtbetrag Kostengruppe 700		

Zusammenstellung		
Kostengruppe		Gesamtbetrag EUR
100	Grundstück- Blatt 1	
200	Herrichten und Erschließen – Blatt 1	
300	Bauwerk – Baukonstruktionen – Blatt 2	
400	Bauwerk – Technische Anlagen – Blatt 2	
500	Außenanlagen – Blatt 2	
600	Ausstattung und Kunstwerke – Blatt 3	
700	Baunebenkosten – Blatt 3	
	Zur Abrundung	
	Gesamtkosten	

Bearbeiter, Ort, Datum:

Prüfvermerke:

Kostenanschlag DIN 276-1

Bauvorhaben:

Zweckbestimmung:

Grundstück, Lage: Größe:

Bauherr:

Planverfasser:

Gebäudeform: Bauart:

Brutto-Grundfläche: Brutto-Rauminhalt:

Netto-Grundfläche: Nutzfläche:

Vorgesehene Ausführungszeit:

Verwendete Unterlagen (Pläne, Berechnungen, Erläuterungen, Grundlagen der Kostenermittlung und Finanzierung):

Kostengruppe	Teilbetrag EUR	Gesamtbetrag EUR
Alle Beträge einschließlich Mehrwertsteuer!		
100 Grundstück		
110 **Grundstückswert** – Gesamtbetrag Kostengruppe 110		
120 **Grundstücksnebenkosten**		
121 Vermessungsgebühren		
122 Gerichtsgebühren		
123 Notariatsgebühren		
124 Maklerprovisionen		
125 Grunderwerbsteuer		
126 Wertermittlungen, Untersuchungen		
127 Genehmigungsgebühren		
Übertrag		

Fortsetzung Blatt 2

Kostengruppe		Teilbetrag EUR	Gesamtbetrag EUR
	Übertrag Kostengruppe 120		
128	Bodenordnung, Grenzregulierung		
129	Grundstücksnebenkosten, Sonstiges		
	Gesamtbetrag Kostengruppe 120		
130	**Freimachen**		
131	Abfindungen		
132	Ablösen dinglicher Rechte		
139	Freimachen, Sonstiges		
	Gesamtbetrag Kostengruppe 130		
200	**Herrichten und Erschließen**		
210	**Herrichten**		
211	Sicherungsmaßnahmen		
212	Abbruchmaßnahmen		
213	Altlastenbeseitigung		
214	Herrichten der Geländeoberfläche		
219	Herrichten, Sonstiges		
	Gesamtbetrag Kostengruppe 210		
220	**Öffentliche Erschließung**		
221	Abwasserentsorgung		
222	Wasserversorgung		
223	Gasversorgung		
224	Fernwärmeversorgung		
225	Stromversorgung		
226	Telekommunikation		
227	Verkehrserschließung		
228	Abfallentsorgung		
229	Öffentliche Erschließung, Sonstiges		
	Gesamtbetrag Kostengruppe 220		

Fortsetzung Blatt 3

Kostengruppe		Teilbetrag EUR	Gesamtbetrag EUR
230	**Nichtöffentliche Erschließung**		
231	Abwasserentsorgung		
232	Wasserversorgung		
233	Gasversorgung		
234	Fernwärmeversorgung		
235	Stromversorgung		
236	Telekommunikation		
237	Verkehrserschließung		
238	Abfallentsorgung		
239	Nichtöffentliche Erschließung, Sonstiges		
	Gesamtbetrag Kostengruppe 230		
240	**Ausgleichsabgaben** – Gesamtbetrag Kostengruppe 240		
250	**Übergangsmaßnahmen**		
251	Provisorien		
252	Auslagerungen		
	Gesamtbetrag Kostengruppe 250		
300	**Bauwerk – Baukonstruktionen**		
310	**Baugrube**		
311	Baugrubenherstellung		
312	Baugrubenumschließung		
313	Wasserhaltung		
319	Baugrube, Sonstiges		
	Gesamtbetrag Kostengruppe 310		
320	**Gründung**		
321	Baugrundverbesserung		
322	Flachgründungen		
323	Tiefgründungen		
324	Unterböden und Bodenplatten		
325	Bodenbeläge		
	Übertrag		

Fortsetzung Blatt 4

Kostengruppe		Teilbetrag EUR	Gesamtbetrag EUR
	Übertrag Kostengruppe 320		
326	Bauwerksabdichtungen		
327	Dränagen		
329	Gründung, Sonstiges		
	Gesamtbetrag Kostengruppe 320		
330	**Außenwände**		
331	Tragende Außenwände		
332	Nichttragende Außenwände		
333	Außenstützen		
334	Außentüren und -fenster		
335	Außenwandbekleidungen, außen		
336	Außenwandbekleidungen, innen		
337	Elementierte Außenwände		
338	Sonnenschutz		
339	Außenwände, Sonstiges		
	Gesamtbetrag Kostengruppe 330		
340	**Innenwände**		
341	Tragende Innenwände		
342	Nichttragende Innenwände		
343	Innenstützen		
344	Innentüren und -fenster		
345	Innenwandbekleidungen		
346	Elementierte Innenwände		
349	Innenwände, Sonstiges		
	Gesamtbetrag Kostengruppe 340		
350	**Decken**		
351	Deckenkonstruktionen		
352	Deckenbeläge		
353	Deckenbekleidungen		
	Übertrag		

Fortsetzung Blatt 5

Kostengruppe		Teilbetrag EUR	Gesamtbetrag EUR
	Übertrag Kostengruppe 350		
359	Decken, Sonstiges		
	Gesamtbetrag Kostengruppe 350		
360	**Dächer**		
361	Dachkonstruktionen		
362	Dachfenster, Dachöffnungen		
363	Dachbeläge		
364	Dachbekleidungen		
369	Dächer, Sonstiges		
	Gesamtbetrag Kostengruppe 360		
370	**Baukonstruktive Einbauten**		
371	Allgemeine Einbauten		
372	Besondere Einbauten		
379	Baukonstruktive Einbauten, Sonstiges		
	Gesamtbetrag Kostengruppe 370		
390	**Sonstige Maßnahmen für Baukonstruktionen**		
391	Baustelleneinrichtung		
392	Gerüste		
393	Sicherungsmaßnahmen		
394	Abbruchmaßnahmen		
395	Instandsetzungen		
396	Materialentsorgung		
397	Zusätzliche Maßnahmen		
398	Provisorien		
399	Sonst. Maßnahmen für Baukonstr., Sonstiges		
	Gesamtbetrag Kostengruppe 390		

Fortsetzung Blatt 6

Kostengruppe		Teilbetrag EUR	Gesamtbetrag EUR
400	**Bauwerk – Technische Anlagen**		
410	**Abwasser-, Wasser-, Gasanlagen**		
411	Abwasseranlagen		
412	Wasseranlagen		
413	Gasanlagen		
419	Abwasser-, Wasser-, Gasanlagen, Sonstiges		
	Gesamtbetrag Kostengruppe 410		
420	**Wärmeversorgungsanlagen**		
421	Wärmeerzeugungsanlagen		
422	Wärmeverteilnetze		
423	Raumheizflächen		
429	Wärmeversorgungsanlagen, Sonstiges		
	Gesamtbetrag Kostengruppe 420		
430	**Lufttechnische Anlagen**		
431	Lüftungsanlagen		
432	Teilklimaanlagen		
433	Klimaanlagen		
434	Kälteanlagen		
439	Lufttechnische Anlagen, Sonstiges		
	Gesamtbetrag Kostengruppe 430		
440	**Starkstromanlagen**		
441	Hoch- und Mittelspannungsanlagen		
442	Eigenstromversorgungsanlagen		
443	Niederspannungsschaltanlagen		
444	Niederspannungsinstallationsanlagen		
445	Beleuchtungsanlagen		
446	Blitzschutz- und Erdungsanlagen		
449	Starkstromanlagen, Sonstiges		
	Gesamtbetrag Kostengruppe 440		

Fortsetzung Blatt 7

Kostengruppe		Teilbetrag EUR	Gesamtbetrag EUR
450	**Fernmelde- und informationstechnische Anlagen**		
451	Telekommunikationsanlagen		
452	Such- und Signalanlagen		
453	Zeitdienstanlagen		
454	Elektroakustische Anlagen		
455	Fernseh- und Antennenanlagen		
456	Gefahrenmelde- und Alarmanlagen		
457	Übertragungsnetze		
459	Fernmelde- und informationstechn. Anl., Sonstiges		
	Gesamtbetrag Kostengruppe 450		
460	**Förderanlagen**		
461	Aufzugsanlagen		
462	Fahrtreppen, Fahrsteige		
463	Befahranlagen		
464	Transportanlagen		
465	Krananlagen		
469	Förderanlagen, Sonstiges		
	Gesamtbetrag Kostengruppe 460		
470	**Nutzungsspezifische Anlagen**		
471	Küchentechnische Anlagen		
472	Wäscherei- und Reinigungsanlagen		
473	Medienversorgungsanlagen		
474	Medizin- und labortechnische Anlagen		
475	Feuerlöschanlagen		
476	Badetechnische Anlagen		
477	Prozesswärme-, -kälte- und -luftanlagen		
478	Entsorgungsanlagen		
479	Nutzungspezifische Anlagen, Sonstiges		
	Gesamtbetrag Kostengruppe 470		

Fortsetzung Blatt 8

Kostengruppe		Teilbetrag EUR	Gesamtbetrag EUR
480	**Gebäudeautomation**		
481	Automationssysteme		
482	Schaltschränke		
483	Management- und Bedieneinrichtungen		
484	Raumautomationssysteme		
485	Übertragungsnetze		
489	Gebäudeautomation, Sonstiges		
	Gesamtbetrag Kostengruppe 480		
490	**Sonstige Maßnahmen für Technische Anlagen**		
491	Baustelleneinrichtung		
492	Gerüste		
493	Sicherungsmaßnahmen		
494	Abbruchmaßnahmen		
495	Instandsetzungen		
496	Materialentsorgung		
497	Zusätzliche Maßnahmen		
498	Provisorien		
499	Sonstige Maßnahmen für Techn. Anlagen, sonst.		
	Gesamtbetrag Kostengruppe 490		
500	**Außenanlagen**		
510	**Geländeflächen**		
511	Oberbodenarbeiten		
512	Bodenarbeiten		
513	Geländeflächen, Sonstiges		
	Gesamtbetrag Kostengruppe 510		
520	**Befestigte Flächen**		
521	Wege		
522	Straßen		
523	Plätze, Höfe		
	Übertrag		

Fortsetzung Blatt 9

Kostengruppe		Teilbetrag EUR	Gesamtbetrag EUR
	Übertrag Kostengruppe 520		
524	Stellplätze		
525	Sportplatzflächen		
526	Spielplatzflächen		
527	Gleisanlagen		
529	Befestigte Flächen, Sonstiges		
	Gesamtbetrag Kostengruppe 520		
530	**Baukonstruktionen in Außenanlagen**		
531	Einfriedungen		
532	Schutzkonstruktionen		
533	Mauern, Wände		
534	Rampen, Treppen, Tribünen		
535	Überdachungen		
536	Brücken, Stege		
537	Kanal- und Schachtbauanlagen		
538	Wasserbauliche Anlagen		
539	Baukonstruktionen in Außenanlagen, Sonstiges		
	Gesamtbetrag Kostengruppe 530		
540	**Technische Anlagen in Außenanlagen**		
541	Abwasseranlagen		
542	Wasseranlagen		
543	Gasanlagen		
544	Wärmeversorgungsanlagen		
545	Lufttechnische Anlagen		
546	Starkstromanlagen		
547	Fernmelde- und informationstechnische Anlagen		
548	Nutzungsspezifische Anlagen		
549	Technische Anlagen in Außenanlagen, Sonstiges		
	Gesamtbetrag Kostengruppe 540		

Fortsetzung Blatt 10

Kostengruppe		Teilbetrag EUR	Gesamtbetrag EUR
550	**Einbauten in Außenanlagen**		
551	Allgemeine Einbauten		
552	Besondere Einbauten		
559	Einbauten in Außenanlagen, Sonstiges		
	Gesamtbetrag Kostengruppe 550		
560	**Wasserflächen**		
561	Abdichtungen		
562	Bepflanzungen		
569	Wasserflächen, Sonstiges		
	Gesamtbetrag Kostengruppe 560		
570	**Pflanz- und Saatflächen**		
571	Oberbodenarbeiten		
572	Vegetationstechnische Bodenbearbeitung		
573	Sicherungsbauweisen		
574	Pflanzen		
575	Rasen und Ansaaten		
576	Begrünung unterbauter Flächen		
579	Pflanz- und Saatflächen, Sonstiges		
	Gesamtbetrag Kostengruppe 570		
590	**Sonstige Maßnahmen für Außenanlagen**		
591	Baustelleneinrichtung		
592	Gerüste		
593	Sicherungsmaßnahmen		
594	Abbruchmaßnahmen		
595	Instandsetzungen		
596	Materialentsorgung		
597	Zusätzliche Maßnahmen		
598	Provisorien		
599	Sonstige Maßnahmen für Außenanlagen, sonst.		
	Gesamtbetrag Kostengruppe 590		

Fortsetzung Blatt 11

Kostengruppe		Teilbetrag EUR	Gesamtbetrag EUR
600	**Ausstattung und Kunstwerke**		
610	**Ausstattung**		
611	Allgemeine Ausstattung		
612	Besondere Ausstattung		
619	Ausstattung, Sonstiges		
	Gesamtbetrag Kostengruppe 610		
620	**Kunstwerke**		
621	Kunstobjekte		
622	Künstlerisch gestaltete Bauteile des Bauwerks		
623	Künstlerisch gestaltete Bauteile der Außenanlagen		
629	Kunstwerke, Sonstiges		
	Gesamtbetrag Kostengruppe 620		
700	**Baunebenkosten**		
710	**Bauherrenaufgaben**		
711	Projektleitung		
712	Bedarfsplanung		
713	Projektsteuerung		
719	Bauherrenaufgaben, Sonstiges		
	Gesamtbetrag Kostengruppe 710		
720	**Vorbereitung der Objektplanung**		
721	Untersuchungen		
722	Wertermittlungen		
723	Städtebauliche Leistungen		
724	Landschaftsplanerische Leistungen		
725	Wettbewerbe		
729	Vorbereitung der Objektplanung, Sonstiges		
	Gesamtbetrag Kostengruppe 720		

Fortsetzung Blatt 12

Kostengruppe		Teilbetrag EUR	Gesamtbetrag EUR
730	**Architekten- und Ingenieurleistungen**		
731	Gebäudeplanung		
732	Freianlagenplanung		
733	Planung der raumbildenden Ausbauten		
734	Planung d. Ingenieurbauwerke u. Verkehrsanlagen		
735	Tragwerksplanung		
736	Planung der technischen Ausrüstung		
739	Architekten- und Ingenieurleistungen, Sonstiges		
	Gesamtbetrag Kostengruppe 730		
740	**Gutachten und Beratung**		
741	Thermische Bauphysik		
742	Schallschutz und Raumakustik		
743	Bodenmechanik, Erd- und Grundbau		
744	Vermessung		
745	Lichttechnik, Tageslichttechnik		
746	Brandschutz		
747	Sicherheits- und Gesundheitsschutz		
748	Umwelt, Altlasten		
749	Gutachten und Beratung, Sonstiges		
	Gesamtbetrag Kostengruppe 740		
750	**Künstlerische Leistungen**		
751	Kunstwettbewerbe		
752	Honorare		
759	Künstlerische Leistungen, Sonstiges		
	Gesamtbetrag Kostengruppe 750		
760	**Finanzierungskosten**		
761	Finanzierungsbeschaffung		
762	Fremdkapitalzinsen		
763	Eigenkapitalzinsen		
	Übertrag		

Fortsetzung Blatt 13

Muster Kostenanschlag – Blatt 13

	Kostengruppe	Teilbetrag EUR	Gesamtbetrag EUR
	Übertrag Kostengruppe 760		
769	Finanzierungskosten, Sonstiges		
	Gesamtbetrag Kostengruppe 760		
770	**Allgemeine Baunebenkosten**		
771	Prüfungen, Genehmigungen, Abnahmen		
772	Bewirtschaftungskosten		
773	Bemusterungskosten		
774	Betriebskosten während der Bauzeit		
775	Versicherungen		
779	Allgemeine Baunebenkosten, Sonstiges		
	Gesamtbetrag Kostengruppe 770		
790	**Sonstige Baunebenkosten** – Gesamtbetrag Kostengruppe 790		

	Zusammenstellung		
	Kostengruppe	Gesamtbetrag 2. Ebene EUR	Gesamtbetrag 1. Ebene EUR
100	**Grundstück**		
110	Grundstückswert – Blatt 1		
120	Grundstücksnebenkosten – Blatt 2		
130	Freimachen – Blatt 2		
	Gesamtbetrag Kostengruppe 100		
200	**Herrichten und Erschließen**		
210	Herrichten – Blatt 2		
220	Öffentliche Erschließung – Blatt 2		
230	Nichtöffentliche Erschließung – Blatt 3		
240	Ausgleichsabgaben – Blatt 3		
250	Übergangsmaßnahmen – Blatt 3		
	Gesamtbetrag Kostengruppe 200		
	Übertrag Gesamtkosten		

Fortsetzung Blatt 14

Zusammenstellung (Forts.)		
Kostengruppe	Gesamtbetrag 2. Ebene EUR	Gesamtbetrag 1. Ebene EUR
Übertrag Gesamtkosten		
300 **Bauwerk – Baukonstruktionen**		
310 Baugrube – Blatt 3		
320 Gründung – Blatt 4		
330 Außenwände – Blatt 4		
340 Innenwände – Blatt 4		
350 Decken – Blatt 5		
360 Dächer – Blatt 5		
370 Baukonstruktive Einbauten – Blatt 5		
390 Sonst. Maßnahmen für Baukonstruktionen – Blatt 5		
Gesamtbetrag Kostengruppe 300		
400 **Bauwerk – Technische Anlagen**		
410 Abwasser-, Wasser-, Gasanlagen – Blatt 6		
420 Wärmeversorgungsanlagen – Blatt 6		
430 Lufttechnische Anlagen – Blatt 6		
440 Starkstromanlagen – Blatt 6		
450 Fernmelde- und informationstechn. Anlagen – Blatt 7		
460 Förderanlagen – Blatt 7		
470 Nutzungsspezifische Anlagen – Blatt 7		
480 Gebäudeautomation – Blatt 8		
490 Sonstige Maßnahmen für techn. Anlagen – Blatt 8		
Gesamtbetrag Kostengruppe 400		
500 **Außenanlagen**		
510 Geländeflächen – Blatt 8		
520 Befestigte Flächen – Blatt 9		
530 Baukonstruktionen in Außenanlagen – Blatt 9		
Übertrag Kostengruppe 500		
Übertrag Gesamtkosten		
Fortsetzung Blatt 15		

Zusammenstellung (Forts.)			
Kostengruppe		Gesamtbetrag 2. Ebene EUR	Gesamtbetrag 1. Ebene EUR
Übertrag Gesamtkosten			
	Übertrag Kostengruppe 500		
540	Technische Anlagen in Außenanlagen – Blatt 9		
550	Einbauten in Außenanlagen – Blatt 10		
560	Wasserflächen – Blatt 10		
570	Pflanz- und Saatflächen – Blatt 10		
590	Sonstige Maßnahmen für Außenanlagen – Blatt 10		
	Gesamtbetrag Kostengruppe 500		
600	**Ausstattung und Kunstwerke**		
610	Ausstattung – Blatt 11		
620	Kunstwerke – Blatt 11		
	Gesamtbetrag Kostengruppe 600		
700	**Baunebenkosten**		
710	Bauherrenaufgaben – Blatt 11		
720	Vorbereitung der Objektplanung – Blatt 11		
730	Architekten- und Ingenieurleistungen – Blatt 12		
740	Gutachten und Beratung – Blatt 12		
750	Künstlerische Leistungen – Blatt 12		
760	Finanzierungskosten – Blatt 13		
770	Allgemeine Baunebenkosten – Blatt 13		
790	Sonstige Baunebenkosten – Blatt 13		
	Gesamtbetrag Kostengruppe 700		
	Zur Abrundung		
	Gesamtkosten		

Bearbeiter, Ort, Datum:

Prüfvermerke:

DIN 276-1, Stichwortverzeichnis

Es bedeuten:
KG = Kostengruppe nach Tabelle 1
(K) = Das Stichwort befindet sich im zugehörigen Kommentartext

DIN 277-1

Grundflächen und Rauminhalte im Hochbau - Teil 1: Begriffe, Ermittlungsgrundlagen

Ausgabe Februar 2005

Ein Stichwortverzeichnis befindet sich am Ende des Kapitels, Seite 165

ICS 01.040.91; 91.040.01   DEUTSCHE NORM   Februar 2005

Grundflächen und Rauminhalte von Bauwerken im Hochbau Teil 1: Begriffe, Ermittlungsgrundlagen	$\overline{\text{DIN}}$ 277-1

Areas and volumes of buildings – Part 1: Terminology, bases of calculation
Aires et volumes de bâtiments – Partie 1: Terminologie, principes de calcull   Ersatz für DIN 277-1:1987-06

Vorwort

Diese Norm wurde vom NABau-Arbeitsausschuss »Flächen- und Raumberechnungen« erarbeitet.

DIN 277, Grundflächen und Rauminhalte von Bauwerken im Hochbau besteht aus:

- Teil 1: Begriffe, Ermittlungsgrundlagen
- Teil 2: Gliederung der Netto-Grundfläche (Nutzflächen, Technische Funktionsflächen und Verkehrsflächen)
- Teil 3: Mengen und Bezugseinheiten

Änderungen

Gegenüber DIN 277-1:1987-06 wurden folgende Änderungen vorgenommen:

a) Die Norm wurde redaktionell überarbeitet und neu gegliedert;
b) Die »Funktionsfläche (FF)« wurde in »Technische Funktionsfläche (TF)« umbenannt;
c) Der Konstruktions-Rauminhalt (KRI) wurde neu aufgenommen;
d) Für die Zuordnung von Installationskanälen und -schächten zur Netto-Grundfläche bzw. Konstruktions-Grundfläche wurden Mindestabmessungen definiert;
e) Die getrennte Ermittlung von Grundflächen unter Schrägen bis/über 1,50 m wurde aufgegeben;
f) Die Unterscheidung der Nutzfläche in Hauptnutzfläche und Nebennutzfläche wurde aufgegeben; beide Begriffe sind entfallen.

Frühere Ausgaben

DIN 277: 1934-08, 1936-01, 1940x-10, 1950x-11
DIN 277-1: 1973-05,1987-06

1 Anwendungsbereich

Diese Norm gilt für die Ermittlung der Grundflächen und Rauminhalte von Bauwerken oder von Teilen von Bauwerken im Hochbau.

Grundflächen und Rauminhalte sind unter anderem maßgebend für die Ermittlung der Kosten im Hochbau nach DIN 276, der Nutzungskosten im Hochbau nach DIN 18960 und bei dem Vergleich von Bauwerken.

2 Normative Verweisungen

Die folgenden zitierten Dokumente sind für die Anwendung dieses Dokumentes erforderlich. Bei datierten Verweisungen gilt nur die in Bezug genommene Ausgabe. Bei undatierten Verweisungen gilt die letzte Ausgabe des in Bezug genommenen Dokumentes (einschließlich aller Änderungen).

DIN 276, Kosten im Hochbau
DIN 277-1:2005-02
DIN 277-2:2005-02, Grundflächen und Rauminhalte von

Bauwerken im Hochbau – Gliederung der Netto-Grundfläche (Nutzflächen, Technische Funktionsflächen und Verkehrsflächen)
DIN 18960, Nutzungskosten im Hochbau

3 Begriffe

Für die Anwendung dieser Norm gelten die folgenden Begriffe.

3.1 Brutto-Grundfläche (BGF)

Summe der Grundflächen aller Grundrissebenen eines Bauwerks mit Nutzungen nach DIN 277-2:2005-02, Tabelle 1, Nr 1 bis Nr 9, und deren konstruktive Umschließungen.

Nicht zur Brutto-Grundfläche gehören Flächen, die ausschließlich der Wartung, Inspektion und Instandsetzung von Baukonstruktionen und technischen Anlagen dienen, z. B. nicht nutzbare Dachflächen, fest installierte Dachleitern und -stege, Wartungsstege in abgehängten Decken.

Die Brutto-Grundfläche gliedert sich in Netto-Grundfläche und Konstruktions-Grundfläche.

3.1.1 Netto-Grundfläche (NGF)

Die Netto-Grundfläche gliedert sich in Nutzfläche, Technische Funktionsfläche und Verkehrsfläche mit Nutzungen nach DIN 277-2:2005-02, Tabelle 1, Nr 1 bis Nr 9.

Sie schließt die Grundflächen ein von:

- freiliegenden Installationen,
- fest eingebauten Gegenständen, wie z. B. von Öfen, Heiz- und Klimageräten, Bade- oder Duschwannen,
- nicht raumhohen Vormauerungen und Bekleidungen,
- Einbaumöbeln, nicht ortsgebunden, versetzbaren Raumteilern,
- Installationskanälen und -schächten sowie Kriechkellern über 1,0 m² lichtem Querschnitt,
- Aufzugsschächten.

3.1.1.1 Nutzfläche (NF)

Summe der Grundflächen mit Nutzungen nach DIN 277-2:2005-02, Tabelle 1, Nr 1 bis Nr 7

3.1.1.2 Technische Funktionsfläche (TF)

Summe der Grundflächen mit Nutzungen nach DIN 277-2:2005-02, Tabelle 1, Nr 8

Fortsetzung Seite 2 und 3

Normenausschuss Bauwesen (NABau) im DIN Deutsches Institut für Normung e.V

115

Sofern es die Zweckbestimmung eines Bauwerks ist, eine oder mehrere betriebstechnische Anlagen unterzubringen, die der Ver- und Entsorgung anderer Bauwerke dienen, z. B. bei einem Heizhaus, sind die dafür erforderlichen Grundflächen jedoch Nutzflächen nach DIN 277-1:2005-02 Tabelle 1, Nr 7.

3.1.1.3 Verkehrsfläche (VF)

Summe der Grundflächen mit Nutzungen nach DIN 277-2:2005-02, Tabelle 1, Nr 9.
Bewegungsflächen innerhalb von Räumen z. B. Gänge zwischen Einrichtungsgegenständen, zählen nicht zur Verkehrsfläche.

3.1.2 Konstruktions-Grundfläche (KGF)

Summe der Grundflächen der aufgehenden Bauteile aller Grundrissebenen eines Bauwerkes, z. B. von:
- Wänden,
- Stützen,
- Pfeilern,
- Schornsteinen,
- raumhohen Vormauerungen und Bekleidungen,
- Installationshohlräumen der aufgehenden Bauteile,
- Wandnischen und -schlitzen,
- Wandöffnungen, z. B. Türen, Fenster, Durchgänge,
- Installationskanälen und -schächten sowie Kriechkellern bis 1,0 m² lichtem Querschnitt.

Die Konstruktions-Grundfläche ist die Differenz zwischen Brutto- und Netto-Grundfläche.

3.2   Brutto-Rauminhalt (BRI)

Summe der Rauminhalte des Bauwerks über Brutto-Grundflächen

Der Brutto-Rauminhalt wird von den äußeren Begrenzungsflächen der konstruktiven Bauwerkssohle, der Außenwände und der Dächer einschließlich Dachgauben und Dachoberlichtern umschlossen.

Nicht zum Brutto-Rauminhalt gehören die Rauminhalte von:
- Tief- und Flachgründungen,
- Lichtschächten,
- Außentreppen,
- Außenrampen,
- Eingangsüberdachungen,
- Dachüberständen soweit sie nicht Überdeckungen für Bereich b nach 4.1.2 darstellen,
- auskragenden Sonnenschutzanlagen,
- über den Dachbelag aufgehenden Schornsteinköpfen, Lüftungsrohren und -schächten.

3.2.1 Netto-Rauminhalt (NRI)

Summe der lichten Rauminhalte aller Räume, deren Grundflächen zur Netto-Grundfläche gehören
Nicht zum Netto-Rauminhalt gehören z. B. der Rauminhalt über abgehängten Decken, in Doppelböden und in mehrschaligen Fassaden.

3.2.2 Konstruktions-Rauminhalt (KRI)

Summe der Rauminhalte der Bauteile, die Netto-Rauminhalte umschließen
Der Konstruktions-Rauminhalt schließt die Rauminhalte ein von:
- abgehängten Decken,
- Doppelböden,
- mehrschaligen Fassaden,
- Installationskanälen und -schächten mit einem lichten Querschnitt bis 1,0 m².

Der Konstruktions-Rauminhalt ist die Differenz zwischen Brutto-Rauminhalt und Netto-Rauminhalt.

4   Ermittlungsgrundlagen

4.1   Allgemeines

4.1.1 Die Ermittlung der Grundflächen und Rauminhalte erfolgt in ihrer Genauigkeit entsprechend dem Planungsfortschritt z. B. von der Bedarfsplanung bis zur Dokumentation und anhand der jeweiligen Planungsunterlagen.

4.1.2 Grundflächen und Rauminhalte sind nach ihrer Zugehörigkeit zu den folgenden Bereichen getrennt zu ermitteln:
- Bereich a: überdeckt und allseitig in voller Höhe umschlossen,
- Bereich b: überdeckt, jedoch nicht allseitig in voller Höhe umschlossen,
- Bereich c: nicht überdeckt.

Sie sind ferner getrennt nach Grundrissebenen, z. B. Geschossen und getrennt nach unterschiedlichen Höhen zu ermitteln. Dies gilt auch für Grundflächen unter oder über Schrägen.

4.1.3 Grundflächen von waagerechten Flächen sind aus ihren tatsächlichen Maßen, Grundflächen von schräg liegenden Flächen, z. B. Tribünen, Zuschauerräumen, Treppen und Rampen, aus ihrer vertikalen Projektion zu ermitteln.

4.1.4 Grundflächen sind in Quadratmeter (m²), Rauminhalte in Kubikmeter (m³) anzugeben.

4.2   Ermittlung von Grundflächen

4.2.1 Brutto-Grundfläche

Für die Ermittlung der Brutto-Grundfläche (Summe aus Netto-Grundfläche und Konstruktions-Grundfläche) sind die äußeren Maße der Bauteile einschließlich Bekleidung, z. B. Putz, Außenschalen mehrschaliger Wandkonstruktionen, in Höhe der Boden- bzw. Deckenbelagsoberkanten anzusetzen.
Brutto-Grundflächen des Bereiches b sind an Stellen, an denen sie nicht umschlossen sind, bis zur vertikalen Projektion ihrer Überdeckung zu ermitteln.
Brutto-Grundflächen von Bauteilen (Konstruktions-Grundflächen), die zwischen den Bereichen a und b liegen, sind dem Bereich a zuzuordnen.

4.2.2 Netto-Grundfläche

Für die Ermittlung der Netto-Grundfläche (Summe aus Technischer Funktions-, Nutz-, und Verkehrsfläche) im Einzelnen sind die lichten Maße zwischen den Bauteilen in Höhe der Boden- bzw. Deckenbelagsoberkanten anzusetzen. Konstruktive und gestalterische Vor- und Rücksprünge, Fuß-Sockelleisten, Schrammborde und Unterschneidungen sowie vorstehende Teile von Fenster- und Türbekleidungen bleiben unberücksichtigt.

Grundflächen von Treppen und Rampen sind als vertikale Projektion zu ermitteln. Diese Flächen sind, soweit sie keine eigene Ebene darstellen, der darüber liegenden Ebene zuzuordnen, sofern sie sich dort nicht mit anderen Grundflächen überschneiden.

Grundflächen unter der jeweils ersten Treppe oder unter der ersten Rampe werden derjenigen Grundrissebene zugerechnet, auf der die Treppe oder die Rampe beginnt. Sie werden ihrer Nutzung entsprechend zugeordnet.

Grundflächen von Installationskanälen und -schächten über 1,0 m² lichtem Querschnitt und von Aufzugsschächten werden in jeder Grundrissebene, durch die sie führen, ermittelt.

4.2.3 Konstruktions-Grundfläche

Die Konstruktions-Grundfläche ist aus den Grundflächen der aufgehenden Bauteile zu ermitteln. Dabei sind die Fertigmaße der Bauteile in Höhe der Boden- bzw. Deckenbelagsoberkanten einschließlich Bekleidung anzusetzen. Konstruktive und gestalterische Vor- und Rücksprünge, Fuß-, Sockelleisten, Schrammborde und Unterschneidungen sowie vorstehende Teile von Fenster- und Türbekleidungen bleiben unberücksichtigt.

Grundflächen von Installationskanälen und -schächten bis 1,0 m² lichtem Querschnitt werden in jeder Grundrissebene, durch die sie führen, ermittelt.

Die Konstruktions-Grundfläche kann als Differenz aus Brutto-Grundfläche und Netto-Grundfläche ermittelt werden.

4.3   Ermittlung von Rauminhalten

4.3.1 Brutto-Rauminhalt

Der Brutto-Rauminhalt ist aus den nach 4.2.1 ermittelten Brutto-Grundflächen und den dazugehörigen Höhen zu ermitteln. Als Höhen für die Ermittlung des Brutto-Rauminhalts gelten die vertikalen Abstände zwischen den Deckenbelagsoberkanten der jeweiligen Grundrissebenen bzw. bei Dächern die Dachbelagsoberkanten.

Für die Höhen des Bereichs c sind die Oberkanten begrenzender Bauteile, z. B. Brüstungen, Attiken, Geländer, maßgebend.

Bei untersten Geschossen gilt als Höhe der Abstand von der Unterkante der konstruktiven Bauwerkssohle bis zur Deckenbelagsoberkante der darüber liegenden Grundrissebene.

Bei Bauwerken oder Bauwerksteilen, die von nicht vertikalen und/oder nicht waagerechten Flächen begrenzt werden, ist der Rauminhalt nach entsprechenden geometrischen Formeln zu ermitteln.

4.3.2 Netto-Rauminhalt

Der Netto-Rauminhalt ist aus den Netto-Grundflächen nach 4.2.2 und den lichten Raumhöhen sinngemäß nach 4.3.1 zu ermitteln.

4.3.3 Konstruktions-Rauminhalt

Der Konstruktions-Rauminhalt ist aus den Rauminhalten der den Netto-Rauminhalt umschließenden Bauteile zu ermitteln.

Der Konstruktions-Rauminhalt kann als Differenz aus Brutto-Rauminhalt und Netto-Rauminhalt ermittelt werden.

DIN 277-1 – Kommentierung

Allgemeines

Als mit der wirtschaftlichen Entwicklung nach dem Zweiten Weltkrieg auch die Normung technischer Sachverhalte intensiviert und ausgedehnt wurde, sah sich das Deutsche Institut für Normung (damals: Deutscher Normenausschuss – DNA) veranlasst, das Normenwerk neu zu organisieren, wobei u.a. fünfstellige Zählnummern für die Normen eingeführt wurden. Dabei wurden den einzelnen technischen Bereichen bestimmte Zahlenblöcke zugeordnet, um die Übersichtlichkeit zu verbessern und eine sachbezogene Gliederung zu ermöglichen, z. B. die Nummerngruppe 18000 für das Bauwesen oder 52000 für die Materialprüfung.

Normen mit drei- und vierstelligen Nummern zeigen daher an, dass ihre ersten Ausgaben bereits davor veröffentlicht worden sind, zu einer Zeit, in der sie, unabhängig von ihrem Inhalt, lediglich in der Reihenfolge der Herausgabe nummeriert wurden.

Zusammen mit DIN 276 »Kosten von Hochbauten« wurde die erste Ausgabe von DIN 277 im August 1934 veröffentlicht. Der Titel hieß damals »Hochbauten; Umbauter Raum, Raummeterpreis« und machte damit die sachliche Verflechtung mit DIN 276 und den Zweck der beiden Normen deutlich, nämlich objektive und technisch sichere Grundlagen für die Kostenermittlung von Bauwerken zur Verfügung zu stellen. Die voraussichtlichen Kosten einer Baumaßnahme bereits in einem frühen Stadium der Planung mit hinreichender Genauigkeit ermitteln zu können, war insbesondere für den öffentlichen Bauherrn eine wirtschaftliche Notwendigkeit. Solche Kostenschätzungen basieren auch heute noch auf den Erfahrungen, die bei vergleichbaren ausgeführten Bauwerken gewonnen wurden, und die z. B. als Quotient aus Gesamtkosten und Brutto-Rauminhalt (Raummeterpreis) auf entsprechende Planungen übertragen werden können. Durch die Normen DIN 276 und DIN 277 wurden dem Planer dafür die technischen Grundlagen an die Hand gegeben; der Brutto-Rauminhalt wurde damals branchenüblich als »umbauter Raum« bezeichnet.

Nachdem sich mit der steigenden Komplexität der Bauten die Schwächen einer Kostenschätzung über den Raummeterpreis erwiesen hatten, wurden moderne Verfahren der Kostenermittlung entwickelt, wobei häufig auch der Quotient aus Gesamtkosten und Nutzfläche (Quadratmeterpreis) eingesetzt wird. Darüber hinaus wurde erkannt, dass auch für die Ermittlung anderer geometrischer Größen von Bauwerken Regeln erforderlich sind, so dass der Geltungsbereich der DIN 277 im Rahmen ihrer Fortschreibung vom umbauten Raum generell auf Grundflächen und Rauminhalte von Hochbauten ausgedehnt wurde.

Angaben zur Ermittlung von Preisen wurden jedoch nicht aufgenommen und Bestimmungen zur Bewertung von Flächen und Rauminhalten wurden im Laufe der Fortschreibung aus der Norm wieder entfernt, da die Festlegung von Preisen und Werten dem wirtschaftlichen Wettbewerb unterstellt bleiben muss.

Die unter Berücksichtigung dieser Prinzipien erarbeitete und im Mai 1973 herausgegebene Fassung hatte sich in mehr als 30 Jahren als eine praxisgerechte Regel erwiesen, die lediglich im Jahre 1987 um eine Bestimmung erweitert wurde, nach der Grundflächen mit Raumhöhen unter 1,5 m gesondert auszuweisen waren. Diese Ergänzung hatte man nach dem Fortfall von DIN 283 über die Ermittlung von Wohnflächen für erforderlich gehalten, damit der eingeschränkte Nutzwert solcher Flächen besser erkennbar wurde.

Zu Sinn und Zweck der nunmehr vorliegenden Neufassung wird auf die nachfolgenden Anmerkungen zum Abschnitt »Änderungen« verwiesen.

Zu Abschnitt »Änderungen«

Mit der Aufzählung von sechs Sachverhalten wird hier der Eindruck vermittelt, die Norm wäre umfassend und grundlegend geändert worden, was sich bei näherer Betrachtung jedoch nicht bestätigt. Zu den Aufzählungen a) bis f) ist Folgendes festzustellen:

a) Neben der durch das DIN verlangten formalen Anpassung der Deutschen an die Europäischen (EN-)Normen, z. B. durch die Aufnahme des Abschnitts 2 »Normative Verweisungen«, bestehen die redaktionellen Änderungen im Wesentlichen aus dem Ersatz des Begriffs »Berechnung« durch »Ermittlung« und dem Austausch einiger der zur Erläuterung aufgeführten Bauteile. Als Neugliederung ist die Umstellung einiger Abschnitte und ihre geänderte Nummerierung zu verstehen, Maßnahmen, für die keine zwingende Notwendigkeit bestand. Darüber hinaus sind die Festlegungen der Norm weitgehend unverändert geblieben. Bei der Kommentierung wird daher angegeben, an welcher Stelle die jeweilige Bestimmung in der alten Norm zu finden war.

b) Die hier angegebene Änderung muss als der wesentliche Grund für die Herausgabe der Neufassung angesehen werden, da die Diskussion darüber ihre Fertigstellung erheblich verzögert hat. Veranlasst wurde der Austausch der Begriffe durch Einwände von Fachleuten aus dem Bereich des Krankenhauswesens, die den Begriff »Funktionsfläche« in einem anderen Sinne als DIN 277 verwenden. Auch diese Änderung wäre nicht unbedingt erforderlich gewesen, da es ohnehin nicht möglich ist, solche Begriffe auf eine einzige Fachsparte zu begrenzen.

c) Die Aufnahme des Begriffs »Konstruktions-Rauminhalt« ist ebenfalls nur formal zu begründen. Eine praktische Bedeutung hat diese Rechengröße nicht, da sie weder bei Wertermittlungen noch bei dem Vergleich von Bauwerken von Belang ist.

d) Die Zuordnung von Schachtgrundflächen bis 1 m² zur Konstruktions-Grundfläche und von größeren zur Netto-Grundfläche entspricht in etwa der bisherigen Differenzierung in »begehbar« und »nicht begehbar«. Sie ist neben der Änderung unter e) die einzige materiell neue Festlegung in der Norm.

e) Die Sreichung der 1987 eingeführten Regelung, Grundflächen nach Raumhöhen über und unter 1,5 m zu trennen, macht die Neufassung der Norm für die Anwendung bei Ermittlungen zu Kauf- oder Mietpreisen nahezu wertlos. Da hilft auch die vage Bestimmung in Abschnitt 4.1.2, dass die Grundflächen nach unterschiedlichen Höhen getrennt zu ermitteln sind, nicht viel weiter.

f) Diese Änderung betrifft ausschließlich DIN 277-2. In Teil 1 entfällt lediglich der entsprechende Hinweis im alten Abschnitt 4.

Zu Abschnitt »Frühere Ausgaben«

Neben der Angabe »Änderungen« ist auch dieser Abschnitt für jede Neufassung einer Norm obligatorisch, um dem Anwender gegebenenfalls die Recherche über die Entwicklung der Norm zu erleichtern.

Zu 1 »Anwendungsbereich«

1, 1. Absatz:
Der Geltungsbereich der Norm wird durch diese Aussage auf die Berechnung von zwei geometrischen Größen, Fläche und Rauminhalt (früher »umbauter Raum«), begrenzt. Darüber hinaus werden die Flächen weiterhin auf »Grundflächen« eingeschränkt, ein Begriff, der nicht aus der Geometrie direkt, sondern ihrer Anwendung im technischen Zeichnen abgeleitet ist, und mit dem die Darstellung des waagerechten Schnitts eines Baukörpers in der Draufsicht, d.h. in der senkrechten Projektion auf eine waagerechten Ebene gemeint ist, siehe auch die Anmerkung zu Abschnitt 3.1, Absatz 1.
Für die Ermittlung von anderen Bauwerksflächen, d.h. im Allgemeinen

von Wandflächen, enthält die Norm keine Regeln. Dies ist unter anderem ein Hinweis, dass die Norm nicht gedacht und auch nicht geeignet ist, zur Berechnung der Mengen von Baustoffen oder Bauleistungen zu dienen, die für die Errichtung eines Bauwerks erforderlich sind, und über die mit Hilfe der entsprechenden Preise entweder die voraussichtlichen oder die entstandenen Baukosten festgestellt werden. Solche Mengen werden nach den Regeln der Verdingungsordnung für Bauleistungen (VOB) ermittelt, die für jedes Gewerk unterschiedlich sein können und die in dem jeweiligen Bauleistungsvertrag vereinbart werden müssen.

Der Text begrenzt den Geltungsbereich ferner auf Bauwerke, wobei dieser Begriff, ähnlich wie z. B. Hochbau, Tiefbau, Ingenieurbau, Gebäude, zwar allgemein verständlich, jedoch nicht eindeutig definierbar ist. Der Titel wurde so gewählt, um den thematischen Zusammenhang mit der Norm DIN 276 »Kosten im Hochbau« aufzuzeigen, wobei »Hochbau« und »Bauwerke im Hochbau« als Synonyme zu sehen sind. Unabhängig davon können die Berechnungsregeln sinngemäß jedoch auch auf Bauwerke des Tiefbaus angewendet werden, z. B. bei U-Bahnhöfen.

1, 2. Absatz:

Die Zwecke, zu denen die errechneten Flächen und Rauminhalte verwendet werden können, sind hier nur sehr verkürzt dargestellt, und die Aussage lässt den Rückschluss zu, dass einige betroffene Wirtschaftskreise ihre Interessen bei der Überarbeitung der Norm nicht besonders nachhaltig vertreten wollten oder konnten.

Der nicht spezialisierte Anwender würde zunächst bei der Berechnung von Flächen oder Rauminhalten an die Wertermittlung von Bauwerken zum Zwecke des Verkaufs oder der Vermietung denken, da solche Rechtsgeschäfte in der Regel Anlass sind, sich damit zu befassen. Darüber hinaus trifft die Feststellung, dass die Größen zur Ermittlung der Kosten dienen, nur in begrenztem Maße zu, da genaue Kosten, wie sie sich aus den Preisangeboten oder aus den Schlussrechnungen der ausführenden Firmen ergeben, dadurch nicht ermittelt werden können, siehe auch die Anmerkung zum 1. Absatz.

Grundflächen und Rauminhalte können nur zur angenäherten Ermittlung der Kosten geplanter Bauwerke dienen, wenn Preisangebote von Unternehmen über die Ausführung der Bauleistungen im Einzelnen noch nicht vorliegen. Dabei werden die festgestellten Kosten ausgeführter, vergleichbarer Bauwerke auf die Maßeinheit des Rauminhalts (m^3) oder der Grundfläche (m^2) bezogen und mit dem errechneten Rauminhalt oder der errechneten Fläche des geplanten Bauwerks multipliziert. Die so ermittelten voraussichtlichen Kosten werden sich um so mehr den tatsächlichen Kosten annähern, je mehr ausgeführte Bauten in die Betrachtung einfließen, je besser die Vergleichbarkeit der Baumaßnahmen ist und je besser entsprechende Faktoren, z. B. Baupreis-Steigerungsraten, berücksichtigt werden können. Die Technik der Baukostenplanung hat in letzter Zeit dazu Instrumente entwickelt, mit der solche Ermittlungen im Rahmen von Kostenschätzung, Kostenberechnung und Kostenanschlag (siehe DIN 276) mit hinreichender Genauigkeit durchgeführt werden können.

Über Flächen- oder Rauminhaltsgrößen können selbstverständlich nur die »reinen Baukosten«, d.h. die des Baukörpers selbst, ermittelt werden und nicht solche, die darüber hinaus im Rahmen der gesamten Baumaßnahme erforderlich sind, z. B. die Kosten des Grundstücks oder der Außenanlagen. In der zur Zeit gültigen Fassung von DIN 276, Ausgabe Juni 1993 bestehen die reinen Baukosten aus den Kostengruppen 300 »Bauwerk - Baukonstruktionen« und 400 »Bauwerk - Technische Anlagen«.

Ein weiteres bedeutendes Anwendungsgebiet für Flächen und Rauminhalte ist der erwähnte Vergleich von Bauwerken, wobei der Schwerpunkt auf den geplanten Bauwerken liegt. Zwar können auch bestehende Gebäude z. B. hinsichtlich ihres Verhältnisses von Nutzfläche zu Rauminhalt verglichen werden, um Miet- oder Kaufentscheidungen zu erleichtern, aber eine besondere Bedeutung haben solche Vergleiche bei konkurrierenden Planungen für dieselbe Baumaßnahme, weil sie für die Entscheidung, welche davon zur Ausführung kommen soll, maßgebend sein können.

Gegenüber der vorangegangenen Ausgabe der Norm wurde in die jetzt gültige Fassung ein Hinweis auf die Ermittlung der laufenden Kosten fertiggestellter Bauwerke (Baunutzungskosten) aufgenommen, weil auch sie auf der Grundlage von Erfahrungswerten, die auf die Flächen- oder Raumeinheit bezogen sind, angenähert berechnet werden können, und die in DIN 18960 im Einzelnen aufgeführt sind.

Zu 2 »Normative Verweisungen«

Der Abschnitt »Normative Verweisungen« wurde früher mit »Zitierte Normen« überschrieben. Die neue Bezeichnung ist ein Beispiel für die gefürchtete »Eurospeak«, die sich im Rahmen der Europäischen Union aus dem Zwang, fremdsprachliche Ausdrücke möglichst wortgetreu zu übernehmen, entwickelt hat. Die Überschrift ist die offizielle Übersetzung der englischen und französischen Bezeichnung »normative references« bzw. »références normatives«, die damit auch bei allen deutschen Fassungen Europäischer Normen verwendet wird. Der Wortlaut dieses Abschnitts wird von Zeit zu Zeit aufgrund semantischer Überlegungen abgewandelt, ohne dass sich seine Bedeutung ändert, nämlich dass die im Text erwähnten weiteren Normen mitbeachtet werden sollen, siehe z. B. die Verweise auf DIN 277-2 in Abschnitt 3.

Zu 3 »**Begriffe**« (bisher Abschnitt 2)

Die Benennungen für die verschiedenen Flächenarten sind unter Anlehnung an die seit Jahrzehnten eingeführten Begriffe hierarchisch aufgebaut und bilden das in der Bilderläuterung 1 dargestellte Schema. Um auch für die Rauminhalte auf eine derartige systematische Ordnung verweisen zu können, wurde der Begriff »Konstruktions-Rauminhalt« neu eingeführt, siehe Abschnitt 3.2.2 und Aufzählung c im Abschnitt »Änderungen«.

Zu 3.1 »**Brutto-Grundfläche (BGF)**« (bisher Abschnitt 2.1)

3.1, 1. Absatz:
Eine Grundrissebene ist eine Ebene, in der ein horizontaler Schnitt durch ein Bauwerk in senkrechter Projektion dargestellt wird. In der Grundrissebene werden die Grundflächen des Bauwerks abgebildet, daher müssen mehrgeschossige Bauten in mehreren Grundrissebenen dargestellt werden, wenn alle Grundflächen erfasst werden sollen. Die Lage der Grundrissebenen wird so gewählt, dass alle Grundflächen in möglichst wenigen Darstellungen erfasst und Überschneidungen oder Doppeldarstellungen vermieden werden.
Die Brutto-Grundfläche ist nicht identisch mit der Geschossfläche, die in behördlichen Vorschriften Anwendung findet, um die bauliche Ausnutzung von Grundstücken festzulegen oder zu begrenzen. Zu diesem Zweck wird die zulässige Bruttofläche aller Vollgeschosse auf die Grundstücksgröße bezogen, woraus sich eine dimensionslose Geschossflächenzahl ergibt, mit der die bauliche Ausnutzung gekennzeichnet wird. Zwar ist die Geschossfläche ebenso wie die Brutto-Grundfläche aus den äußeren Maßen des Gebäudes zu ermitteln (siehe Abschnitt 4.2.1), angerechnet werden für sie jedoch nur die Flächen von Vollgeschossen und die Flächen von Aufenthalts- und Treppenräumen in sonstigen Geschossen, z.B. in einem Dachgeschoss, siehe Baunutzungsverordnung (BauNVO) § 20. Die Brutto-Grundfläche ist dagegen eine reine Rechengröße und erfasst mit gewissen Einschränkungen die Grundflächen aller Geschosse eines Bauwerks.
Der neu eingefügte Zusatz *mit Nutzungen nach DIN 277-2:2005-02, Tabelle 1, Nr 1 bis Nr 9, und deren konstruktive Umschließungen* enthält keine neuen Festlegungen und besagt lediglich, dass die Brutto-Grundfläche alle möglichen Nutzungsarten umfasst.

3.1, 2. Absatz:
Die bisherige Aussage dieses Absatzes (»Nicht dazu gehören ... nicht nutzbare Dachflächen und konstruktiv bedingte Hohlräume«) wurde für die jetzt gültige Fassung leider so verändert, dass sie zu unzutreffenden

Schlussfolgerungen führen kann, denn
- Flächen in einem Keller, die der Wartung und der Inspektion technischer Anlagen dienen, werden in aller Regel der Brutto-Grundfläche zugerechnet und
- nicht nutzbare Dachflächen dienen nur in seltenen Fällen der Wartung und Inspektion von technischen Anlagen.

In erster Linie rechnen nicht nutzbare Dachflächen deswegen nicht zur Brutto-Grundfläche, weil sich darüber kein Brutto-Rauminhalt befindet. Entweder sind es die Oberflächen von geneigten Dächern, die mit Dachdeckungsstoffen hergestellt werden, z. B. Ziegel- oder Schieferdächer, oder die Oberflächen von Flachdächern, die nicht für eine planmäßige Nutzung vorgesehen sind. Voraussetzung für die planmäßige Nutzung eines Flachdaches ist, dass die Dachfläche eine der Bauordnung entsprechende Umwehrung sowie einen Nutzbelag über der eigentlichen Dachabdichtung aufweist (Dachterrasse). Ferner muss ein Zugang über eine der Bauordnung entsprechenden Treppe vorhanden sein. Das Betreten einer Dachfläche zu Wartungs- oder Instandhaltungszwecken allein gilt nicht als planmäßige Nutzung. Auch der übliche Schutz der Dachabdichtung durch eine Kiesschicht oder durch die Bestreuung von Bitumenbahnen mit Splitt sind nicht als Nutzbelag zu werten.

Ein weiteres Beispiel für nicht anrechenbare Flächen sind die in der alten Fassung der Norm erwähnten Grundflächen von konstruktiv bedingten Hohlräumen über abgehängten Decken und in belüfteten Dächern, die keine eigenen Grundrissebenen bilden, unabhängig davon, ob sie durch Wartungsstege zugänglich sind oder nicht.

Das in der alten Fassung aufgeführte Beispiel für einen konstruktiv bedingten Hohlraum war das »belüftete Dach«. Es ist ein flaches oder flach geneigtes Dach, das zwischen der Decke des darunter liegenden Raumes und der Dachkonstruktion einen Hohlraum aufweist, der ständig von der Außenluft durchströmt wird, damit Tauwasser abgeführt werden kann und eine Durchfeuchtung der Bauteile, insbesondere der Wärmedämmung, vermieden wird.

In diesem Sinne ist auch ein Steildach über einem nicht ausgebauten Dachgeschoss als belüftetes Dach anzusehen. Die Grundfläche eines nicht ausgebauten Dachgeschosses muss jedoch in die Brutto-Grundfläche eingerechnet werden, auch wenn eine planmäßige Nutzung nicht vorgesehen ist. Erforderlich ist lediglich, dass der Dachraum zugänglich ist. Die »Kopfhöhe« ist dazu nicht erforderlich, es reicht aus, wenn er »bekriechbar« ist (siehe Bilderläuterungen 4 und 6).

Allerdings werden geneigte Dächer mit steileren Neigungen aus wirtschaftlichen Gründen nur noch selten ohne Ausbau errichtet. Ein Dachgeschoss gilt dann als nicht ausgebaut, wenn die nach der Wärmeschutzverordnung notwendige Wärmedämmung auf der Geschossdecke angeordnet ist und die Dachkonstruktion an der Unterseite keine Bauteile aufweist, die dem Ausbau zuzurechnen sind, z. B. eine Gipskartonplatten- oder Holzbekleidung.

3.1, 3. Absatz:
Übergeordnete Flächenarten sollen sich aus der Summe der Teilflächen bzw. eine Teilfläche soll sich aus der Subtraktion der anderen von der übergeordneten Flächenart ermitteln lassen. Diese Forderung muss sich zwar im Verhältnis von Brutto-, Netto- und Konstruktionsgrundfläche erfüllen lassen, ist jedoch auf der Ebene von Nutz-, Technischer Funktions- und Verkehrsfläche nicht immer erreichbar, da hier Einzelheiten der Planung zu berücksichtigen sind, die von den generellen Bestimmungen einer Norm häufig nicht erfasst werden können. Beispiele für die Gliederung der Brutto-Grundfläche in Netto- und Konstruktions-Grundfläche zeigen die Bilderläuterungen 3 bis 5 und 8.

Zu 3.1.1 »Netto-Grundfläche (NGF)« (bisher Abschnitt 2.3)

3.1.1, 1. Absatz:
Ebenso wie die Brutto- setzt sich auch die Netto-Grundfläche aus Teilflächen zusammen, die in jeder denkbaren Weise genutzt werden können.
Ein Beispiel für die Gliederung der Netto-Grundfläche in Nutz-, Technische Funktions- und Verkehrsfläche zeigt Bilderläuterung 9. Mit Rücksicht auf die Wirtschaftlichkeit, insbesondere von Gewerbebauten, weisen Normalgeschosse kaum Technische Funktionsflächen auf. Solche Räume zur Unterbringung zentraler technischer Anlagen werden in aller Regel auf untergeordneten Flächen in Keller- oder Dachgeschossen untergebracht.

3.1.1, 2. Absatz:
Zu den Aufzählungen ist im Einzelnen Folgendes festzustellen:
1. und 2. Spiegelstrich:
    Die ausdrückliche Erwähnung der Grundflächen von *freiliegenden Installationen* und *fest eingebauten Gegenständen* als Teile der Netto-Grundfläche ist erforderlich, damit solche Flächen nicht bei entsprechender Interessenlage der Konstruktions-Grundfläche nach Abschnitt 3.1.2 zugeordnet werden können.
    Freiliegende Installationen kommen außer bei Industrieanlagen kaum noch vor, jedoch hat die Bestimmung Bedeutung bei der nachträglichen Flächenermittlung bestehender Bauten. Damit sind Rohrleitungen gemeint, die frei vor den Wänden waagerecht oder auch senkrecht installiert sind und deren Grundflächen ebenso zur Netto-Grundfläche (und damit auch zur Nutzfläche) gehören wie entsprechende Objekte, die hier als fest eingebaute Gegenstände bezeichnet werden.
3. Spiegelstrich:
    Nicht raumhohe Vormauerungen und Bekleidungen hebt besonders auf die vielfach verwendeten Vorwandinstallationen in Bädern ab, z. B.

Gerüste für die Montage von wandhängenden WC-Becken mit ihren Wasserkästen, die mit Wandbaustoffen bekleidet und in der Regel nur etwa 1 bis 1,5 m hoch sind. Sie sollen zu den »fest eingebauten Gegenständen« gehören, weil sie der Nutzung des Raumes dienen.

4. Spiegelstrich:
   Zu den *Einbaumöbeln* gehören neben Schränken auch nicht unterbaute Tischplatten und dementsprechend auch auskragende Innenfensterbänke. Für Einbaumöbel in Wandnischen gelten jedoch vorrangig die Bestimmungen des Abschnitts 3.1.2, wonach Nischen zur Konstruktions-Grundfläche und damit nicht zur Netto-Grundfläche bzw. Nutzfläche gehören.

5. Spiegelstrich:
   Die Erwähnung von *nicht ortsgebundenen, versetzbaren Raumteilern* dürfte im Rahmen dieses Abschnitts kaum erforderlich sein, da es sich hierbei lediglich um Stellwände oder Paravants handeln kann, wie sie zur Abschirmung von Arbeitsplätzen in Großraumbüros verwendet werden, und die in jedem Fall zu den mobilen Ausstattungsgegenständen und nicht zu den festen Bestandteilen eines Bauwerks zählen.

6. Spiegelstrich:
   Hier ist zu beachten, dass nach allgemeinem Sprachgebrauch *Installationsschächte* vorwiegend senkrecht, *Installationskanäle* und *Kriechkeller* aber meist waagerecht angeordnet sind. Bei den Schächten ist die Bestimmung, dass sie zur Netto-Grundfläche gehören, wenn ihr Querschnitt größer als 1 m^2 ist, eindeutig. Solche Schächte sind in der Regel geschossweise zugänglich oder durch Steigeinrichtungen besteigbar. Schächte mit kleinerem Querschnitt rechnen zur Konstruktions-Grundfläche (siehe Abschnitt 3.1.2). Bei waagerecht oder annähernd waagerecht verlaufenden Kanälen (Kriechkeller sind lediglich große Kanäle) ist die Bestimmung unklar. Sie liegen in der Regel unterhalb des Fußbodens des untersten Geschosses und müssen, wenn sie zur Netto-Grundfläche gehören sollen, auch in der Brutto-Grundfläche nachweisbar sein. Aus diesem Grunde ist in der Höhe solcher Kanäle eine Grundrissebene vorzusehen, aus der BGF, NGF und KGF ermittelt werden können (siehe Abschnitt 3.1 Absatz 1). Eine weitere Schwierigkeit ergibt sich im Zusammenhang mit Absatz 3 des Abschnitts 3.1, wenn ein Kanal mit mehr als 1 m^2 Querschnitt ausschließlich der Wartung und Inspektion dienen soll. Er würde dann zwar zur Netto- nicht jedoch zur Brutto-Grundfläche zählen, ein Widerspruch in sich selbst. Glücklicherweise ist durch die Anwendung moderner Bauweisen die Anlage von Kriechkellern weitgehend obsolet geworden, so dass ihre Erwähnung in dieser Norm zwar unzweckmäßig ist, jedoch zu keinen größeren Komplikationen bei den Berechnungen führen dürfte.

7. Spiegelstrich:
Die Grundflächen von *Aufzugsschächten* zählen bei einer Untergliederung der Netto-Grundfläche der einzelnen Geschosse zur Verkehrsfläche (siehe Abschnitt 3.1.1.3).

Zu 3.1.1.1 »**Nutzfläche (NF)**« (bisher Abschnitt 2.4)

Der Hinweis, dass die Nutzfläche Teil der Netto-Grundfläche ist, wurde fortgelassen, da dies bereits aus 3.1.1 hervorgeht. Andererseits wurde es jedoch für erforderlich gehalten, auf den hierarischen Aufbau der Begriffe durch eine entsprechende Abschnittsnummerierung nochmals aufmerksam zu machen. Die Definition, wie auch die von Technischer Funktions- und von Verkehrsfläche wurde auf das Äußerste verkürzt und zwingt den Anwender, den Teil 2 der Norm hinzuzuziehen, wenn er sich genauer darüber informieren will, was diese Begriffe beinhalten.
Welchen Anteil die Nutzfläche an der Netto-Grundfläche hat, ist entscheidend für die Wirtschaftlichkeit eines Gebäudes. Das Verhältnis von Nutzfläche zu Brutto-Grundfläche oder Brutto-Rauminhalt bestimmt wesentlich den Kosten-Nutzen-Faktor der Bauinvestition und damit die Höhe der Erlöse bei Vermietung oder Verkauf.
Gebäude werden in der Regel für einen oder auch für mehrere bestimmte Zwecke errichtet, z. B. Wohngebäude, Krankenhäuser, Gewerbe- und Bürogebäude. Die Nutzfläche ist der Teil der Netto-Grundfläche, die dem bestimmten Zweck oder den bestimmten Zwecken dient, z. B. bei Wohngebäude dem Wohnen.
Nutz- bzw. Netto-Grundflächen in Wohngebäuden werden in der Regel als Wohnflächen bezeichnet, insbesondere in den Bestimmungen über die soziale Wohnraumförderung. Zur Ermittlung von Wohnflächen bestand im Deutschen Normenwerk von etwa 1960 bis zum Jahre 1981 eine gesonderte Norm, DIN 283, deren Regeln insbesondere deswegen einen großen Bekanntheitsgrad erreichten, weil sie mit geringfügigen Modifikationen zunächst in die »Verordnung über wohnungswirtschaftliche Berechnungen (II. Berechnungsverordnung)« übernommen und seit Januar 2004 die »Wohnflächenverordnung (WoFIV)« überführt wurden, deren Beachtung bei allen öffentlich geförderten Wohnungsbaumaßnahmen obligatorisch ist.
Die Norm DIN 283 wurde im Jahre 1981 aus folgenden Gründen ersatzlos zurückgezogen:
a)   Die Regeln waren nicht in allen Einzelheiten mit der II. Berechnungsverordnung kompatibel, z. B. im Hinblick auf die Anrechenbarkeit von Balkonen. Für das Deutsche Institut für Normung (DIN) besteht jedoch die Verpflichtung, keine Normen herauszugeben oder fortzuschreiben, die mit behördlichen Bestimmungen nicht kompatibel sind.

Die fortdauernde Existenz der Berechnungsregeln in Verordnungen stellt sicher, dass auch weiterhin Wohnflächen nach gültigen Regeln ermittelt werden können.

b)   In den Normungsgremien hatte sich zwischenzeitlich die Auffassung durchgesetzt, dass es nicht Aufgabe einer Norm sein kann, Bewertungen festzulegen, wie sie in der DIN 283 durch Prozentwerte für die Anrechenbarkeit, z. B. bei den Flächen von Balkonen oder unter Schrägen, gegeben waren.

c)   Der Normenausschuss Bauwesen im DIN war bestrebt, alle Regeln über die Berechnung von Flächen und Rauminhalten in nur einer Norm, der DIN 277, zu konzentrieren. Allerdings wurde es bisher nicht für erforderlich gehalten, dort eine Definition des Begriffs »Wohnfläche« oder besondere Regeln für ihre Ermittlung aufzunehmen.

Wird daher im Rahmen einer Baumaßnahme die Ermittlung von Wohnflächen gefordert, waren bis zum Ende des Jahres 2003 die in der II. Berechnungs-verordnung enthaltenen Bestimmungen anzuwenden (siehe Anhang 1); ab Januar 2004 gelten dafür die Regeln der Wohnflächenverordnung. Für den öffentlich geförderten Wohnungsbau ist diese Anwendung vorgeschrieben, der private Wohnungsbau kann sich in freier Vereinbarung ebenfalls darauf verständigen.

Falls sich Vertragspartner im privaten Wohnungbau nicht auf die behördli-chen Regelungen einigen können, kann die Wohnfläche von Wohnungen nur als Netto-Grundfläche nach DIN 277 ermittelt werden. Dabei ist insbesondere bei Einfamilienhäusern Einvernehmen zu erzielen, inwieweit Grundflächen, die nicht direkt dem Wohnen dienen, in die Ermittlung einbezogen werden sollen (siehe Bilderläuterungen 3 bis 5). Eine getrennte Ermittlung von Nutz-, Technischen Funktions- und Verkehrsflächen ist bei Wohnraum nicht sinnvoll und meist nicht durchführbar.

Bei Nichtwohngebäuden ist eine Untergliederung der Nutzfläche in einzelne Nutzungsarten nach DIN 277-2 nur bei bestimmten Nutzungen sinnvoll und in der Regel nur dann erforderlich, wenn gleichartige Baumaßnahmen oder Bauwerke hinsichtlich ihres Funktionswertes oder ihrer Wirtschaftlichkeit genauer verglichen werden sollen. Die früher mögliche Untergliederung in Haupt- und Nebennutzfläche wurde aufgegeben, da sie sich für die Zwecke der Norm als unnötig erwiesen hat.

Zu 3.1.1.2 »Technische Funktionsfläche (TF)« (bisher Abschnitt 2.5)

3.1.1.2, 1. Absatz:
Wegen des Ersatzes des Begriffs »Funktionsfläche« durch »Technische Funktionsfläche« siehe die Anmerkung zu Aufzählung b) im Abschnitt »Änderungen«.

Auf den Grundflächen nach DIN 277-2, Tabelle 1, Nr 8, sind die technischen Anlagen untergebracht, die zur Nutzung eines Bauwerks im Sinne seiner Zweckbestimmung erforderlich sind und die im Allgemeinen in gesonderten Räumen untergebracht werden, wie z. B. Kessel oder Brennstoffvorrat einer Heizungsanlage. Die technischen Anlagen von Bauwerken sind in der Norm DIN 276 über die Kosten von Hochbauten als Kostengruppen 410 bis 450 und 480 aufgeführt. Dort wird im Gegensatz zu den früheren Ausgaben der Norm nicht mehr zwischen den zentralen Teilen der Anlagen und den Installationen unterschieden. Die Grundflächen von dezentralen Anlageteilen, wie z. B. Heizkörper und offen verlegte Rohrleitungen gehören jedoch nicht zur Technischen Funktionsfläche (siehe Abschnitt 3.1.1, Spiegelstriche 1 und 2), weil ihre getrennte Erfassung in der Planung äußerst schwierig wäre und in keinem Verhältnis zu dem erzielten Informationswert stünde. Solche Grundflächen, wie z. B. auch von dezentralen Klimageräten, Kachelöfen oder Sanitärobjekten gehören daher zur Nutzfläche nach Abschnitt 3.1.1.1.

3.1.1.2, 2. Absatz:
Die Bestimmung besagt, dass die Netto-Grundflächen eines Gebäudes, das lediglich Anlagen zur technischen Versorgung anderer Gebäude enthält, als Nutzflächen einzuordnen sind. Werden daher im Falle einer Bauplanung die erforderlichen betriebstechnischen Anlagen statt in dem Bauwerk selbst in einem gesonderten Gebäude untergebracht, wird die notwendige Technische Funktionsfläche zur Nutzfläche, was bei oberflächlicher Betrachtung, z. B. bei konkurrierenden Entwürfen, zu Fehleinschätzungen führen kann.

Zu » 3.1.1.3 Verkehrsfläche VF« (bisher Abschnitt 2.6)

3.1.1.3, 1. Absatz:
Zur formalen Änderung des Textes gegenüber der vorangegangenen Fassung gilt auch hier die Anmerkung bei Abschnitt 3.1.1.1, Absatz 1. Flächen nach DIN 277-2, Tabelle 1, Nr 9, dienen dem Zugang, dem Verlassen und auch dem Verkehr innerhalb eines Bauwerks, es sind im Wesentlichen die Grundflächen von Treppenräumen, Aufzugsschächten, Fahrtreppen, Fahrsteigen, Fluren, Fluchtbalkonen und Fluchttreppen, siehe Bilderläuterung 9.

3.1.1.3, 2. Absatz:
Grundflächen sollen nur dann als Verkehrsflächen ausgewiesen werden, wenn die entsprechenden Räume überwiegend dem Verkehr dienen. Eine Differenzierung z. B. der Grundfläche eines Großraumbüros in Nutz- und Verkehrsfläche ist schon deshalb nicht sinnvoll, weil solche Unterschiede in der Planung nicht dargestellt werden und sich beide Flächenarten ständig überschneiden.

Allerdings ist eine eindeutige Zuordnung von Räumen mit gemischter Nutzung häufig nicht möglich, sie liegt deshalb im Ermessen des Planers oder muss zwischen den Beteiligten vereinbart werden. Z. B. werden in Krankenhäusern häufig Eingangshallen als Aufenthaltsräume für nicht bettlägerige Patienten und als Besuchsräume genutzt, so dass die Grundfläche mit gleicher Berechtigung zur Verkehrs- wie zur Nutzfläche gerechnet werden kann. Eine Trennung ist nur in solchen Fällen sinnvoll, wo sie durch entsprechende bauliche Gestaltung logisch nachvollziehbar ist, z. B. durch Nischenbildung oder fest eingebaute Abtrennungen.

Zu 3.1.2 » Konstruktions-Grundfläche KGF« (bisher Abschnitt 2.2)

3.1.2, 1. Absatz:
Zu den Aufzählungen ist im Einzelnen Folgendes anzumerken:
1. bis 3. Spiegelstrich:
   Über *Wände, Stützen* und *Pfeiler* hinaus sind als aufgehende Bauteile noch Gewölbe denkbar, wenn sie Räume ohne die Vermittlung von Wänden oder Pfeilern überdecken. Unter Beachtung von Abschnitt 4.2.2, dass die Grundflächen in Fußbodenhöhe zu messen sind, gelten für solche Bauteile die unmittelbaren Aufstandsflächen auf dem Fußboden als die Konstruktions-Grundflächen.
4. Spiegelstrich:
   Als *Schornsteine* werden hier Schächte bezeichnet, die im Wesentlichen senkrecht verlaufen und die Abgase (Rauch, Luft) übers Dach ins Freie führen. Die Bestimmung gilt sowohl für Schornsteinzüge, die im Zuge von Mauerwerkswänden hergestellt werden als auch für Anlagen aus besonderen Formteilen.
5. Spiegelstrich:
   Raumhohe Vormauerungen und Bekleidungen werden hier offenbar lediglich als Pendant zu dem Begriff unter Abschnitt 3.1.1, 3. Spiegelstrich, aufgeführt. Im Sinne von Abschnitt 4.2.2, Absatz 1, ist es unzweifelhaft, dass die Grundflächen dieser Bauteile zur KGF rechnen, wenn die Netto-Grundflächen aus den lichten Raummaßen zu ermitteln sind.
6. Spiegelstrich:
   Installationshohlräume der aufgehenden Bauteile ist nur ein anderer Begriff für die weiter unten aufgeführten Schlitze und Installationsschächte. Diese Bauteile dienen zur Unterbringung von Installationen, im Wesentlichen Rohrleitungen und Kabel, nach deren Verlegung sie in der Regel durch bauliche Maßnahmen (Vermauerung, Verputz, Bekleidung) verschlossen werden. Dementsprechend können die Installationen auch nur durch bauliche Maßnahmen (Aufstemmen, Abbauen) wieder zugänglich gemacht werden.

7. Spiegelstrich:
Der Begriff *Wandnische* ist geläufig, aber in keinem Regelwerk definiert. In einigen Publikationen wird sie als »nicht raumhohe Wandvertiefung« bezeichnet, jedoch schon die Einschränkung auf »nicht raumhoch« ist umstritten, und auch »Wandvertiefung« lässt im Hinblick auf Grundriss und Baustoff verschiedene Interpretationen zu. Im Allgemeinen wird unter Nische ein offener Hohlraum bezeichnet, der dadurch gebildet wird, dass die Dicke einer Wand auf eine bestimmte Länge und Höhe verringert ist (siehe Bilderläuterung 10f). Im Sinne dieser Interpretation können daher Rauminhalte, die durch den Versprung einer Wand und ohne Verringerung ihrer Dicke gebildet werden, nicht als Nischen gelten (siehe Bilderläuterung 10h). Da solche Wandversprünge beliebige Dimensionen haben können, würde es zu einer erheblichen Verfälschung der Flächenverhältnisse kommen, wenn ihre Grundflächen in die KGF eingerechnet werden würden. Aus dem gleichen Grunde können auch Rauminhalte, die aus einer leichten Trennwand zwischen zwei tragenden Stützen gebildet werden, nicht als Nischen im Sinne dieser Norm angesehen werden (siehe Bilderläuterung 10i). Bei dieser Betrachtungsweise werden jedoch die Grenzen einer eindeutigen Definition des Begriffs »Nische« erkennbar. Die Öffnung in einer Mauerwerkswand, die einseitig durch eine leichte Trennwandkonstruktion verschlossen ist, würde sicher als Nische gelten, jedoch ist der Übergang zu der oben beschriebenen Konstruktion aus tragenden Stützen mit verbindender Trennwand fließend. Insbesondere ist es daher bei Wandvertiefungen, die aus dem Zusammmenwirken unterschiedlicher Bauteile oder -stoffe gebildet werden, zu empfehlen, über die Zugehörigkeit ihrer Grundflächen Vereinbarungen zwischen den Beteiligten zu treffen. Bei der Berücksichtigung von Nischen ist darauf zu achten, dass ihre Grundflächen auch dann der KGF zuzurechnen sind, wenn sie z. B. durch den Einbau von Wandschränken genutzt werden (siehe Bilderläuterung 10g).
Die Erwähnung von Wandschlitzen ist überflüssig, da sie bereits durch den vorangehenden Spiegelstrich abgedeckt werden.

8. Spiegelstrich:
Wandöffnungen, z. B. Türen, Fenster, Durchgänge ersetzen den früher verwendeten Begriff »Türöffnungen«. Bei Türen und Fenstern wird die Konstruktions-Grundfläche in der Dicke der umschließenden Wand durchgerechnet, was sich bei Fenstern mit Brüstung von selbst versteht, jedoch auch bei Fenstern zu beachten ist, die eine Brüstungsnische aufweisen oder die bis zum Boden reichen, siehe Bilderläuterung 10, a bis c. Nicht eindeutig zu beantworten ist jedoch die Frage, ob die Grundfläche jeder Wandöffnung, d.h. also auch von offenen Durchgängen ohne Türabschluss, als KGF anzusehen ist, weil ein solches Gebilde in

Abhängigkeit von seiner Größe auch als Zwischenraum zwischen zwei Wandscheiben angesehen werden kann, unabhängig davon, ob sie oberhalb des »Durchgangs« durch einen Unterzug verbunden sind oder nicht (siehe Bilderläuterungen 10e und 11).

9. Spiegelstrich:
Installationskanäle und -schächte sowie Kriechkeller bis 1 m² lichtem Querschnitt wurden in Entsprechung zu Abschnitt 3.1.1, Absatz 2, Spiegelstrich 6, aufgenommen, siehe dort. Anstelle der in den früheren Fassungen der Norm vorhandenen Unterscheidung zwischen begehbaren und nicht begehbaren Schächten wurde das Grenzmaß von 1 m² Querschnittsfläche eingeführt. Insofern sind die Bestimmungen der Norm, wann Schächte zur NGF bzw. zur KGF zu rechnen sind, nun eindeutig festgelegt. Die kritische Anmerkung zur Aufnahme des Begriffs »Kriechkeller« in 3.1.1 ist auch hier angebracht, denn Kriechkeller unter 1 m² Querschnitt, die dazu noch Rohrleitungen u.Ä. enthalten, dürften kaum vorstellbar sein.

3.1.2, 2. Absatz:
Diese Aussage ist hier überflüssig, da sie bereits in Abschnitt 3.1, Absatz 3, formuliert wurde.

Zu 3.2 »Brutto-Rauminhalt (BRI)« (bisher Abschnitt 2.7)

3.2, 1. Absatz:
Anscheinend wurde dieser Absatz lediglich aus systematischen Gründen, d.h. um seinen definitorischen Charakter zu betonen, neu in die Norm aufgenommen. Er enthält keine neuen Festlegungen.

3.2, 2. Absatz:
Die äußere (untere) Begrenzungsfläche der konstruktiven Bauwerkssohle ist in der Regel eindeutig als die Grenzfläche zwischen dem Beton des Fußbodens des untersten Geschosses und dem Feinplanum des Erdbodens (Sauberkeitsschicht) bestimmt. Die Lage der äußeren Begrenzungsflächen der Außenwände ist dagegen schon von der Entscheidung abhängig, in welchem Maße Profilierungen in der Fassade als konstruktive und gestalterische Vor- und Rücksprünge vernachlässigt werden können (siehe auch die Anmerkung zum 3. Absatz und Bilderläuterung 19). Auch die äußere Begrenzungsfläche des Daches dürfte in der Regel nur eine theoretische Ebene sein. Bei Flachdächern ergibt sich ihre Lage aus der Höhenlage der konstruktiven Dachdecke zuzüglich der errechneten Dicke des notwendigen Schichtaufbaus, wie Wärmedämmung, Dachabdichtung und Schutzschicht. Bei geneigten Dächern ist zur definierten Höhenlage der

Oberfläche der Dachsparren eine Höhe aus Dachlatten und Verlegedicke der Dachdeckungselemente hinzuzurechnen.

Neu ist die Bestimmung, dass Dachgauben und Oberlichte unabhängig von ihrer Größe in den BRI einzurechnen sind, nach der alten Norm konnten sie als untergeordnete Bauteile vernachlässigt werden. Die neue Regelung erschwert die Ermittlung, allein wenn man an die Berechnung der Rauminhalte von Lichtkuppeln mit ihren Aufsetzkränzen denkt. Da ihr Anteil am Gesamt-Rauminhalt in der Regel jedoch marginal ist, bewirkt die Neuerung kaum sachliche Veränderung, jedoch eine Erschwernis für den Ermittler.

3.2, 3. Absatz:

Die früher hier vorgenommene Unterscheidung zwischen »Bauteilen von untergeordneter Bedeutung« und »untergeordneten Bauteilen« wurde aufgegeben, da sie unklar und für die Ermittlung des BRI ohne Bedeutung war. Die explizite Aufzählung der Bauteile, deren Rauminhalte nicht in den BRI eingerechnet werden, ist im Wesentlichen unverändert geblieben mit Ausnahme der Dachgauben, die nunmehr in jedem Fall eingerechnet werden, siehe Absatz 2.

Leider sind auch die »konstruktiven und gestalterischen Vor- und Rücksprünge« an den Bauwerksaußenflächen aus der Aufzählung der untergeordneten Bauteile herausgefallen, so dass der Eindruck entsteht, hier müsste nun jede Fassadenprofilierung bei der Ermittlung des BRI berücksichtigt werden. Dies kann jedoch nicht der Fall sein, denn wenn die Regel für die Netto-Grundfläche gilt (siehe Abschnitt 4.2.2), muss sie konsequenterweise auch für die Brutto-Grundfläche und den Rauminhalt gelten.

Zu den Aufzählungen ist im Einzelnen Folgendes anzumerken:

1. Spiegelstrich:
   Tief- und Flachgründungen ersetzen den früher verwendeten Begriff »Fundamente«. Bei Flachgründungen, z. B. Streifenfundamenten, gehören auch Wandbauteile, die unterhalb der Bauwerkssohle liegen, zu den Gründungsbauteilen (siehe Bilderläuterung 5). Im Falle von bewehrten Fundamentplatten bilden ihre Unterflächen gleichzeitig die konstruktive Bauwerkssohle nach Absatz 2, so dass besondere Gründungsbauteile nicht vorhanden sind, es sei denn, dass im Bereich der aufgehenden Wände noch Verstärkungen an der Unterseite der Platte angeordnet sind. Bei Tiefgründungen mittels Pfahlrosten gilt die Unterfläche der Pfahlkopfplatte als Begrenzungsfläche der Bauwerkssohle.

2. bis 5. Spiegelstrich:
   Lichtschächte, Außentreppen, Außenrampen, Eingangsüberdachungen. Während in der vorigen Ausgabe der Norm diese Konstruktionen noch als Beispiele für Bauteile von untergeordneter Bedeutung aufgeführt wurden, werden sie hier als Teil einer vollständigen Aufzählung genannt,

so dass daraus geschlossen werden muss, dass sie in keinem Fall in die Ermittlung des BRI eingehen dürfen. Es ist jedoch vorstellbar, dass z. B. die Kellerlichtschächte eines Werksgebäudes für den Ein- oder Ausbau von Maschinen oder Anlagenteilen so dimensioniert werden müssen, dass sie einen wesentlichen Bestandteil des Gebäudes ausmachen, so dass ihr Ausschluss aus dem BRI nicht gerechtfertigt wäre. Auch Außentreppen und Außenrampen können eine nennenswerte Größe erreichen, z. B. bei Parkhäusern, so dass es angezeigt ist, sie in die Berechnung einzubeziehen. Wenn daher Zweifel über die Anrechenbarkeit von Bauteilen auftreten, empfiehlt es sich, in einer Erläuterung zur Berechnung des BRI anzugeben, wie die äußere Begrenzung des Bauwerks festgelegt wurde, oder die Beteiligten müssen darüber eine Vereinbarung abschließen.

6. Spiegelstrich:
   Dachüberstände, soweit sie nicht Überdeckungen für Bereich b nach 4.1.2 darstellen. Hier ist auf eine sinnvolle Anwendung der Bestimmung zu achten. Nicht jeder geringfügige Dachüberstand kann die darunter liegenden Flächenanteile einer Dachterrasse (Bereich c) in den Bereich b erheben. Eine solche Einstufung wäre nur dann sinnvoll, wenn diese Fläche auch im Sinne des erhöhten Nutzwertes des Bereichs b genutzt werden kann (siehe Bilderläuterung 12).

7. Spiegelstrich:
   Auskragende Sonnenschutzanlagen bleiben unberücksichtigt, weil sie in der Regel wie Dachüberstände einen im Vergleich zum Gesamtbauwerk unbedeutenden Rauminhalt haben. Dies gilt jedoch auch bei Anlagen, die nicht auskragen, sondern parallel vor der zu schützenden Fläche angeordnet sind.

8. Spiegelstrich:
   Im Zusammenhang mit den *über den Dachbelag aufgehenden Schornsteinköpfen, Lüftungsrohren und -schächten* wäre eine Erwähnung der Bauteile von Klimaanlagen wünschenswert gewesen, die heute bei Hochhäusern und Gewerbebauten oft auf Flachdächern angeordnet werden. Sie können gegenüber Schornsteinköpfen und Lüftungsrohren einen nennenswerten Rauminhalt aufweisen, sollten aber dennoch unberücksichtigt bleiben, da ihr Anteil am BRI gering bleibt.

Zu 3.2.1 »Netto-Rauminhalt (NRI)« (bisher Abschnitt 2.8)

3.2.1, 1. Absatz:
Der Netto-Rauminhalt ist eine Größe, die mehr oder weniger aus Gründen der Vollständigkeit aufgenommen wurde. Obwohl sie sich aus einer wichtigen Flächengröße, der Netto-Grundfläche, ableitet, wird sie jedoch kaum zur Kosten- oder Wertermittlung bzw. zu Vergleichen herangezogen. Der

Netto-Rauminhalt hat nur in Sonderfällen Bedeutung, z. B. für die Leistungs-berechnung von Lüftungs- und Klimaanlagen.

3.2.1, 2. Absatz:
Im Zusammenhang mit Abschnitt 3.2.2 soll betont werden, dass alle nicht zugänglichen Hohlräume in den Bauteilen und solche mit Querschnitten unter 1 m² dem Konstruktions-Rauminhalt zuzuordnen sind.

Zu 3.2.2 »Konstruktions-Rauminhalt (KRI)« (neu)

3.2.2, 1. Absatz:
Siehe hierzu die Anmerkung zum Abschnitt »Änderungen«, Aufzählung c). Die wenig sinnvolle Aufnahme dieses Begriffs wird hier und im Zusammenhang mit Abschnitt 3.2.1 deutlich. Danach ist es offensichtlich, dass Rauminhalte, die nicht zum Netto-Rauminhalt gehören, dem Konstruktions-Rauminhalt zuzurechnen sind. Weitaus eindeutiger als bei den Grundflächen gilt bei den Rauminhalten die Feststellung, dass sich der Brutto-Rauminhalt aus Netto- und Konstruktions-Rauminhalt zusammensetzt.
Unbefriedigend bleibt die Regelung für Räume über abgehängten Decken, wenn sie eine nennenswerte Höhen aufweisen, mit hängend befestigten technischen Anlagen ausgestattet und durch Wartungsöffnungen und -stege betretbar sind. Nach der pauschalen Bestimmung des 1. Spiegelstrichs müssen auch solche Rauminhalte dem KRI zugeordnet werden, siehe hierzu auch Abschnitt 3.1, Absatz 2.

3.2.2, 2. Absatz:
Der Hinweis auf den arithmetischen Zusammenhang zwischen Brutto-, Netto- und Konstruktions-Rauminhalt wäre in Abscnitt 3.2 sinnvoller gewesen.

Zu 4 »Ermittlungsgrundlagen« (bisher Abschnitt 3)

Zu 4.1 »Allgemeines« (bisher Abschnitt 3.1)

Zu 4.1.1
Dieser Abschnitt ist in die jetzt gültige Ausgabe der Norm neu eingefügt wor-den. Er formuliert keine Handlungsanweisung für den Anwender und besagt lediglich, dass Flächen- und Raumberechnungen, die aufgund vorläufiger Planungsunterlagen Ungenauigkeiten aufweisen, bei Vorliegen genauerer Unterlagen korrigiert werden sollen. Hintergrund für die Aufnahme dieses Abschnitts ist das Bestreben, eine Parallelität zur Norm DIN 276 »Kosten im Hochbau« herzustellen, in der es in Abschnitt 3.1.3 heißt:
»Die Art und die Detaillierung der Kostenermittlung sind abhängig vom Stand

der Planung und Ausführung und den jeweils verfügbaren Informationen, z. B. in Form von Zeichnungen, Berechnungen und Beschreibungen.«

Zu 4.1.2 (bisher Abschnitt 3.1.1)

4.1.2, 1. Absatz:

Dieser für die Berechnung aller Flächen- und Raumgrößen geltenden Bestimmung liegt die Überlegung zugrunde, dass sich solche Bereiche sowohl in den Herstellungskosten als auch im Nutzwert unterscheiden. Sie müssen daher getrennt ausgewiesen werden, wenn realistische Kosten oder Werte ermittelt werden sollen.

Bereich a

umfasst alle Flächen und Rauminhalte, die vollständig gegen die freie Umgebung abgeschlossen und damit beheizbar sind. Trotzdem muss die Fläche des Bereichs a nicht identisch sein mit der »beheizten Fläche«, die oft in Mietverträgen als Grundlage zur Ermittlung von Heizkostenanteilen dient. Die beheizte Fläche ist derjenige Anteil der Fläche des Bereichs a, der tatsächlich beheizt werden kann. Flure, Wintergärten und ähnliche Räume, in denen keine Heizkörper oder Heizgeräte angeordnet sind, zählen zwar zum Bereich a, jedoch nicht zur beheizten Fläche.

Bereich b

enthält Flächen und Rauminhalte, die wegen einer nur teilweisen Umschließung durch Wände ständig mit dem Außenklima in Verbindung stehen und damit nicht beheizbar sind. Sie weisen jedoch einen höheren Nutzwert auf als diejenigen des Bereichs c, da sie durch eine Überdeckung bzw. Überdachung in gewissem Maße gegen Niederschläge geschützt sind. Diese Einstufung gilt auch dann, wenn der angenommene Regenschutz in der Praxis nicht wirksam ist, da Niederschläge nur sehr selten genau senkrecht einfallen. Zum Bereich b gehören z. B. Loggien, überdeckte Balkone, offene Durchfahrten und so genannte »Luftgeschosse« (siehe Bilderläuterung 7).

Bereich c

Hierzu gehören Flächen und Räume, die denen des Bereiches b entsprechen, jedoch keine Überdeckung aufweisen. Die Definition des Normentextes ist für diesen Bereich sehr verkürzt ausgefallen, so dass sie einer Interpretation bedarf. Damit eine Fläche dem Bereich c zugeordnet werden kann, muss sie in einer gewissen Höhe über dem Gelände angeordnet sein und eine Umwehrung nach den Anforderungen der Bauordnung aufweisen. Zum Bereich c gehören z. B. nicht überdeckte Balkone und Dachterrassen (genutzte Dachfläche, siehe hierzu die Anmerkungen zu Abschnitt 3.1, Absatz 2, sowie die Bilderläuterungen 7 und 12).

Zur Frage, ob ebenerdige Terrassen, insbesondere wenn sie nicht unterkellert sind, den Grundflächen des Bauwerks zuzurechnen und damit auch als Nutzflächen auszuweisen sind, gibt die Norm keine Antwort. Sind solche Terrassen überdeckt, kann für sie zur Not noch ein zugehöriger Rauminhalt konstruiert werden, sind sie nicht überdeckt, ist ein dementsprechender Rauminhalt nicht vorstellbar, so dass sie damit auch keine Bauwerks-Grundfläche darstellen. Siehe Bilderläuterungen 3 und 6.

4.1.2, 2. Absatz:
Der Begriff »ermitteln« bedeutet im Sinne dieser Norm nicht nur eine getrennte Berechnung, sondern auch eine getrennte Angabe der errechneten Teilgrößen. Die Aufgliederung ist auch dann erforderlich, wenn in Abhängigkeit vom Zweck der Ermittlung bestimmte Teilgrößen anschließend wieder zusammengefasst werden. Geschossweise ermittelte Nutzflächen können selbstverständlich zu einem Wert zusammengefasst werden, wenn ein komplettes Gebäude auf der Basis eines einheitlichen Quadratmeterpreises für die Nutzfläche vermietet werden soll. Andererseits müssen jedoch Rauminhalte, die sich aus unterschiedlichen Geschosshöhen errechnen, getrennt bleiben, wenn die Baukosten eines Gebäudes mit hinreichender Genauigkeit aus den Kubikmeterpreisen ermittelt werden soll, da z. B. die Kosten je Kubikmeter für eine durch mehrere Geschosse gehenden Halle deutlich unter denen der normalhohen Räume liegen dürfte.
Generell ist jedoch die Bestimmung, nach Höhen zu trennen, äußerst unklar. Sind hiermit Geschoss- oder Raumhöhen gemeint, oder etwa beides? Der letztere Fall könnte zu einer Vielzahl von Einzelwerten führen, was dem Zweck der Ermittlung kaum dienlich sein kann. Darüber hinaus macht die Forderung, Flächen und Rauminhalte nach bestimmten Kriterien getrennt anzugeben, deutlich, dass die Begriffe des Abschnitts 3 nicht eindeutig definiert sind. Nach Abschnitt 3.1 ist die Brutto-Grundfläche die Summe der Grundflächen aller Grundrissebenen, d.h. die Grundflächen des gesamten Gebäudes. Daneben gibt es jedoch auch die Brutto-Grundfläche eines einzelnen Geschosses, die erst zusammen mit denen der anderen Geschosse die »gesamte« Butto-Grundfläche bildet. Obwohl eine getrennte Angabe vorgeschrieben wird, ist es nicht gelungen, die verschiedenen Teilflächen mit entsprechend eindeutigen Begriffe zu belegen. Bei schriftlichen Berechnungen mit dokumentarischem Charakter sind daher Erläuterungen oder erklärende Umschreibungen erforderlich, um die Teilmengen eindeutig zu kennzeichnen.
Der neu aufgenommene Satz, dass die getrennte Ermittlung auch für Flächen unter oder über Schrägen gilt, bleibt dabei unverständlich, da solche Flächen keine bestimmte sondern eine sich kontinuierlich ändernde Höhe aufweisen. Insofern ist die Bestimmung nicht nur bei Räumen über oder unter Schrägen, sondern auch bei überwölbten Räumen kaum anwendbar. Es empfiehlt sich

daher, solche Räume unter Angabe ihrer Raumgeometrie und der größten und kleinsten Raumhöhe getrennt auszuweisen.

Zu 4.1.3 (bisher Abschnitt 3.1.2)

Diese Bestimmung erlaubt, alle Grundflächen aus den Darstellungen der Grundrissebenen ohne Zuhilfenahme von Schnitten zu errechnen. Auch der Rauminhalt über einer schrägliegenden Fläche wird zweckmäßigerweise aus der Projektion der Grundfläche und dem arithmetischen Mittel der Höhen berechnet.

Zu 4.1.4 (bisher Abschnitt 3.1.3)

Mit dieser Bestimmung wird keine Festlegung hinsichtlich der Genauigkeit des Rechenverfahrens oder der dazu verwendeten Maße getroffen. Sie ist lediglich als Hinweis zu verstehen, dass die Maßeinheiten nach dem »Gesetz über Einheiten im Messwesen« anzuwenden sind. Die Genauigkeit der zu ermittelnden Werte hängt außer von den zur Verfügung stehenden Maßen auch von dem Verwendungszweck der Rechenergebnisse ab. Falls erforderlich, muss sie daher vereinbart werden.

Zu 4.2 »Ermittlung von Grundflächen« (bisher Abschnitt 3.2)

Zu 4.2.1 »Brutto-Grundfläche« (bisher Abschnitt 3.2.1)

4.2.1, 1. Absatz:
Diese und auch weitere Bestimmungen über die Maße, aus denen die Flächen zu berechnen sind (siehe Abschnitte 4.2.2 und 4.2.3), bedeuten, dass grundsätzlich die »Fertigmaße« des Bauwerks zu verwenden sind, weil mit der Norm die vorhandenen oder beabsichtigten tatsächlichen Größen ermittelt werden sollen. Allerdings stehen in den ersten Planungsphasen eines Bauwerks die genauen Fertigmaße noch nicht fest und können daher über die Abschätzung der endgültigen Dicke der Wände und ihrer Bekleidungen nur mit einer gewissen Unsicherheit ermittelt werden. Wird ausschließlich die Brutto-Grundfläche eines Gebäudes ermittelt, sind nicht die Maße der Bauteile, sondern lediglich seine äußeren Abmessungen erforderlich. Die Angabe einer Gesamt-Brutto-Grundfläche für ein Gebäude ist jedoch nur dann zulässig, wenn es durchgehend dem Bereich a nach Abschnitt 4.2.1 zuzurechnen ist und an jeder Stelle die gleiche Geschosshöhe aufweist (siehe dort).
Die Stelle, an der die Maße zu nehmen sind, z. B. bei einem örtlichem Aufmaß, wurde bisher mit »Fußbodenhöhe« angegeben. Dies erschien den

Verfassern der Neufassung offenbar zu profan, so dass es nunmehr heißt »in Höhe der Boden- und Deckenbelagsoberkante«, was zwar das Gleiche bedeutet, korrekt jedoch ...oberfläche heißen müsste.

Die Bestimmung, dass bei der Ermittlung konstruktive und gestalterische Vor- und Rücksprünge unberücksichtigt bleiben, wurde hier leider gestrichen, obwohl sie auch bei der Brutto-Grundfläche Geltung haben muss, wenn sie bei der Netto- und der Konstruktions-Grundfläche gilt, siehe die ersten Absätze von 4.2.2 und 4.2.3.

4.2.1, 2. Absatz:
Dieser Absatz ergänzt die allgemeine Bestimmung des Abschnitts 4.1.2 über die getrennte Ermittlung der Bereiche a bis c durch eine Messregel für den Bereich b. Die Regel kann jedoch nur für den Fall gelten, dass die Grundfläche gegenüber der Überdeckung vorspringt. Wenn z. B. das Geschoss ober- halb eines Luftgeschosses über das untere Geschoss auskragt, fällt die Projektion der Überdeckung nicht mehr auf die Brutto-Grundfläche, so dass die Bestimmung dieses Absatzes nicht anwendbar ist, siehe Bilderläuterung 7, Buchstabe D.

Bei der Untergliederung der Brutto-Fläche sind die Grundflächen der Konstruktionen, die die Bereiche voneinander trennen, immer dem höher- wertigen Bereich zuzurechnen. Ohne dass es im Normentext ausdrücklich erwähnt ist, gilt dies daher auch für Konstruktions-Grundflächen, die zwi- schen den Bereichen a und c oder b und c liegen, siehe Bilderläuterung 12.

Im Übrigen ist darauf hinzuweisen, dass die Verwendung der Bezeichnung »Brutto« im Zusammenhang mit Konstruktions-Grundflächen unzutreffend ist (Brutto-Grundflächen von Bauteilen), da diese Flächen nur Teile einer Bruttofläche sind.

Zu 4.2.2 »Netto-Grundfläche« (bisher Abschnitt 3.2.3)

4.2.2, 1. Absatz:
Die Bestimmung in der vorherigen Ausgabe der Norm, dass die Netto- Grundfläche und ihre entsprechenden Teilflächen getrennt nach Anteilen mit Raumhöhen unter und über 1,5 m zu ermitteln und auszuweisen sind, ist nunmehr gestrichen worden. Sie wurde erst in die vorige Ausgabe aufgenom- men, um dem eingeschränkten Nutzwert von Flächen mit unzureichenden Raumhöhen Rechnung zu tragen. Wird eine solche Differenzierung bei Flächenermittlungen nicht vorgenommen, können unzutreffende Vorstellungen über ihren Gebrauchswert entstehen. Bereits die Differenzierung zwischen Höhen über und unter 1,5 m war eine grobe Vereinfachung gegenüber den Höhenkategorien »über 2 m«, »von 1 bis 2 m« und »unter 1 m«, die die frühere Norm DIN 283 über die Berechnung von Wohnflächen vorgeschrie-

ben hatte, und mit denen der Wohnwert zuverlässig eingeschätzt werden konnte. Der Entschluss, die Grundflächen nicht mehr nach Raumhöhen zu differenzieren, schränkt den Wert der Norm insbesondere für die Anwendung in der Immobilienwirtschaft stark ein. Dagegen hilft auch nicht der Verweis auf Abschnitt 4.2.1, wonach die Grundflächen getrennt nach unterschiedlichen Höhen zu ermitteln sind, weil dies zu einer unpraktikablen Häufung von Einzelwerten auf der Ergebnisseite der Flächenberechnung führen kann. Der Grundsatz, dass für die Ermittlung der Grundflächen die Fertigmaße des Bauwerks zugrunde zu legen sind, wird hier indirekt durch den Begriff »lichte Maße« festgelegt. Allerdings sind solche Maße nur bei einem fertigen Gebäude oder bei einem fortgeschrittenen Planungsstand zu ermitteln, in früheren Planungsstadien können sie nur angenähert aus anderen Maßen abgeleitet werden.

Die Regel, dass konstruktive und gestalterische Vor- und Rücksprünge unberücksichtigt bleiben, hat grundsätzliche Bedeutung und wäre besser in Abschnitt 4.2.1 aufgehoben, so dass Wiederholungen hier und in Abschnitt 4.2.3 vermeidbar gewesen wären. Solche Versprünge treten in stärkerem Maße auch an den Fassaden der Bauwerke auf und können, je nach dem, ob man die Vorsprünge oder die Rücksprünge vernachlässigt, zu nennenswerten Unterschieden bei der Ermittlung der Brutto-Grundfläche oder des Brutto-Rauminhalts führen. In solchen Fällen liegt es im Ermessen des Ermittlers, wo er die virtuelle Ebene der Außenwandfläche anordnen will, wobei je nach Begründung sowohl die unter Vernachlässigung der Vorsprünge oder der Rücksprünge als auch eine Ebene in einer mittleren Lage infrage kommen können, siehe Bilderläuterungen 14 und 19.

4.2.2, 2. Absatz:

Angaben über die Ermittlung schräger Grundflächen und Treppen enthält bereits Abschnitt 4.1.3.

Die überschnittenen Flächen gehen nicht in die Berechnung ein. Wegen der über Treppenläufen und -podesten erforderlichen Kopfhöhe können die Überschneidungen mit anderen Grundflächen in der Regel keine nennenswerten Ausmaße annehmen. Ausnahmen bilden da nur historische Gebäude mit besonders großen Geschosshöhen und eventuell repräsentativen mehrläufigen Treppen. Wenn in einem solchen Fall Wert darauf gelegt wird, dass die überschnittenen Flächen in die Berechnung eingehen, müssen in geeigneter Höhe weitere Grundrissebenen, z. B. über Zwischenpodesten, in die Betrachtung einbezogen werden.

4.2.2, 3. Absatz:

Die Fläche unter dem ersten Treppenlauf eines Treppenraumes gehört, wenn sie zugänglich ist, wie die übrigen Treppenflächen zur Verkehrsfläche. Um zur

Verkehrsfläche gerechnet zu werden, muss sie jedoch eine Raumhöhe von mindestens 2 m aufweisen, ist die Höhe kleiner, muss die Fläche einer anderen Flächenart zugeordnet werden, sofern auf ihre Anrechnung Wert gelegt wird.

Eine weitere Besonderheit bei der Flächenermittlung von Treppen stellt das so genannte »Treppenauge« dar, der Luftraum zwischen den Treppenläufen, der in der Regel ungeteilt vom Fußboden bis zur Decke des Treppenraumes durchgeht. Hat die Grundfläche des Treppenauges nur eine geringe Größe wie bei üblichen zweiläufigen Treppen, empfiehlt es sich, den dadurch gebildeten Rauminhalt wie einen Aufzugsschacht nach Absatz 4 zu behandeln, d.h. seine virtuelle Grundfläche in jedem Geschoss zur Netto-Grundfläche bzw. zur Verkehrsfläche der Treppe hinzuzurechnen (siehe Bilderläuterung 15).

Wenn bei Treppen mit drei oder mehr Läufen das Treppenauge eine nennenswerte Größe aufweist, sollte die Grundfläche nur einmal als Fläche mit besonderer Raumhöhe im untersten Geschoss ausgewiesen und angegeben werden (siehe Bilderläuterungen 8 und 9).

4.2.2, 4. Absatz:

Die Bestimmung bedeutet, dass die Querschnitte solcher Schächte in jedem Geschoss, durch das sie führen, der jeweiligen Netto-Grundfläche zuzurechnen sind, auch wenn die tatsächliche Grundfläche nur im untersten Geschoss vorhanden ist. Damit soll die Ermittlung vereinfacht und die getrennte Angabe dieser Grundflächen mit ihren abweichenden Höhen vermieden werden. Wegen der Treppenaugen von Geschosstreppen siehe die Anmerkung zum 3. Absatz.

Zu 4.2.3 »Konstruktions-Grundfläche« (bisher Abschnitt 3.2.2)

Die Konstruktions-Grundfläche spielt weder bei der Ermittlung von Baukosten oder Nutzwerten noch bei dem Vergleich von Bauwerken oder Planungen eine nennenswerte Rolle. Alle Bestimmungen dieses Abschnitts können bereits aus den vorangegangenen Abschnitten hergeleitet werden, nämlich

a)   die Konstruktions-Grundfläche ist die Grundfläche der aufgehenden Bauteile (Ab. 3.1.2),

b)   den Berechnungen sind die Fertigmaße zugrunde zu legen, Versprünge usw. bleiben unberücksichtigt (Ab. 4.2.1),

c)   Schächte unter 1 m² Querschnitt werden in jeder Grundrissebene berücksichtigt (Ab. 3.1.2 und sinngemäß Ab. 4.2.2),

d)   die Konstruktions-Grundfläche und die Netto-Grundfläche bilden die Brutto-Grundfläche (Ab. 3.1.2).

Zu 4.3 »Berechung von Rauminhalten« (bisher Abschnitt 3.3)

Zu 4.3.1 »Brutto-Rauminhalt« (bisher Abschnitt 3.3.1)

4.3.1, 1. Absatz:
Wie bei der Ermittlung von Grundflächen ist auch bei der Berechnung der Rauminhalte von den Fertigmaßen der Höhen auszugehen. Als Grenzfläche zwischen den Geschossen gilt die Oberfläche des fertigen Fußbodens, z. B. die Oberfläche eines Fliesenbelages oder die Nutzschicht eines Estrichs. Auch hier ist in einem frühen Planungsstadium der endgültige Schichtenaufbau der Fußböden oft nicht bekannt, so dass die Höhenlage der fertigen Oberflächen nur mit einer gewissen Unsicherheit abgeschätzt werden kann. Sofern es jedoch feststeht, dass mehrere Geschosse den gleichen Fußbodenaufbau erhalten werden, können auch die Abstände zwischen den Oberflächen der tragenden Geschossdecken eingesetzt werden, da sich durch den Fußbodenaufbau an der Bilanz der Maße nichts ändert. Wegen der Oberfläche des Dachbelages siehe die Anmerkung zu Abschnitt 3.2, Absatz 2.
Hinsichtlich der Begriffe Boden-, Decken- und Dachbelagsoberkanten ist festzustellen, dass damit keine Linien sondern die entsprechenden Oberflächen gemeint sind.
Die in früheren Ausgaben vorhandene besondere Erwähnung von »Luftgeschossen« wurde jetzt gestrichen. Sie gelten als Bauteile des Bereichs b nach Abschnitt 4.1.2 (überdeckt, jedoch nicht allseitig in voller Höhe umschlossen), der sich bezüglich der maßgebenden Höhe nicht von Bereich a unterscheidet, siehe Bilderläuterung 7.

4.3.1, 2. Absatz:
Als Höhe gilt der Abstand der Oberkante der Umwehrung von dem fertigen Fußboden. Hat die Umwehrung unterschiedliche Höhen, sind die Bereiche getrennt zu ermitteln oder es ist eine mittlere Höhe einzusetzen. Wegen der Einordnung von Flächen zum Bereich c siehe die entsprechende Anmerkung zu Abschnitt 4.1.2, Absatz 2.

4.3.1, 3. Absatz:
Bei Anwendung der Regel des 1. Absatzes auf das unterste Geschoss wäre der Rauminhalt von Bauwerkssohle und Fußbodenaufbau aus dem Brutto-Rauminhalt herausgefallen.

4.3.1, 4. Absatz:
Diese Bestimmung wurde für erforderlich gehalten, weil der übrige Text der Norm in der Formulierung von dem »Normalfall« ausgeht, dass die Baukörper

zwar von schrägliegenden Grund- und Dachflächen begrenzt sein können, im übrigen aber senkrechte Wände aufweisen. Für andere Baukörper mit geneigten Wänden oder gekrümmten Begrenzungsflächen gilt die Norm jedoch auch.

Zu 4.3.2 »Netto-Rauminhalt« (bisher Abschnitt 3.3.2)

Siehe die Anmerkung zu Abschnitt 3.2.1.

Zu 4.3.3 »Konstruktions-Rauminhalt«

Siehe die Anmerkung zu Abschnitt 3.2.2.

Farbige Bilderläuterungen

Bilderläuterung 1

Systematik der Begriffe in DIN 277-1

Gliederung der Grundfläche

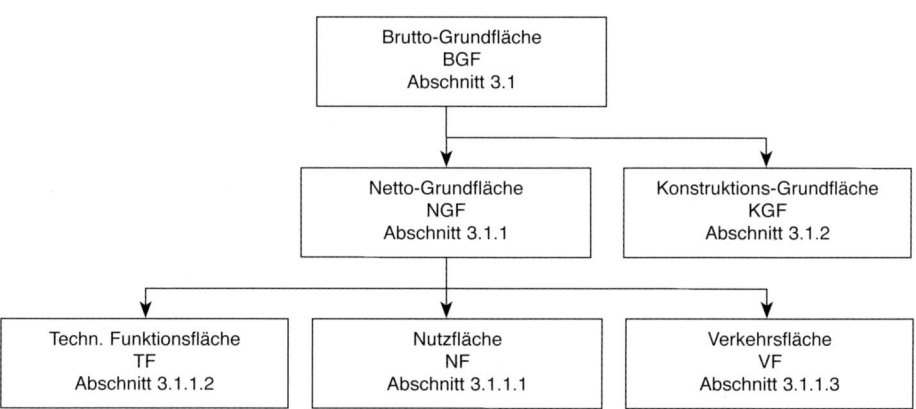

Gliederung des Rauminhalts

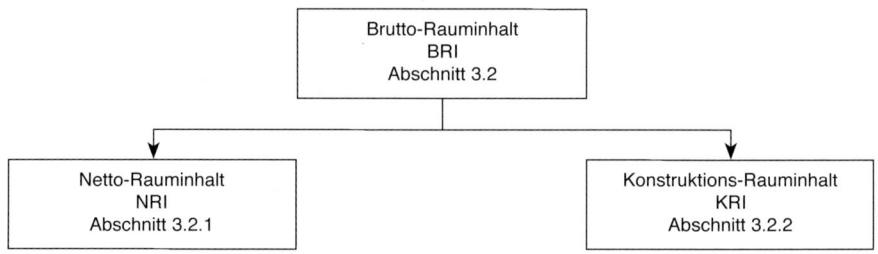

Bilderläuterung 2

Einfamilienhaus mit versetzten Geschossen, Schnitt
Anordnung der Grundrissebenen

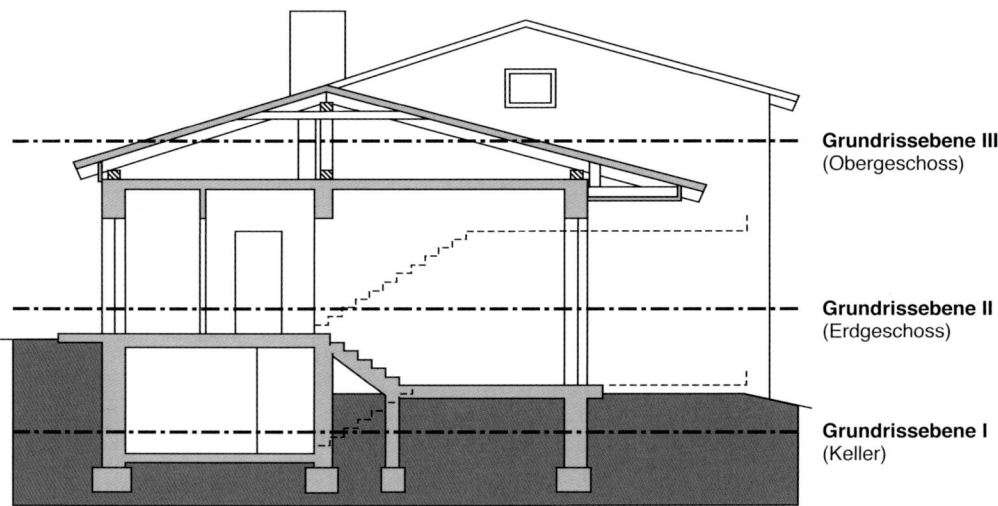

Grundrissebene III
(Obergeschoss)

Grundrissebene II
(Erdgeschoss)

Grundrissebene I
(Keller)

Bilderläuterung 3

Einfamilienhaus mit versetzten Geschossen
Grundrissebene II (EG)

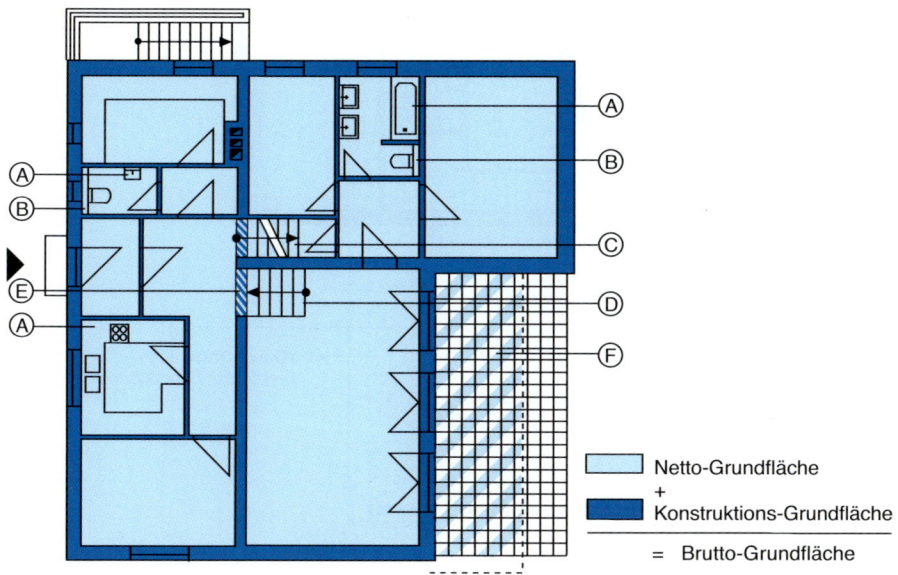

Netto-Grundfläche
+
Konstruktions-Grundfläche
―――――――――――――
= Brutto-Grundfläche

A: Die Grundflächen von Sanitärobjekten und eingebauten Küchenmöbeln gehören zur Netto-Grundfläche, siehe Abschnitt 3.1.1, Absatz 2.

B: Die Grundflächen von Sanitär-Vorwandkonstruktionen und Abtrennungen gehören zur Netto-Grundfläche, sofern sie nicht raumhoch ausgeführt sind, siehe Abschnitt 3.1.1, Absatz 2.

C: Die Grundfläche der Kellertreppe gehört zur Netto-Grundfläche des Erdgeschosses, die der Treppe zum Obergeschoss zur Netto-Grundfläche des Obergeschosses, siehe Abschnitt 4.2.2, Absatz 2. Bei der Ermittlung der Wohnfläche nach den Bestimmungen der Wohnflächenverordnung bleiben jedoch Treppen mit mehr als 3 Auftritten unberücksichtigt (WoFlV § 3 Abs. 3 Nr. 2).

D: Die Grundfläche der Differenzstufen gehört als Treppe zur Netto-Grundfläche. Bei Ermittlung der Wohnfläche gilt jedoch WoFlV § 3 Abs. 3 Nr. 2.

E: Ob der Antritt bzw. der Austritt der Treppen jeweils als »Durchgang« durch die tragende Mittelwand anzusehen und damit nach Abschnitt 3.1.2, Spiegelstrich 8, zur Konstruktions-Grundfläche zu rechnen ist, ist unklar. Siehe hierzu auch Bilderläuterung 11.

F: Ob die ebenerdige Terrasse einen Teil des Gebäudes bildet, lässt DIN 277-1 nicht erkennen. Nach Abschnitt 4.1.2 könnten Grundfläche und Rauminhalt dem Bereich b zugerechnet werden, da die Terrasse überdeckt und an zwei Seiten umschlossen ist. Außerdem werden in DIN 277-2 Terrassen unter den Beispielen für Wohnräume aufgeführt (siehe DIN 277-2, Tabelle 2, Nr. 1.1).
Andererseits wird der Baukörper nach Abschnitt 3.2, Absatz 2, durch die Außenwände abgeschlossen, so dass die Grundfläche und der Rauminhalt der Terrasse nicht als Teil des Baukörpers angesehen werden können. Das Einrechnen in die Brutto-Grundfläche bzw. den Brutto-Rauminhalt kann zu Fehleinschätzungen bei der Ermittlung von Kosten oder Preisen führen.

Bilderläuterung 4

Einfamilienhaus mit versetzten Geschossen,
Grundrissebene III (OG)

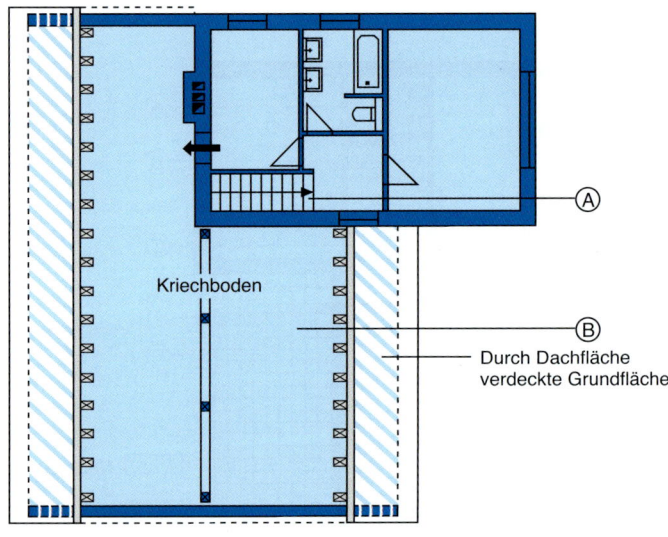

Kriechboden

(A)

(B)

Durch Dachfläche
verdeckte Grundfläche

Netto-Grundfläche
+
Konstruktions-Grundfläche

= Brutto-Grundfläche

A: Die Grundfläche der Treppe gehört zur Netto-Grundfläche des Geschosses, in das sie (von unten nach oben) führt, siehe Abschnitt 4.2.2, Absatz 2.

B: Der Rauminhalt des nicht genutzten, aber zugänglichen Dachraumes (Kriechboden) gehört zum Brutto-Rauminhalt, der nach Abschnitt 3.2, Absatz 2, nach oben durch die Dachflächen begrenzt wird. Seine Grundfläche gehört damit zur Brutto- und dementsprechend auch zur Netto-Grundfläche. Bei der Grundflächenermittlung muss sie unter Angabe der Raumhöhe getrennt ausgewiesen werden (siehe Abschnitt 4.1.2, Absatz 2). Um dabei keine falschen Vorstellungen zu erwecken, sollte unter Dachschrägen nicht eine mittlere Höhe sondern der Höhenbereich (von/bis) angegeben werden.

Bilderläuterung 5

Einfamilienhaus mit versetzten Geschossen,
Grundrissebene I (KG)

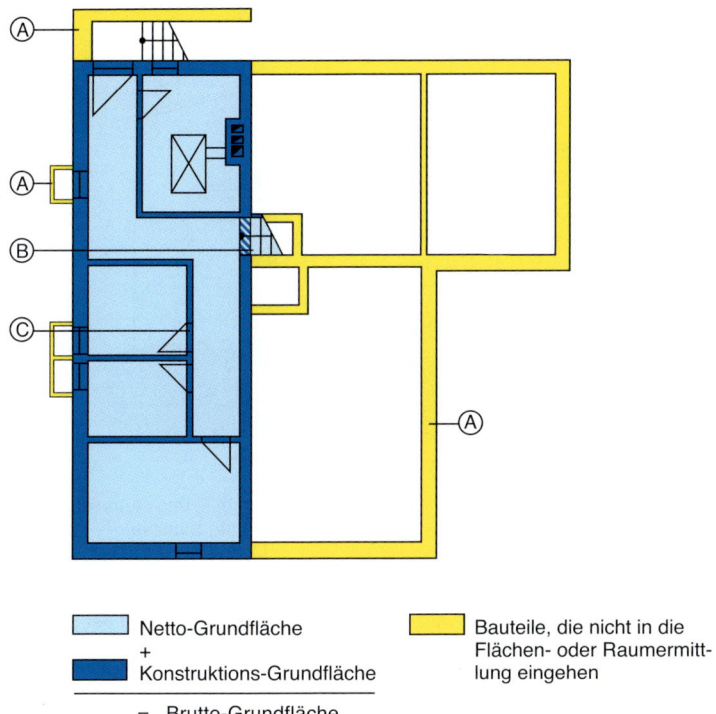

	Netto-Grundfläche		Bauteile, die nicht in die
	+		Flächen- oder Raumermitt-
	Konstruktions-Grundfläche		lung eingehen

= Brutto-Grundfläche

A: Grundmauerwerk, Fundamente, Außentreppe und Kellerlichtschächte gehören nicht zum Brutto-Rauminhalt, ihre Grundflächen daher auch nicht zur Brutto-Grundfläche, siehe Abschnitt 3.2, Absatz 3.

B: Die Grundfläche der Kellertreppe gehört zur Netto-Grundfläche des Erdgeschosses, siehe Abschnitt 4.2.2, Absatz 2. Ob der Treppenantritt als »Durchgang« durch die tragende Mittelwand anzusehen und nach Abschnitt 3.1.2, Spiegelstrich 8, der Konstruktions-Grundfläche zuzurechnen ist, bleibt unklar. Siehe hierzu auch Bilderläuterung 11.

C: Die Grundflächen von Schornsteinzügen und Türöffnungen gehören zur Konstruktions-Grundfläche, siehe Abschnitt 3.1.2.

Bilderläuterung 6

Einfamilienhaus mit versetzten Geschossen, Schnitt
Brutto-Grundfläche und Brutto-Rauminhalt

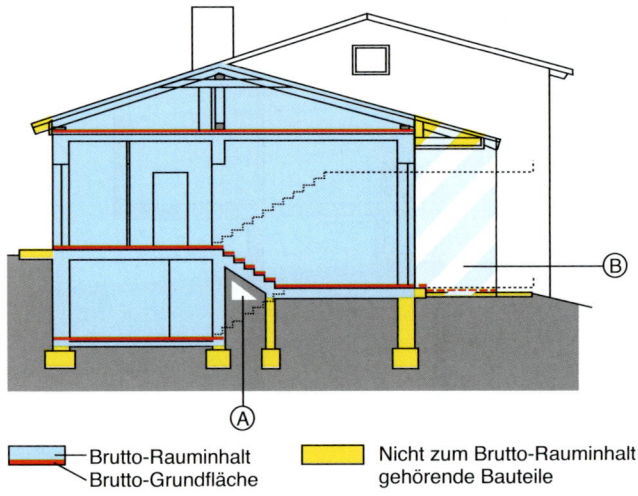

Brutto-Rauminhalt
Brutto-Grundfläche

Nicht zum Brutto-Rauminhalt
gehörende Bauteile

A: Im Bereich der unteren Treppenläufe sind die Unterflächen der Laufplatten als Begrenzung des Brutto-Rauminhalts anzusehen, falls eine dementsprechende Genauigkeit der Ermittlung gefordert wird.

B: Hinsichtlich der Anrechenbarkeit der überdeckten Terrasse auf den Brutto-Rauminhalt und die Brutto-Grundfläche wird auf Buchstabe F in Bilderläuterung 3 verwiesen. Siehe auch Buchstabe D in Bilderläuterung 7.

Bilderläuterung 7

Geschäftshaus, Schnitt
Gliederung der Brutto-Grundfläche

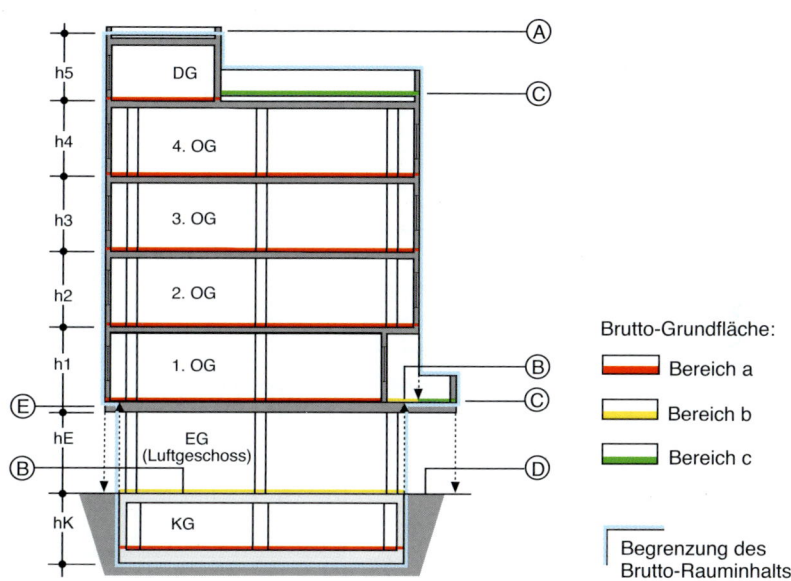

A: Die nicht genutzte Dachfläche gehört nicht zur Brutto-Grundfläche, siehe Abschnitt 3.1, Absatz 2.
B: Die Grundflächen von überdeckten Balkonen und Luftgeschossen gehören zur Brutto-Grundfläche, Bereich b, siehe Abschnitt 4.1.2, Absatz 1.
C: Nicht überdeckte Dachterrassen und nicht überdeckte Balkonflächen gehören zur Brutto-Grundfläche, Bereich c, siehe Abschnitt 4.1.2, Absatz 1.
D: Die von auskragenden Bauteilen überdeckten Flächen außerhalb des Baukörpers gehören nicht zu den Grundflächen des Gebäudes, siehe Abschnitt 3.2, Absatz 2.
E: Auskragende Teile von Deckenkonstruktionen gehen aufgrund der Regel, dass die Geschosshöhen jeweils zwischen den Fußbodenoberflächen zu rechnen sind, nicht in den Brutto-Rauminhalt ein, siehe Abschnitt 4.3.1, Absatz 1.

Bilderläuterung 8

Bürogebäude, Normalgeschoss
Gliederung der Brutto-Grundfläche

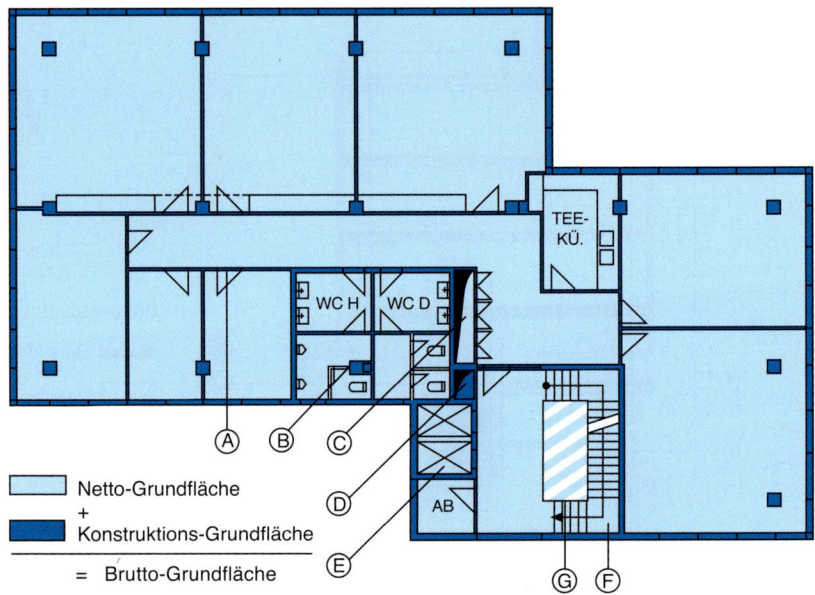

A: Die Grundflächen von Türöffnungen gehören zur Konstruktions-Grundfläche, siehe Abschnitt 3.1.2

B: Aufgeständerte und nicht raumhohe Kabinentrennwände werden zweckmäßigerweise als fest eingebaute Gegenstände entsprechend Abschnitt 3.1.1 angesehen und bei der Ermittlung der Netto-Grundfläche übermessen.

C: Der mehr als 1 m² große Installationsschacht gehört in jedem Geschoss, durch das er führt, zur Netto-Grundfläche, siehe Abschnitt 4.2.2, Absatz 4.

D: Der Installationsschacht mit einer Grundfläche von weniger als 1 m² gehört in jedem Geschoss, durch das er führt, zur Konstruktions-Grundfläche, siehe Abschnitt 4.2.3.

E: Die Grundfläche des Aufzugsschachtes gehört in jedem Geschoss, durch das er führt, zur Netto-Grundfläche, siehe Abschnitt 4.2.2, Absatz 4.

F: Die Grundfläche der Treppe gehört zur Netto-Grundfläche desjenigen Geschosses, in das sie von unten nach oben führt, siehe Abschnitt 4.2.2, Absatz 2.

G: Die Grundfläche des »Treppenauges«, das eine nennenswerte Größe aufweist, sollte nur in die Netto-Grundfläche des untersten Geschosses eingerechnet werden. Bei der Berechnung des Brutto- oder Netto-Rauminhalts ist es als Raum mit besonderer Höhe auszuweisen, siehe Abschnitt 4.1.2, Absatz 2.

Bilderläuterung 9

Bürogebäude, Normalgeschoss
Gliederung der Netto-Grundfläche

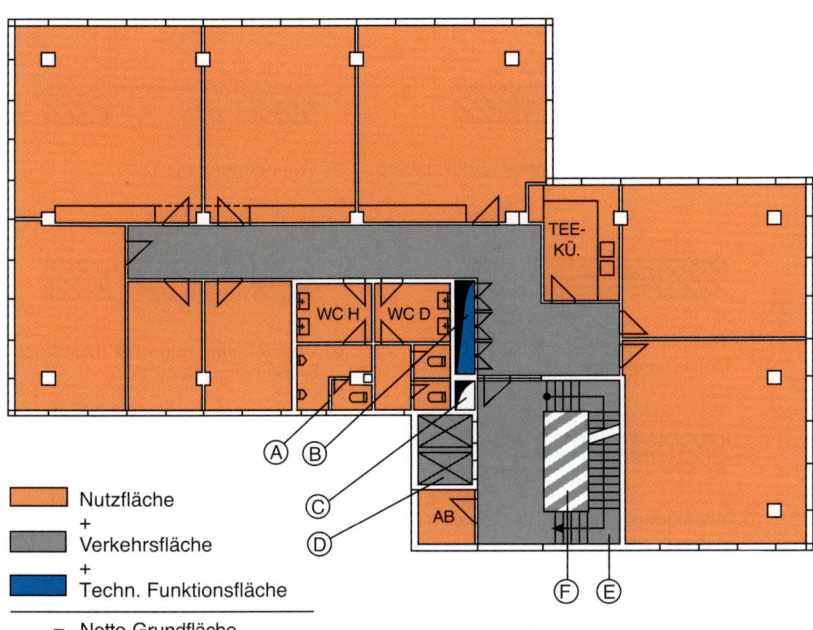

A: Aufgeständerte und nicht raumhohe Kabinen-Trennwände werden zweckmäßigerweise als fest eingebaute Gegenstände nach Abschnitt 3.1.1 angesehen und bei der Ermittlung der Nutzfläche übermessen.

B: Der mehr als 1 m² große Installationsschacht gehört in jedem Geschoss, durch das er führt, zur Technischen Funktionsfläche, siehe DIN 277-2, Tabelle 2, Nr. 8.9.

C: Der Installationsschacht mit einem Querschnitt (Grundfläche) von weniger als 1 m² gehört in jedem Geschoss, durch das er führt, nicht zur Netto- sondern zur Konstruktions-Grundfläche, siehe Abschnitt 3.1.2.

D: Die Grundfläche des Aufzugsschachtes gehört in jedem Geschoss, durch das er führt, zur Verkehrsfläche, siehe DIN 277-1, Tabelle 2, Nr. 9.3.

E: Die Grundfläche der Treppe gehört zur Verkehrsfläche desjenigen Geschosses, in das sie von unten nach oben führt, siehe DIN 277-2, Tabelle 2, Nr. 9.2.

F: Die Grundfläche des »Treppenauges«, das eine nennenswerte Größe aufweist, sollte nur in die Verkehrsfläche des untersten Geschosses eingerechnet werden. Im Übrigen siehe Bilderläuterung 8, Buchstabe G.

Bilderläuterung 10

Öffnungen und Nischen
Zu Abschnitt 3.1.2

Wandöffnungen

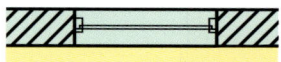

a) Wandöffnung mit Fenster und Brüstung

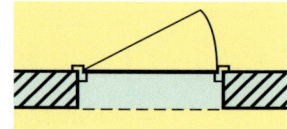

d) Wandöffnung mit Tür

b) Wandöffnung mit Fenster und Brüstungsnische

e) Wandöffnung ohne Tür (Durchgang) Siehe hierzu Bild 11!

c) Wandöffnung mit Fenster ohne Brüstung (Französisches Fenster)

Wandnischen

f) Verringerung der Wanddicke: Nische

h) Wandversprung: keine Nische

g) Nische mit Einbauschrank

i) Ausfachung zwischen Stützen: keine Nische

Netto-Grundfläche

Konstruktions-Grundfläche

Bilderläuterung 11

Zur Problematik des Begriffs »Durchgang«
Zu Abschnitt 3.1.2

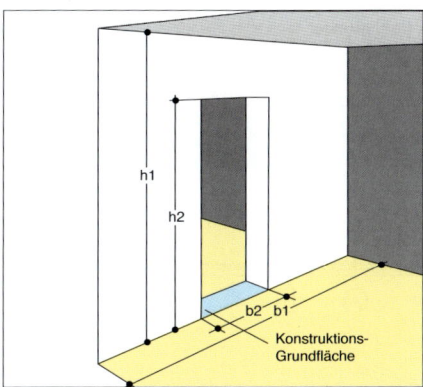

A: Normalfall
b2 << b1, h2 < h1

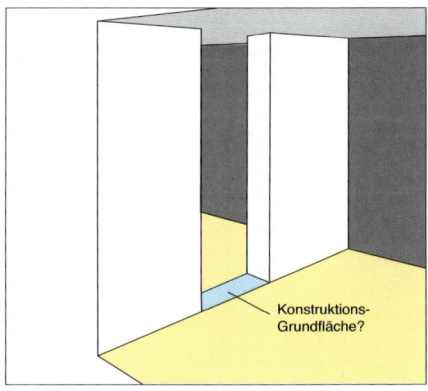

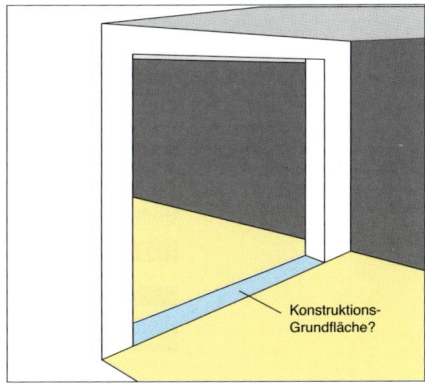

B: Grenzfall 1
Ist die Öffnungshöhe gleich der Raumhöhe, kann der Durchgang auch als Zwischenraum zwischen zwei Wandscheiben
aufgefasst werden.

C: Grenzfall 2
Sind die Öffnungshöhe und -breite nur
unwesentlich kleiner als Raumhöhe und
-breite, wird das Gebilde nicht als Durchgang angesehen.

Bilderläuterung 12

Zuordnung der Konstruktions-Grundflächen
Zu Abschnitt 4.2.1

Konstruktions-
Grundflächen (KGF)
zwischen den
Bereichen
a und c: zu a
a und b: zu a
b und c: zu b

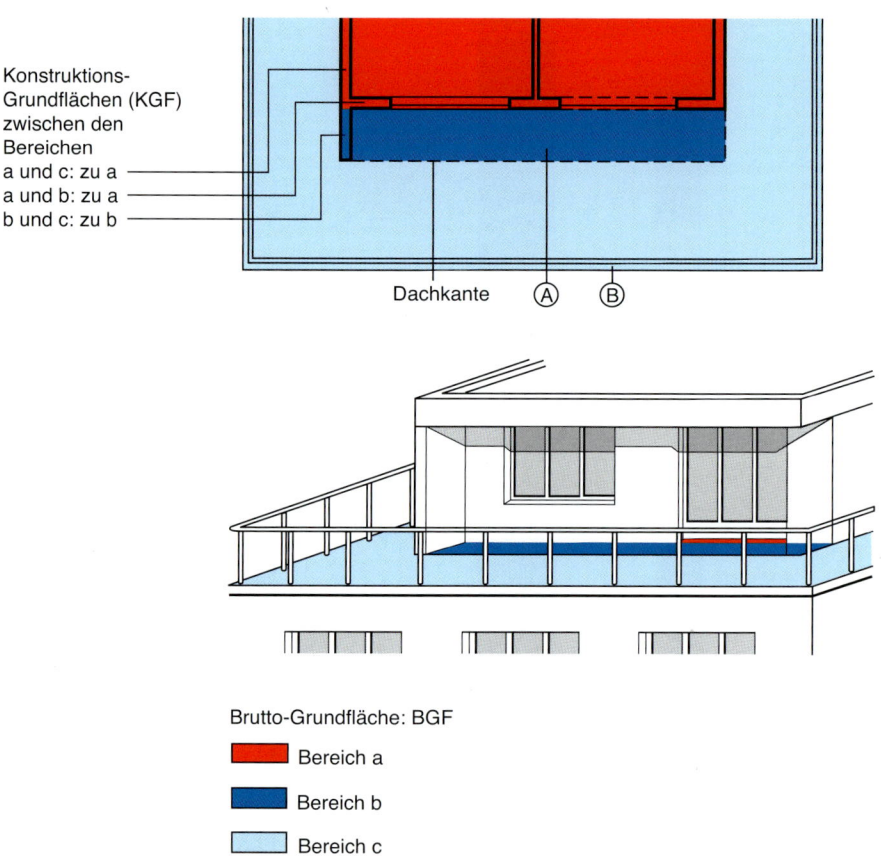

Dachkante   Ⓐ   Ⓑ

Brutto-Grundfläche: BGF

■ Bereich a

■ Bereich b

□ Bereich c

A: Im Gegensatz zu ebenerdigen Terrassen (siehe Bilderläuterung 2) ist es unzweifelhaft, dass Dachterrassen, überdeckt oder nicht, nach Abschnitt 4.1.2 in die Brutto-Grundfläche einzurechnen sind.

B: Ob der Bereich außerhalb der Umwehrung und ihre Grundfläche selbst zur Konstruktions-Grundfläche gerechnet werden müssen, hängt von der geforderten Genauigkeit der Ermittlung ab, siehe auch Bilderläuterung 13.

Bilderläuterung 13

Balkone und Terrassen
Begrenzung der Netto-Grundfläche in Abhängigkeit von der Konstruktion der Umwehrung
Zu Abschnitt 3.1.2

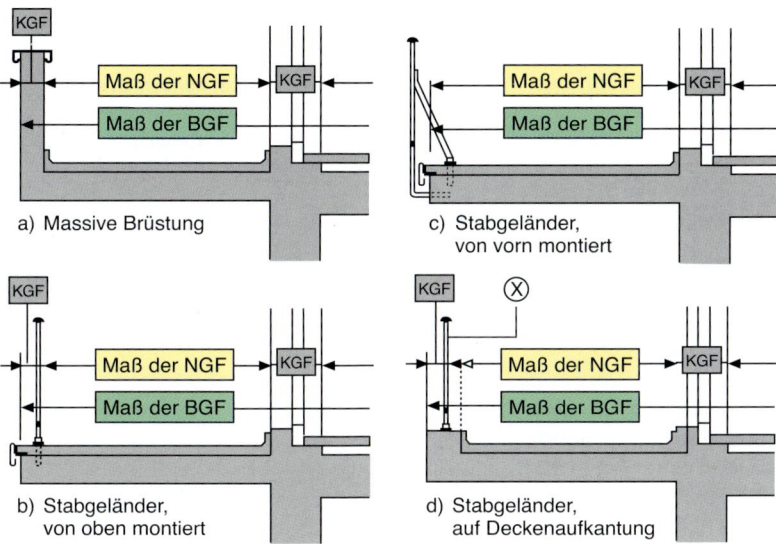

a) Massive Brüstung

c) Stabgeländer,
   von vorn montiert

b) Stabgeländer,
   von oben montiert

d) Stabgeländer,
   auf Deckenaufkantung

zu d) Unter Hinweis auf Abschnitt 4.2.2, wonach Sockelleisten unberücksichtigt bleiben, könnte die NGF auch bis an die Innenfläche des Stabgeländers gerechnet werden (Punkt X).

Bilderläuterung 14

Bekleidete Innenwand
Abgrenzung zwischen Netto- und Konstruktions-Grundfläche
Zu den Abschnitten 4.2.2 und 4.2.3

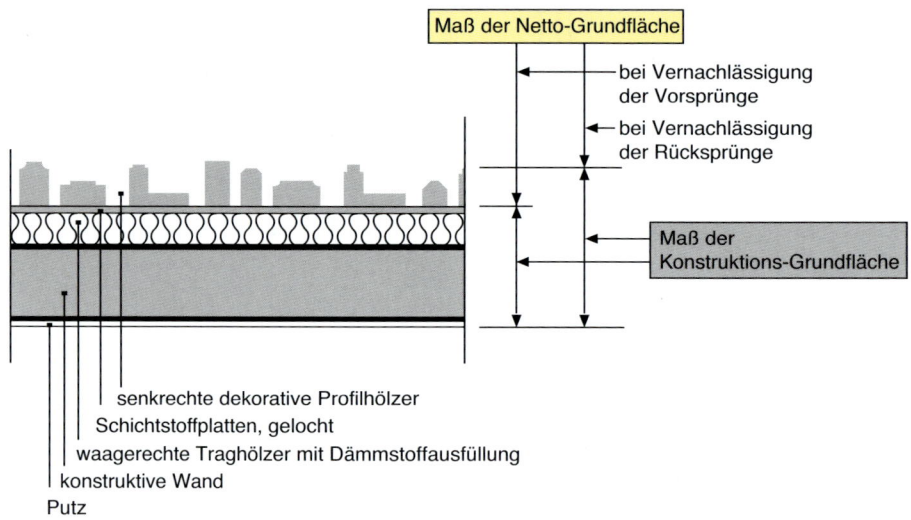

Maß der Netto-Grundfläche

bei Vernachlässigung
der Vorsprünge

bei Vernachlässigung
der Rücksprünge

Maß der
Konstruktions-Grundfläche

senkrechte dekorative Profilhölzer
Schichtstoffplatten, gelocht
waagerechte Traghölzer mit Dämmstoffausfüllung
konstruktive Wand
Putz

Bilderläuterung 15

Zweiläufige Geschosstreppe
Zuordnung der Grundflächen

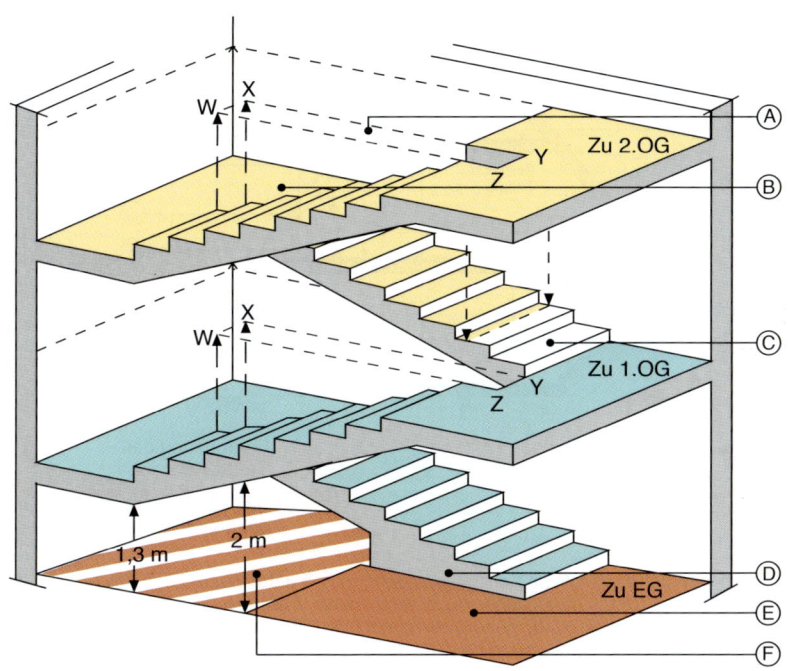

A: Hat die virtuelle Fläche des »Treppenauges« (Fläche W-X-Y-Z) nur eine unbedeutende Größe, sollte sie zweckmäßigerweise in jedem Geschoss zur Treppenfläche hinzugerechnet werden, auch wenn die Norm dafür keine besondere Bestimmung enthält. Siehe jedoch Bilderläuterung 8, Buchstabe G.

B: Die Grundflächen von Treppenläufen und Zwischenpodesten gehören zur jeweils darüber liegenden Grundrissebene, siehe Abschnitt 4.2.2, Absatz 2.

C: Überschneidungen von Grundflächen der gleichen Grundrissebene werden nicht doppelt gerechnet, siehe Abschnitt 4.2.2, Absatz 2.

D: Die Auflagerfläche des untersten Treppenlaufs gehört zur Konstruktions-Grundfläche, auch wenn Treppenläufe nicht als »aufgehende Bauteile« im Sinne von Abschnitt 3.1.2 anzusehen sind.

E: Die Grundflächen von Treppen gehören zur Verkehrsfläche, siehe DIN 277-2, Tabelle 2, Nr. 9.2, sofern eine Untergliederung der Netto-Grundfläche entsprechend Abschnitt 3.1.1, Absatz 1, gefordert wird. Dementsprechend zählt auch die Grundfläche des Treppenraumes zur Verkehrsfläche, soweit sie nicht für eine andere Nutzung bestimmt ist, z. B. durch eine Abtrennung.

F: Flächen können nur dann der Verkehrsfläche zugeordnet werden, wenn dort aufgrund ausreichender Kopfhöhe nach den Bestimmungen der Bauordnungen Verkehr möglich ist. Für zugängliche Flächen unterhalb von Treppen mit einer lichten Raumhöhe von weniger als 2 m ist daher eine andere Nutzungsart auszuweisen, z. B. Lagerraum nach DIN 277-2, Tabelle 2, Nr.4.1. Inwieweit dort die Flächenanteile mit unterschiedlichen Höhen jeweils getrennt anzugeben sind, hängt von der geforderten Genauigkeit der Berechnung ab.

Bilderläuterung 16

Einfamilienhaus mit ausgebautem Dachgeschoss
Zuordnung der Grundflächen

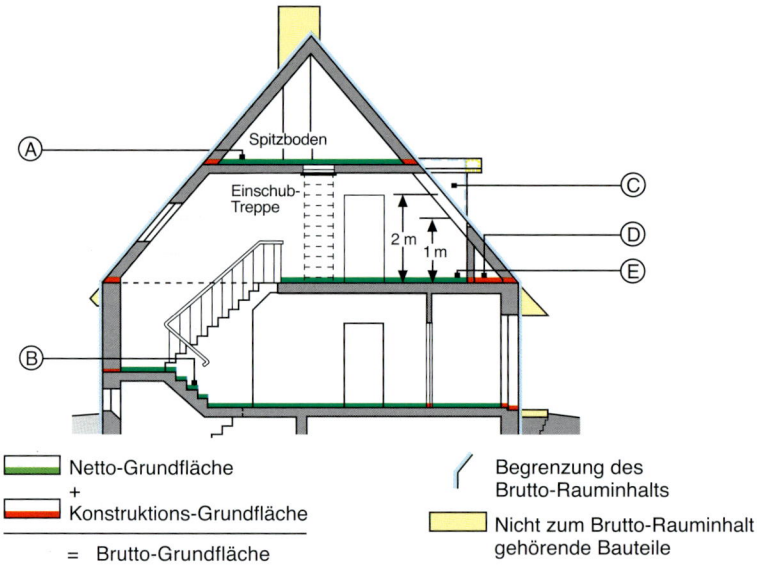

Netto-Grundfläche
+
Konstruktions-Grundfläche
= Brutto-Grundfläche

Begrenzung des
Brutto-Rauminhalts

Nicht zum Brutto-Rauminhalt
gehörende Bauteile

A: Die Grundfläche des zugängliche Spitzbodens gehört als Teil der Brutto-Grundfläche nach Abschnitt 3.1, Absatz 1, zur Netto-Grundfläche. Auch wenn diese Fläche meist nicht in einer besonderen Grundrissebene dargestellt wird, gehört der zugehörige Rauminhalt entsprechend Abschnitt 3.2, Absatz 2, zum Brutto-Rauminhalt und die Grundfläche damit zur Brutto-Grundfläche.
Bei der Ermittlung der Wohnfläche nach der Wohnflächenverordnung bleibt die Grundfläche des Bodenraums jedoch unberücksichtigt, siehe WoFlV § 2, Abs. 3, Nr. 1a.

B: Die Grundfläche der Geschosstreppe ist nach Abschnitt 3.1.1, Absatz 1, als Verkehrsfläche Teil der Netto-Grundfläche.
Bei der Ermittlung der Wohnfläche nach der Wohnflächenverordnung bleibt die Grundfläche der Treppen jedoch unberücksichtigt, siehe WoFlV § 3, Abs. 3, Nr. 2.

C: Der Rauminhalt der Dachgaube gehört nach Abschnitt 3.2, Absatz 2, zum Brutto-Rauminhalt. Er wird aus dem über die Dachfläche ragenden Körper ermittelt und dem BRI zuaddiert, es sei denn, dass die von der Dachgaube überdeckte Grundfläche gesondert ermittelt wird, weil sie eine vom übrigen Dachgeschoss abweichende Höhe aufweist.

D: Im Interesse einer ausgeglichenen Flächenbilanz entsprechend Abschnitt 3.1.2, Absatz 2, sind abgetrennte und nicht zugängliche Flächen unter Dachschrägen der Konstruktions-Grundfläche zuzurechnen.

E: Nach Abschnitt 4.1.2, Absatz 2, können die Flächen unter Dachschrägen nur unter Angabe des Höhenbereichs (von/bis) gesondert ermittelt und angegeben werden, gegebenenfalls sind die Bereiche von Dachgauben davon nochmals zu trennen (siehe Punkt C):
Bei der Ermittlung der Wohnfläche nach der Wohnflächenverordnung ist unter Dachschrägen jedoch nur der Bereich von kleiner als 2 m bis 1 m getrennt zu ermitteln und zur Hälfte auf die Wohnfläche anzurechnen. Bereiche mit Höhen unter 1 m bleiben unberücksichtigt, siehe WoFlV § 4.
Wegen der Verweise auf die Wohnflächenverordnung siehe »Bau- und wohnungsrechtliche Verordnungen«.

Bilderläuterung 17

Gebäude mit offenem Innenhof (Atrium)
Brutto-Rauminhalt

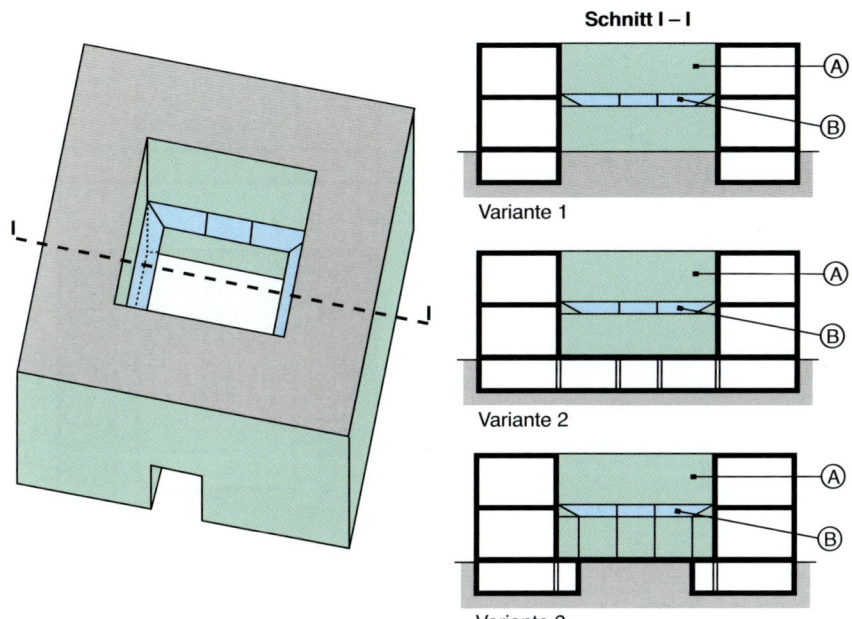

A: Der Rauminhalt des Innenhofes gehört nicht zum Brutto-Rauminhalt des Gebäudes, auch wenn er sinngemäß der Definition des Bereichs c nach Abschnitt 4.1.2 entspricht. Er enthält jedoch keine Bauteile, deren Kosten zu berücksichtigen wären. Dies gilt auch dann, wenn das Atrium unterkellert wäre (siehe Variante 2).

B: Ob der Rauminhalt des Umgangs, der durch ein Vordach innerhalb des Atriums gebildet wird, als Bereich b (überdeckt, jedoch nicht allseitig umschlossen) dem Brutto-Rauminhalt zugerechnet werden soll, liegt weitgehend im Ermessen des Normenanwenders. Dabei sind sowohl der Anteil am Gesamt-Rauminhalt als auch die funktionelle Wertigkeit des Umgangs im Rahmen des Gebäudezwecks und die konstruktive Ausbildung zu berücksichtigen.

Ein frei auskragendes Vordach wird dabei meist als ein zu vernachlässigendes Bauteil im Sinne von Abschnitt 3.2, Absatz 3, anzusehen sein, das nicht in den Brutto-Rauminhalt eingeht und damit auch keine Brutto-Grundfläche überdeckt (siehe Varianten 1 und 2). Liegt jedoch das Vordach an der Vorderkante auf Stützen und ist die überdeckte Fläche womöglich noch unterkellert, biete es sich eher an, den Rauminhalt des Umgangs als Bereich b dem Brutto-Rauminhalt des Gebäudes zuzurechnen (siehe Variante 3).

Bilderläuterung 18

Gebäude mit überdecktem Innenhof
Brutto-Rauminhalt

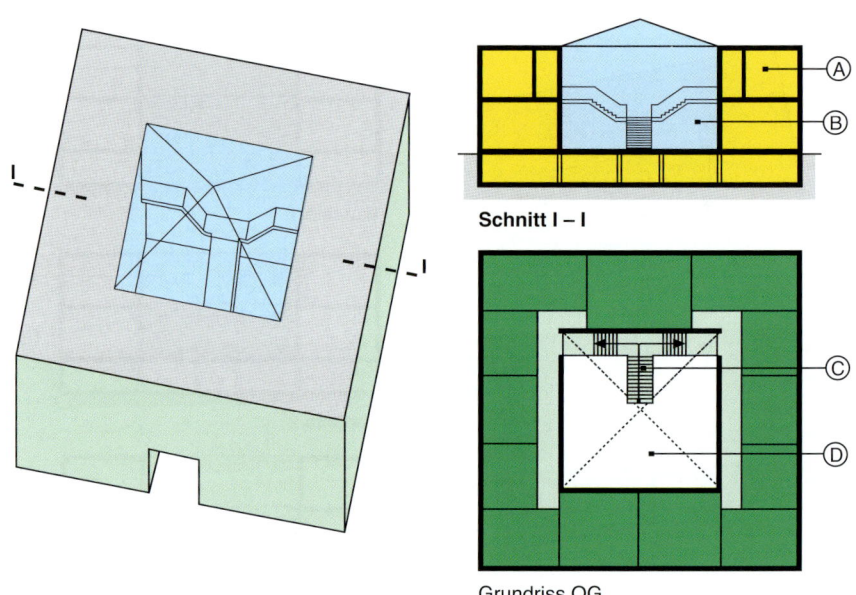

Schnitt I – I

Grundriss OG

A: Brutto-Rauminhalt, Kategorie 1
Der Rauminhalt des vierflügeligen Baukörpers ist nach Geschossen getrennt zu berechnen, siehe Abschnitt 4.1.2, Absatz 2. Zum Zwecke der Kostenermittlung können anschließend Geschosse zusammengefasst werden, wenn aufgrund ähnlicher Geschosshöhen gleiche Herstellungspreise je Raumeinheit erwartet werden oder wenn solche Unterschiede durch Bildung eines mittleren Einheitspreises berücksichtigt werden können.

B: Brutto-Rauminhalt, Kategorie 2
Aufgrund der gleichen Bestimmung muss der Brutto-Rauminhalt des Innenhofes wegen seiner Höhe, die von der üblichen Geschosshöhe abweicht, getrennt vom übrigen Baukörper ermittelt werden. Eine Zusammenfassung mit dem Brutto-Rauminhalt der Kategorie 1 zum Zwecke der Kostenermittlung wäre in keinem Fall sinnvoll, da die Kosten je Raumeinheit in beiden Kategorien erheblich von einander abweichen dürften. Bei der Abschätzung des Einheitspreises ist neben dem Herstellen der Überdachung auch der Einbau der Treppenanlage zu berücksichtigen.

C: Die Grundfläche der offenen Treppenanlage gehört entsprechend der Bestimmung von Abschnitt 4.2.1, Absatz 3, zur Grundfläche des Obergeschosses und der darüber liegende Rauminhalt damit theoretisch zur Kategorie 1 (siehe Buchstabe A). Eine derartige Ermittlungsweise wäre jedoch umständlich, so dass es zweckmäßiger wäre, sie dort zu vernachlässigen und ihre Herstellungskosten entsprechend den Angaben unter Buchstabe B zu berücksichtigen.

D: Die Grundfläche des Innenhofes einschließlich der Fläche unterhalb der Treppenanlage gehört zur Netto-Grundfläche des Erdgeschosses und bei einer weiteren Untergliederung zur Flächenart der überwiegenden Nutzung.

Bilderläuterung 19

Gebäude mit profilierter Fassade
Brutto-Rauminhalt

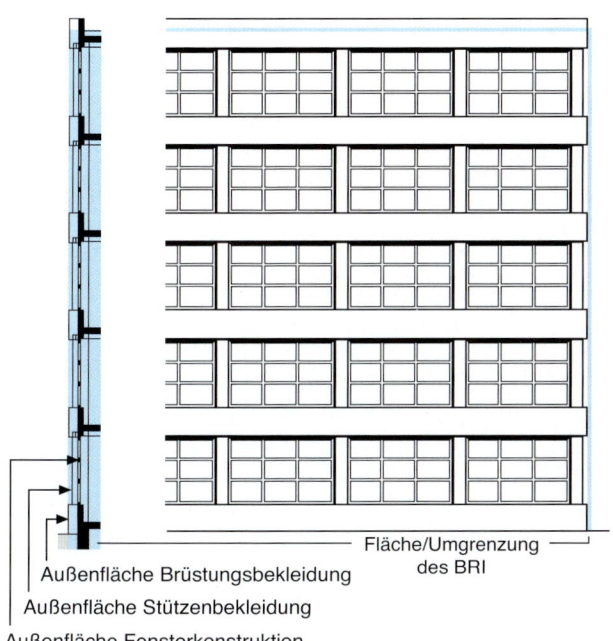

Fläche/Umgrenzung des BRI

Außenfläche Brüstungsbekleidung
Außenfläche Stützenbekleidung
Außenfläche Fensterkonstruktion

Die in der vorigen Fassung der Norm enthaltene Bestimmung, dass bei der Ermittlung der Brutto-Grundfläche konstruktive und gestalterische Vor- und Rücksprünge in den Außenflächen unberücksichtigt bleiben sollen (Ab. 3.2.1), ist in der neuen Ausgabe im entsprechenden Abschnitt 4.2.1 entfallen. Sie muss aber weiterhin gültig sein, soll die Berechnung des Rauminhalts nicht unnötig erschwert werden. Im dargestellten Beispiel sollten die durch die Außenflächen der Brüstungen gebildeten Ebenen maßgebend sein, da durch sie die Erscheinungsform des Baukörpers bestimmt wird, auch wenn ihr Anteil an der gesamten Fassadenfläche nur etwa 30 % beträgt. In diesem Fall wird zugleich der Forderung des ersten Absatzes Rechnung getragen, dass die Maße in Fußbodenhöhe (»Boden- und Deckenbelagsoberkante«) anzusetzen sind.
Die über die Dachfläche hinausragende Attika bleibt nach Abschnitt 3.2, Absatz 3, unberücksichtigt.

Bilderläuterung 20

Gebäude mit räumlicher Fassadengestaltung
Brutto-Rauminhalt

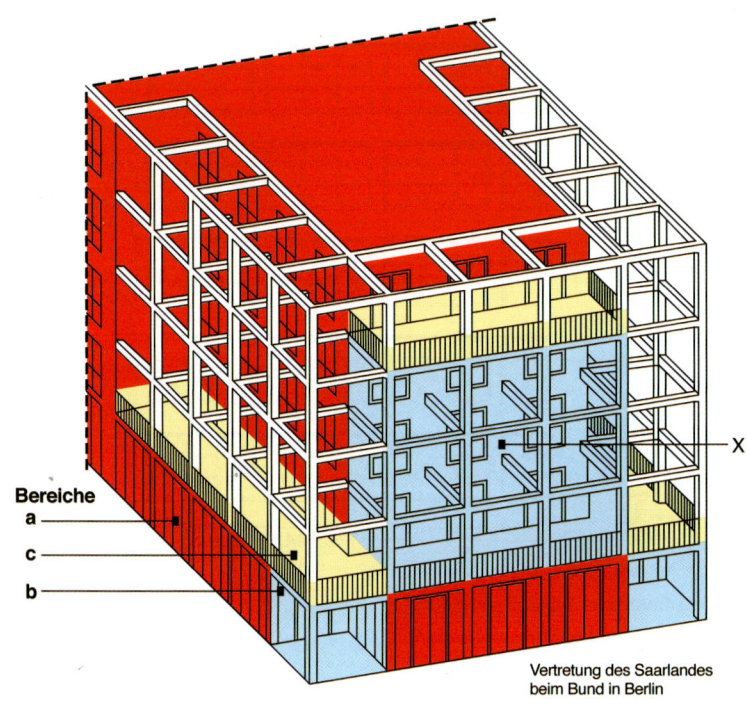

Vertretung des Saarlandes
beim Bund in Berlin

Arch.: Alt und Britz

Der Brutto-Rauminhalt setzt sich zusammen aus den Volumen
- der allseitig umschlossenen Bauwerksteile (rot)
- der nicht allseitig umschlossenen, jedoch überdeckten Bauwerksteile (blau) und
- der nicht überdeckten Bauwerksteile (gelb),
die jeweils getrennt zu errechnen und anzugeben sind, siehe Abschnitt 4.1.2.

Auch das mit x bezeichnete Volumen ist dem Bereich b zuzurechnen, wenngleich die Überdeckung durch den Balkon des obersten Geschosses für die Terrasse im 1. Obergeschoss kaum wirksam werden dürfte.

Balken und Stützen außerhalb der markierten Bereiche a, b und c bleiben unberücksichtigt. Bei Kostenschätzungen ist der Aufwand für ihre Herstellung in den Einheitspreis (EUR/m2) für den Bereich a einzurechnen.

DIN 277-1 – Stichwortverzeichnis

Die Nummern hinter den Stichworten verweisen auf die relevanten Textabschnitte der Norm, der Zusatz (K) auf die zugehörige Kommentierung.

DIN 277-2

Grundflächen und Rauminhalte im Hochbau – Teil 2: Gliederung der Netto-Grundfläche (Nutzflächen, Technische Funktionsflächen, Verkehrsflächen)

Ausgabe Februar 2005

ICS 91.040.01   DEUTSCHE NORM   Februar 2005

Grundflächen und Rauminhalte von Bauwerken im Hochbau Teil 2: Gliederung der Netto-Grundfläche (Nutzflächen, Technische Funktionsflächen und Verkehrsflächen)	$\overline{\underline{\text{DIN}}}$ 277-2

Ersatz für DIN 277-2:1987-06

Areas and volumes of buildings – Part 2: Classification of net ground areas (utilization areas, technical operating areas and circulation areas)

Aires et volumes de bâtiment – Partie 2: Classification des aire de base nette (aires d'utilisation, des aires de fonctions et des aires de circulation)

Vorwort

Diese Norm wurde vom NABau-Arbeitsausschuss »Flächen- und Raumberechnungen« erarbeitet.

DIN 277 Grundflächen und Rauminhalte von Bauwerken im Hochbau besteht aus:

– Teil 1: Begriffe, Ermittlungsgrundlagen
– Teil 2: Gliederung der Netto-Grundfläche (Nutzflächen, Technische Funktionsflächen und Verkehrsflächen)
– Teil 3: Mengen und Bezugseinheiten

Änderungen

Gegenüber DIN 277-2:1987-06 wurden folgende Änderungen vorgenommen:

a) Norm inhaltlich der aktualisierten DIN 277-1:2005-02 angepasst;
b) Begriff „Nutzungsgruppe" neu aufgenommen;
c) redaktionelle Überarbeitung.

Frühere Ausgaben

DIN 277-2:1981-03,1987-06

1 Anwendungsbereich

Diese Norm gilt zusammen mit DIN 277-1 als Grundlage für die Berechnung der Grundflächen von Bauwerken unterschiedlicher Nutzung.

Sie legt die Gliederung der Netto-Grundfläche in Nutzflächen sowie in Technische Funktions- und in Verkehrsflächen im Einzelnen fest und gibt Beispiele für die Zuordnung von Grundflächen und Räumen an.

2 Normative Verweisungen

Die folgenden zitierten Dokumente sind für die Anwendung dieses Dokuments erforderlich. Bei datierten Verweisungen gilt nur die in Bezug genommene Ausgabe. Bei undatierten Verweisungen gilt die letzte Ausgabe des in Bezug genommenen Dokuments (einschließlich aller Änderungen).

DIN 276, Kosten im Hochbau.
DIN 277-1, Grundflächen und Rauminhalte von Bauwerken im Hochbau – Teil 1: Begriffe, Ermittlungsgrundlagen.

3 Begriffe

Für die Anwendung dieses Dokuments gelten die Begriffe nach DIN 277-1 und der folgende Begriff:

3.1 Nutzungsgruppe

Zusammenfassung einzelner Grundflächen und Räume mit gleichartigen Nutzungen

4 Anforderungen

4.1 Die Berechnungen der Grundflächen nach dieser Norm sind für jedes Bauwerk getrennt aufzustellen.

Dies gilt auch, wenn auf einem Grundstück mehrere Bauwerke vorhanden sind.

4.2 Zur Berechnung der Netto-Grundfläche (NGF) oder ihren Teilflächen, sind die Grundflächen nach DIN 277-1 zu ermitteln und zu unterteilen.

4.3 Die Netto-Grundfläche (NGF) setzt sich aus den in Tabelle 1 aufgeführten Nutzungsgruppen zusammen.

ANMERKUNG

Die in Tabelle 1 aufgeführten Nutzungsgruppen sind nicht einer Gebäudeart gleichzusetzen.

4.4 Grundflächen, die wechselnd genutzt werden, sind der überwiegenden Nutzung nach Tabelle 2 zuzuordnen.

Z. B. sind Eingangshallen, siehe Tabelle 2, Nr 9.1, der Nutzungsgruppe Tabelle 1, Nr 9 (Verkehrsflächen) zugeordnet, trotz gleichzeitiger Nutzung für Information, Ausstellung, usw. Sind jedoch Flächen innerhalb eines Raumes ständig für andere Nutzungen ausgewiesen, z. B. Garderoben in Eingangshallen, siehe Tabelle 2, Nr 7.2, so sollten diese Teilflächen der entsprechenden Nutzungsart, z. B. Tabelle 2, Nr 7, zugeordnet werden.

Tabelle 1 – **Gliederung der Netto-Grundfläche nach Nutzungsgruppen**

Nr.	Netto-Grundflächen	Nutzungsgruppe
1	Nutzfläche (NF)	Wohnen und Aufenthalt
2		Büroarbeit
3		Produktion, Hand- und Maschinenarbeit, Experimente
4		Lagern, Verteilen und Verkaufen
5		Bildung, Unterricht und Kultur
6		Heilen und Pflegen
7		Sonstige Nutzflächen
8	Technische Funktionsfläche (TF)	Technische Anlagen
9	Verkehrsfläche (VF)	Verkehrserschließung und -sicherung

Tabelle 2 – **Zuordnung von Grundflächen und Räumen zu den Nutzungsarten mit Beispielen**

Nr.	Grundflächen und Räume	Nutzungsart, Beispiele[a]
1	**Wohnen und Aufenthalt**	
1.1	Wohnräume	Wohn- und Schlafräume in Wohnungen, Wohnheimen, Internaten, Beherbergungsstätten, Unterkünften; Wohndielen, Wohnküchen, Wohnbalkone, -loggien, -veranden; Terrassen
1.2	Gemeinschaftsräume	Gemeinschaftsräume in Heimen, Kindertagesstätten; Tagesräume, Aufenthaltsräume, Clubräume, Bereitschaftsräume
1.3	Pausenräume	Wandelhallen, Pausenhallen, -zimmer, -flächen in Schulen, Hochschulen, Krankenhäusern, Betrieben, Büros; Ruheräume
1.4	Warteräume	Warteräume in Verkehrsanlagen, Krankenhäusern, Praxen, Verwaltungsgebäuden
1.5	Speiseräume	Gast- und Speiseräume, Kantinen, Cafeterien, Tanzcafes
1.6	Hafträume	Haftzellen
2	**Büroarbeit**	
2.1	Büroräume	Büro-, Diensträume für eine oder mehrere Personen
2.2	Grossraumbüros	Flächen für Büroarbeitsplätze einschließlich der im Grossraum enthaltenen Flächen für Pausenzonen, Besprechungszonen, Garderoben, Verkehrswege
2.3	Besprechungsräume	Sitzungsraume, Prüfungsräume, Elternsprechzimmer
2.4	Konstruktionsräume	Zeichenräume
2.5	Schalterräume	Kassenräume
2.6	Bedienungsräume	Schalträume und Schaltwarten für betriebstechnische Anlagen oder betriebliche Einbauten; Regieräume, Vorführkabinen; Leitstellen
2.7	Aufsichtsräume	Pförtnerräume, Wachräume, Haftaufsichtsräume
2.8	Bürotechnikräume	Photolabor-Räume, Vervielfältigungsräume, Räume für EDV-Anlagen
2.9	Sonstige Büroflächen	

Fortsetzung **Tabelle 2** nächste Seite

170

Tabelle 2 *(fortgesetzt)*

Nr.	Grundflächen und Räume	Nutzungsart, Beispiele[a]
3	**Produktion, Hand- und Maschinenarbeit, Experimente**	
3.1	Werkhallen	Werkhallen für Produktion und Instandsetzung; Versuchshallen, Prüfhallen, Schwerlabors
3.2	Werkstätten	Werkstätten für Produktion, Entwicklung, Instandsetzung, Lehre und Forschung; Prüfstände, prothetische Werkstätten, Wartungsstationen
3.3	Technologische Labors	Materialprüflabors, Materialbearbeitungslabors, Labors für mechanische Verfahrenstechnik, Maschinenlabors; licht- und schalttechnische Versuchsräume; Strömungstechnikräume; Hochdruck- und Unterdrucklaborräume
3.4	Physikalische, physikalisch-technische, elektrotechnische Labors	Physiklabors, Elektrotechnische Labors, Elektronische Labors; geodätische und astronomische Mess- und Beobachtungsräume; optische Sonderlabors; Messgeräteräume, Wägeräume; Labors für Elektronenmikroskopie, Massen-, Röntgen-Spektroskopie; Beschleuniger- und Reaktorräume
3.5	Chemische, bakteriologische, morphologische Labors	Labors für analytische und präparative Chemie, Labors für chemische und pharmazeutische Verfahrenstechnik; biochemische, physiologische Labors, Labors für biologische und medizinische Morphologie; Tierversuchslabors; Isotopenlabors mit Dekontamination; Chromatographieräume, Brut- und Nährbodenräume
3.6	Räume für Tierhaltung	Stallräume für Nutz-, Versuchs- und kranke Tiere; Milch-, Melkräume, Tierpflege-, Tierwägeräume, Schaukäfige, Aquarien, Terrarien, Futteraufbereitung
3.7	Räume für Pflanzenzucht	Gewächshausräume, Pilzkulturen
3.8	Küchen	Kochküchen, Verteiler-, Teeküchen, Vorbereitungsräume, Speiseausgaben, Geschirr-Rückgaben, Geschirrspülräume
3.9	Sonderarbeitsräume	Hauswirtschafts- und Hausarbeitsräume, Räume für Wäschepflege, Waschküchen, Spül-, Desinfektions- und Sterilisationsräume, Bettenaufbereitungsräume, Pflegearbeitsräume, Laborspülräume
4	**Lagern, Verteilen, Verkaufen**	
4.1	Lagerräume	Lager- und Vorratsräume für Material, Gerät und Waren; Lösungsmittellager, Sprengstofflager, Isotopenlager, Tresorräume, Scheunen, Silos
4.2	Archive, Sammlungsräume	Registraturen, Lehrmittelräume, Buchmagazine
4.3	Kühlräume	Tiefkühlräume, Gefrierräume
4.4	Annahme- und Ausgaberäume	Sortierräume, Verteilräume, Packräume, Versandräume, Ver- und Entsorgungsstützpunkte
4.5	Verkaufsräume	Geschäftsräume, Ladenräume, Kioske, einschließlich Schaufenster
4.6	Ausstellungsräume	Messehallen, Musterräume
4.9	Sonstige Lagerräume	

Fortsetzung **Tabelle 2** nächste Seite

Tabelle 2 *(fortgesetzt)*

Nr.	Grundflächen und Räume	Nutzungsart, Beispiele[a]
5	**Bildung, Unterricht und Kultur**	
5.1	Unterrichtsräume mit festem Gestühl	Hörsäle, auch Experimentierhörsäle; Lehrsäle
5.2	Allgemeine Unterrichts- und Übungsräume ohne festes Gestühl	Klassen- und Gruppenräume, Seminarräume, Studenten- und Schülerarbeitsräume
5.3	Besondere Unterrichts- und Übungsräume ohne festes Gestühl	Werk- und Bastelräume, Praktikumsräume, Sprachlabors, besondere Zeichensäle, Räume für Grafik, Malerei, Bildhauerei, Räume und Übungszellen für Gesangs-, Sprach- und Instrumentalausbildung, Räume für Hauswirtschaftsunterricht
5.4	Bibliotheksräume	Leseräume, Katalogräume, Mediotheken, Freihandbüchereien
5.5	Sporträume	Sport-, Schwimmsport-, Reithallen; Gymnastikräume, Kegelbahnen
5.6	Versammlungsräume	Zuschauerräume in Kinos und Theatern, Aulen, Foren, Mehrzweckhallen
5.7	Bühnen-, Studioräume	Haupt-, Seiten-, Hinterbühnen; Schnürböden, Orchesterräume, Probebühnen, Film-, Fernseh-, Rundfunkstudios
5.8	Schauräume	Schauräume für Museen, Galerien, Kunstausstellungen, Lehr-, Schausammlungen
5.9	Sakralräume	Gottesdiensträume, Andachtsräume, Aufbahrungs- und Aussegnungsräume, Sakristeien
6	**Heilen und Pflegen**	
6.1	Räume mit allgemeiner medizinischer Ausstattung	Räume für allgemeine Untersuchung und Behandlung, medizinische Erstversorgung und Erste-Hilfe, Wundversorgung, Beratung (medizinische Vor- und Fürsorge), Ambulanz, Obduktions- und Verstorbenenräume
6.2	Räume mit besonderer medizinischer Ausstattung	Räume für Funktionsuntersuchung (klinische Physiologie, Neuro- und Sinnesphysiologie) und spezielle Behandlung
6.3	Räume für operative Eingriffe, Endoskopien und Entbindungen	Räume für Operationen, Notfall- und Unfallbehandlung, einschließlich Ein- und Ausleitungsräume, Ärztewaschräume
6.4	Räume für Strahlendiagnostik	Räume für allgemeine und spezielle Röntgendiagnostik, Thermographie, Nuklearmedizinische Diagnostik (Applikations- und Messräume)
6.5	Räume für Strahlentherapie	Räume für konventionelle Röntgentherapie, Hochvolttherapie, Telegammatherapie, nuklearmedizinische Therapie (Applikations- und Implantationsräume)
6.6	Räume für Physiotherapie und Rehabilitation	Räume für Hydro-, Bewegungs-, Elektro- und Ergotherapie sowie Kuranwendungen; Räume für therapeutische Bäder aller Art, Inhalations- und Klimabehandlung, Krankengymnastik und Massage, Spiel- und Gruppentherapie, Heilpädagogik, Arbeitstherapie
6.7	Bettenräume mit allgemeiner Ausstattung in Krankenhäusern, Pflegeheimen, Heil- und Pflegeanstalten	Räume für Normal-, Langzeit- und Leichtpflege von kranken, pflegebedürftigen und psychiatrischen Patienten
6.8	Bettenräume mit besonderer Ausstattung	Räume für postoperative Überwachung und Intensivmedizin (Überwachung, Behandlung) Dialyse, Nuklearmedizin

Fortsetzung **Tabelle 2** nächste Seite

Tabelle 2 *(fortgesetzt)*

Nr.	Grundflächen und Räume	Nutzungsart, Beispiele[a]
6.9	Sonsfige Pflegeräume	
7	**Sonstige Nutzungen**	
7.1	Sanitärräume	Toiletten, Wasch-, Duschräume, Baderäume, Saunen, Reinigungsschleusen, Wickelräume, Schminkräume, jeweils einschließlich Vorräume; Putzräume
7.2	Garderoben	Umkleideräume, Schrankräume in Wohngebäuden, Kleiderablagen, Künstlergarderoben
7.3	Abstellräume	Abstellräume in Wohngebäuden und gleichartige Abstellräume in anderen Gebäuden; Fahrradräume, Kinderwagenräume, Müllsammelräume
7.4	Fahrzeugabstellflächen	Garagen aller Art; Hallen für Schienen-, Straßen-, Wasser-, Luftfahrzeuge, landwirtschaftliche Fahrzeuge
7.5	Fahrgastflächen	Bahnsteige, Flugsteige, einschließlich der dazugehörenden Zugänge, Treppen und Rollsteige
7.6	Räume für zentrale Technik	Räume in Kraftwerken, freistehenden Kesselhäusem, Gaswerken, Ortsvermittlungsstellen, zentralen Müllverbrennungsanlagen für die Ver- und Entsorgung anderer Bauwerke
7.7	Schutzräume	Räume für den zivilen Bevölkerungsschutz, auch wenn zeitweilig (Mehrzweckbauten) anders genutzt
7.9	Sonstige Räume	
8	**Betriebstechnische Anlagen**	
8.1	Abwasseraufbereitung und -beseitigung Wasserversorgung Gase (außer für Heizzwecke) und Flüssigkeiten)	Räume für betriebstechnische Anlagen für die Ver- und Entsorgung des Bauwerks selbst, einschließlich der unmittelbar zu deren Betrieb gehörigen Flächen für Brennstoffe, Löschwasser, Abwasser-, Abfallbeseitigung
8.2	Heizung und Brauchwassererwärmung	
8.3	Raumlufttechnische Anlagen	
8.4	Elektrische Stromversorgung	
8.5	Fernmeldetechnik	
8.6	Aufzugs- und Förderanlagen	
8.9	Sonstige betriebstechnische Anlagen	Hausanschlussräume, Installationsräume, -schächte, -kanäle; Abfallverbrennungsräume
9	**Verkehrserschließung und -sicherung**	
9.1	Flure, Hallen	Flure, Gänge, Dielen, Korridore einschließlich Differenzstufen; Eingangshallen, Windfänge, Vorräume, Schleusen, Fluchtbalkone
9.2	Treppen	Treppenräume, -läufe, Fahrtreppen, Rampen (jeweils je Geschoss)
9.3	Schächte für Förderanlagen	Aufzugsschächte, Abwurfschächte (jeweils je Geschoss)
9.4	Fahrzeugverkehrsflächen	Durchfahrten, befahrbare Rampen, Gleisflächen
9.9	Sonstige Verkehrsflächen	
[a] Die Beispiele zeigen einige typische Nutzungsfälle ohne Anspruch auf Vollzähligkeit.		

DIN 277-2 – Kommentierung

Allgemeines

Nachdem mit der ersten Veröffentlichung von DIN 277 im Jahre 1934 lediglich das Verfahren zur Ermittlung von Rauminhalten (»Umbauter Raum«) geregelt wurde, ist die Norm erst in der Neufassung von 1973 durch die Aufnahme von Regeln zur Flächenberechnung zu der umfassenden Grundlagennorm für das Bauwesen und damit dem Anspruch des Haupttitels – »Grundflächen und Rauminhalte von Bauwerken im Hochbau« – gerecht geworden. Durch die Anwendung im öffentlich geförderten Wohnungsbau wie auch bei den Bauvorhaben des Bundes, der Länder und der Gemeinden hatte sie sich als unentbehrliches Hilfsmittel für die Planung, die Kostenermittlung und die Bewertung von Bauwerken erwiesen. Mit dem gesteigerten Umfang und der zunehmenden Komplexität der Bauten ergab sich jedoch in den siebziger Jahren die Notwendigkeit, insbesondere bei der Beurteilung der Wirtschaftlichkeit öffentlicher Bauvorhaben, differenziertere Vergleiche anzustellen zu können, als z. B. lediglich die Gesamtbaukosten der Gesamtnutzfläche gegenüberzustellen. Darüber hinaus hatte man erkannt, dass es zu nicht verwertbaren Ergebnissen führte, wenn man Gebäude unterschiedlicher Zweckbestimmung miteinander verglich.

Ursprünglich hatte man daher beabsichtigt, zur Bewertung der Grundflächen und Rauminhalte von Bauwerken unterschiedlicher Zweckbestimmung, z. B. Wohnbauten, Schulbauten, Verwaltungsbauten, Industriebauten, weitere Normen aufzustellen. Bei den Beratungen stellte sich jedoch heraus, dass es zweckmäßiger war, statt nach Gebäudearten zu unterscheiden, die Nutzfläche nach Nutzungsarten zu unterteilen, weil in den meisten Bauwerken gleichzeitig mehrere Nutzungen anzutreffen sind. Dabei wurde es auch als sinnvoll angesehen, nicht nur die Nutzfläche aufzugliedern, sondern auch die Funktions- und die Verkehrsflächen mit ihren verschiedenen Nutzungen durch Beispiele zu verdeutlichen.

Das Ergebnis der Überlegungen konnte im Jahre 1981 abgeschlossen und als DIN 277 Teil 2 der Öffentlichkeit zur Verfügung gestellt werden. Die Norm hat sich seitdem insbesondere als Grundlage der Beurteilung von Planungen komplexer Bauvorhaben im Hinblick auf ihre Zweckmäßigkeit und Wirtschaftlichkeit bewährt.

Sowohl im Jahre 1987 als auch jetzt wurden Neufassungen der Norm herausgegeben, in denen lediglich redaktionelle Änderungen in Anpassung an den Teil 1 vorgenommen wurden (siehe Abschnitt »Änderungen«).

Zu 1 Anwendungsbereich

Die Formulierung des für jede Norm obligatorischen Abschnitts macht den direkten Zusammenhang mit Teil 1 von DIN 277 deutlich, der in den beiden Sätzen ausdrücklich erwähnt wird. Die Zusammenfassung von Teil-Grundflächen unterschiedlicher Nutzungsarten muss daher in der Summe immer zu den Werten für die übergeordneten Flächenarten nach Teil 1 führen. Die beigefügte Anmerkung soll darauf hinweisen, dass die Festlegungen der Norm für den Fall dienen, dass unterschiedliche Nutzungen einer Flächenart in einem Gebäude vorkommen. Die Aussage, dass dies der Regelfall sei, trifft jedoch nur für Mehrzweckbauten zu, eine Untergliederung der Nutzfläche eines Einfamilienhauses nach den Kriterien dieser Norm ist z. B. nicht möglich.

Zu 2 Normative Verweisungen

Der Abschnitt »Normative Verweisungen« wurde früher mit »Zitierte Normen« überschrieben. Die neue Bezeichnung ist ein Beispiel für die gefürchtete »Eurospeak«, die sich Im Rahmen der Europäischen Union aus dem Zwang, fremdsprachliche Ausdrücke möglichst wortgetreu zu übernehmen, entwickelt hat. Die Überschrift ist die offizielle Übersetzung der englischen und französischen Bezeichnung »normative references« bzw. »références normatives«, die damit auch bei allen deutschen Fassungen Europäischer Normen verwendet wird. Der Wortlaut dieses Abschnitts wird von Zeit zu Zeit aufgrund semantischer Überlegungen abgewandelt, ohne dass sich seine Bedeutung ändert, nämlich dass die im Normentext erwähnten anderen Normen mitbeachtet werden sollen, siehe z. B. DIN 277-1 in Abschnitt 3.

Zu 3 Begriffe

Der früher verwendete Begriff der »Nutzungsart«, den zu definieren man bisher nicht für erforderlich gehalten hat, wird jetzt durch »Nutzungsgruppe« (3.1) ersetzt. Seine Bedeutung hat sich dadurch nicht verändert und die Definition ist trivial.

Zu 4 Anforderungen

4.1:
Für jedes Bauwerk ist eine getrennte Flächenberechnung aufzustellen. Eine entsprechende Bestimmung ist jedoch in den Ermittlungsgrundlagen des Teils 1 nicht vorhanden, so dass angenommen werden könnte, bei Berechnung von Rauminhalten würde diese Regel nicht gelten. Es erscheint jedoch unsinnig, die Ermittlungsergebnisse von einzelnen Gebäuden, unabhängig ob es sich um Raum- oder Flächenberechnungen handelt, zusammenzufassen, nur weil eine getrennte Angabe nicht ausdrücklich gefordert wird.
Im Übrigen hängt die notwendige Detaillierung der Berechnungsergebnisse in jedem Fall von dem Zweck der Ermittlung und gegebenenfalls von vertraglichen Vereinbarungen ab. Siehe hierzu auch Abschnitt 4.1.2 von DIN 277-1 und die entsprechende Kommentierung.

4.2:
Dieser Abschnitt ist überflüssig, da er lediglich auf die Bestimmungen von DIN 277 Teil 1 verweist. Wird eine Raum- oder Flächenberechnung »nach DIN 277« verlangt, ist sie dem allgemeinem Verständnis entsprechend nach den Regeln von Teil 1 aufzustellen.

4.3:
Hierzu ist festzustellen, dass sich die Netto-Grundfläche nicht immer aus allen Nutzungsgruppen der dritten Spalte der Tabelle 1 zusammensetzt, sie besteht jedoch in der Regel immer aus Nutzfläche, Technischer Funktionsfläche und Verkehrsfläche entsprechend Spalte 2.

4.4:
Dieser Abschnitt trägt dem Umstand Rechnung, dass nicht jede Grundfläche für eine bestimmte Nutzung vorgesehen ist und dass daher Überschneidungen und Mehrfachnutzungen vorkommen. Eine eindeutige Zuordnung von Räumen mit gemischter Nutzung ist häufig nicht möglich und liegt deshalb im Ermessen des Planers oder muss zwischen Beteiligten vereinbart werden. In Krankenhäusern werden häufig Eingangshallen als Aufenthaltsräume für nicht bettlägerige Patienten und als Besuchsräume genutzt, so dass die Grundfläche mit gleicher Berechtigung zur Verkehrs- wie zur Nutzfläche gerechnet werden kann. Eine Trennung ist nur in solchen Fällen sinnvoll, wo sie durch entsprechende bauliche Gestaltung logisch nachvollziehbar ist, z. B. durch Nischenbildung oder fest eingebaute Abtrennungen.

Zu Tabelle 1
»Gliederung der Netto-Grundfläche nach Nutzungsgruppen«

Diese Tabelle enthält die einzige substantielle Änderung gegenüber der früheren Ausgabe der Norm vom Juni 1987, da die Unterscheidung zwischen Haupt- und Nebennutzfläche nunmehr aufgegeben wurde. Dabei wurde die Nutzungsgruppe (früher Nutzungsart) 7 mit der Bezeichnung »Sonstige Nutzflächen« beibehalten, jedoch wird sie begrifflich nicht mehr von den übrigen Nutzflächen unterschieden. Wie bisher sind untergeordnete Räume, wie z. B. Toiletten, Garderoben oder Abstellräume, von den übrigen Nutzflächen getrennt in dieser Nutzungsgruppe aufzuführen. Da sie jedoch für die Funktion eines Gebäudes genau so erforderlich sind, wie die Räume der anderen Nutzungsgruppen, hat man erkannt, dass keine Notwendigkeit besteht, ihre untergeordnete Wertigkeit besonders hervorzuheben.

Zu Tabelle 2
»Zuordnung von Grundflächen und Räumen zu den Nutzungsgruppen mit Beispielen«

Tabelle 2 ist gegenüber der früheren Fassung unverändert geblieben, wenn man davon absieht, dass die Raumarten
– 2.9 Sonstige Büroflächen,
– 4.9 Sonstige Lagerräume,
– 6.9 Sonstige Pflegeräume,
– 7.9 Sonstige Räume und
– 9.9 Sonstige Verkehrsflächen
hinzugefügt wurden. Leider konnten ihnen jedoch keine Beispiele zugeordnet werden, so dass angenommen werden muss, dass sie nur aus Gründen der Tabellensystematik aufgenommen wurden.
Im Übrigen ist darauf hinzuweisen, dass bei dem Abdruck der Tabelle insofern ein Fehler unterlaufen ist, als in der Nutzungsgruppe 8 »Betriebstechnische Anlagen« die Raumarten »Wasserverorgung« und »Gase« ohne Benummerung geblieben sind, so dass auch die nachfolgenden Raumarten unter falschen Nummern erscheinen. Analog zur vorigen Ausgabe der Norm muss daher die richtige Untergliederung der Nutzungsgruppe wie folgt lauten:
– 8.1 Abwasseraufbereitung und - beseitigung
– 8.2 Wasserversorgung
– 8.3 Gase (außer für Heizzwecke) und Flüssigkeiten
– 8.4 Heizung und Brauchwassererwärmung
– 8.5 Raumlufttechnische Anlagen
– 8.6 Elektrische Stromversorgung
– 8.7 Fernmeldetechnik

- 8.8 Aufzugs- und Förderanlagen
- 8.9 Sonstige betriebstechnische Anlagen

Im Zusammenhang mit »8.8 Aufzugs- und Förderanlagen« ist zu beachten, dass mit der unter Nutzungsgruppe 9 aufgeführten Raumart »9.3 Schächte für Förderanlagen« die gleiche Nutzungsart in zwei verschiedenen Gruppen erscheint, so dass Schwierigkeiten bei der Zuordnung auftreten können. Dabei sollten nur Schachtflächen, die dem Verkehr von Personen dienen (Aufzugsschächte), zur Raumart 9.3 gehören, andere Schächte, die z. B. ausschließlich dem Güter- oder Lastentransport dienen oder z. B. Wäscheabwurfschächte in Krankenhäusern, der Nutzfläche der jeweiligen Nutzungsgruppe zugeordnet werden.

Aufzugs- und Förderanlagen im Rahmen von Betriebstechnischen Anlagen (Raumart 8.8) sind daher kaum vorstellbar, es sei denn man denkt an eine Transporteinrichtung für feste Brennstoffe als Teil einer Gebäudeheizanlage, eine heutzutage obsolete Möglichkeit.

DIN 277-3

Grundflächen und Rauminhalte im Hochbau – Teil 3: Mengen und Bezugseinheiten

Ausgabe April 2005

DIN 277-3 – Darstellung und Kommentierung

Allgemeines

Die gesamten Herstellungskosten eines Bauwerkes bereits in einem frühen Planungsstadium möglichst genau zu ermitteln, ist neben der Planung selbst die wichtigste Aufgabe des Bauherren bzw. seines beauftragten Architekten. Auch bei fortgeschrittener Planung können die Kosten jedoch nur annäherungsweise genau berechnet werden, da die tatsächlichen Aufwendungen erst nach der Fertigstellung, wenn die Rechnungen der am Bau beteiligten Unternehmen vorliegen, festgestellt werden können. Das Ausmaß der Ungenauigkeit, der allen Kostenschätzungen zu früheren Zeitpunkten anhaftet, hängt im Wesentlichen davon ab,

– inwieweit Maße und Konstruktion des Bauwerkes als endgültig angesehen werden können,
– ob alle Kosten, die anfallen können, lückenlos erfasst wurden und
– mit welcher Sicherheit die Kosten je Mengeneneinheit (Kostenkennwerte) durch Vergleich mit entsprechenden Kosten früher ausgeführter Baumaßnahmen bestimmt werden können.

Der erste Sachverhalt hängt vom Planungsfortschritt für das individuelle Bauvorhaben ab und ist daher durch Bestimmungen nicht zu beeinflussen. Um jedoch die durch den zweiten Punkt verursachte Unsicherheit zu minimieren, wurde bereits in den Dreißiger Jahren mit einer geordneten Auflistung und Gruppierung aller möglichen Teilkosten in der Norm DIN 276 eine Hilfe zur systematischen Erfassung der Kosten eingeführt, die mit ihrer mehrfachen Untergliederung der Kostengruppen ein Schema vorgab, das auch eine Gegenüberstellung gleichartiger Planungen oder Gebäude und damit einen Vergleich ihrer Wirtschaftlichkeit ermöglichte.

Mit den im Laufe der Jahre verfeinerten Methoden der Kostenplanung und Kostenkontrolle während der Bauzeit wurde durch Sammeln und Fortschreiben von Kostenkennwerten ausgeführter Bauwerke versucht, die durch den dritten Punkt verursachten Ungenauigkeiten »in den Griff« zu bekommen. Dabei wurde erkannt, dass es notwendig ist, die Grundlagen für die Bildung der Kostenkennwerte zu vereinheitlichen, um ihre Anwendbarkeit zu verbessern. Im Zuge der Erarbeitung der letzten Fassung von DIN 276 hatte man

sich daher entschlossen, eine Norm über die Ermittlung der Mengen aufzustellen, die der Berechnung der Kosten zugrunde gelegt werden.

Als Ergebnis der mehrjährigen Arbeit wurde im Juli 1998 DIN 277-3 (neue
Schreibweise für DIN 277 Teil 3) veröffentlicht. Der enge Zusammenhang des
Themas mit dem Inhalt der Norm DIN 276 über die Kostengliederung hätte es
nahegelegt, die Bestimmungen in einen Folgeteil von DIN 276 oder in eine
Neufassung dieser Norm zu integrieren, jedoch haben unterschiedliche Auf-
fassungen der beteiligten Fachleute diese Form der Veröffentlichung verhin-
dert. Im Arbeitsausschuss für die DIN 276, der aufgrund des allgemeinen
Interesses an dieser Norm besonders heterogen zusammengesetzt war,
konnte über den Vorschlag, die Mengen für die Kostengruppen durch Regeln
über Messeinheiten, Benennungen und Ermittlungsprinzipien genauer zu
definieren, kein Konsens erzielt werden.

Die an dieser Thematik interessierten Fachleute aus den öffentlichen Bauver-
waltungen, den Planungsbüros und den speziellen Arbeitsgremien der orga-
nisierten Architektenschaft fanden in dem kleiner besetzten Arbeitsausschuss
für die DIN 277 mehr Verständnis für ihr Anliegen, so dass die Bearbeitung
der Aufgabe dort aufgegriffen und durchgeführt wurde. Die Veröffentlichung
des Arbeitsergebnisses unter der DIN-Zählnummer 277-3 war danach die
logische Konsequenz, obwohl der Normeninhalt nur sehr bedingt dem im
Haupttitel von DIN 277 angesprochenen Thema »Grundflächen und Rauminhalte« zugeordnet werden kann.

Auf den Abdruck von DIN 277-3 wurde hier verzichtet, da sie wegen der
Übernahme der umfangreichen Tabelle 1 aus DIN 276 in weiten Teilen mit
dieser Norm identisch ist und nur wenige eigenständige Festlegungen enthält.

Zum Inhalt:
Die Norm DIN 277-3 besteht aus sechs Textabschnitten und zwei Tabellen,
wobei die wesentlichen Festlegungen der Norm in den Tabellen enthalten
sind. Textabschnitte und Tabellen sind wie folgt überschrieben:
Abschnitt 1: Anwendungsbereich,
Abschnitt 2: Normative Verweisungen,
Abschnitt 3: Begriffe
Abschnitt 4: Grundlagen der Mengenermittlung
Abschnitt 5: Darstellung der Mengen und Bezugseinheiten
Abschnitt 6: Ergänzung zur Ermittlung »Technische Anlagen«
Tabelle 1:   Mengen und Bezugseinheiten
Tabelle 2:   Ergänzung zu »Technische Anlagen«

Zu Abschnitt 1:

Der »Anwendungsbereich« sagt aus, dass die Norm die Bezugseinheiten für Kostengruppen nach DIN 276 festlegt. Dabei ist zu bemerken, dass zwar der Begriff »Bezugseinheit«, nicht jedoch der Begriff »Menge« aus dem Titel verwendet wird. Der Anwendungsbereich ist insofern präziser als der Titel, weil Mengen als solche in der Norm nicht festgelegt werden können, da sie für jedes Bauwerk in unterschiedlicher Größe anfallen. Dies wird auch bei der Betrachtung des eigentlichen Sachinhalts, den Tabellen 1 und 2, deutlich, die lediglich die Bezeichnungen und die Maßeinheiten für die Mengen sowie kurze Angaben zur ihrer Ermittlung enthalten.

Zum Zweck der Norm wird in einem zweiten Satz festgestellt, dass die Norm der Kostenplanung, der Bildung von Kostenkennwerten und dem Vergleich von Bauwerken dienen soll.

Zu Abschnitt 2:

Der Abschnitt »Normative Verweisungen« wurde früher mit »Zitierte Normen« überschrieben. Die neue Bezeichnung ist ein Beispiel für die gefürchtete »Euro-speak«, die sich im Rahmen der Europäischen Union aus dem Zwang, fremdsprachliche Ausdrücke möglichst wortgetreu zu übernehmen, entwickelt hat. Die Überschrift ist die offizielle Übersetzung der englischen und französischen Bezeichnung »normative references« bzw. »références normatives«, die damit auch bei allen deutschen Fassungen Europäischer Normen verwendet wird.

Der Inhalt des Abschnitts verweist auf die im Text erwähnten Normen DIN 276, DIN 277-1 und DIN 277-2.

Zu Abschnitt 3:

Im Abschnitt »Begriffe« werden die Begriffe »Menge«, »anteilige Menge« und »Bezugseinheit« erläutert.

Eine Menge wird, eingegrenzt auf den Anwendungsbereich der Norm, als messbare Größe gleichartiger Teile von Liegenschaften, Bauwerken oder Bauwerksteilen definiert. Auch bei Berücksichtigung des begrenzten Geltungsbereiches ist die Definition nicht ganz schlüssig, da sie zumindest die Menge mit der Größe »eins« nicht berücksichtigt.

Als anteilige Menge wird eine Teilmenge bezeichnet, die die Merkmale einer Kostengruppe nach DIN 276 aufweist. Diese Definition erscheint insofern als überflüssig, da der Begriff im weiteren Text der Norm in dieser Form nicht verwendet wird. Er erscheint lediglich abgewandelt als »anteilige Außenwandfläche«, »anteilige Dachfläche« o.Ä. und erklärt sich dort von selbst.

Der Begriff »Bezugseinheit« wird schließlich als Menge definiert, auf welche die Kosten der Kostengruppen der DIN 276 bezogen werden. Die Unzulänglichkeit des mit dieser Norm geprägten Begriffs wird durch diese Definition deutlich, indem »Menge« und »Bezugseinheit«, die im Titel der Norm als unterschiedliche Sachverhalte gekennzeichnet sind, hier als gleichartig ausgegeben werden (»Bezugseinheit ist eine Menge ... «). Außer im Titel der Norm erscheint der Begriff »Bezugseinheit« nur noch in der Überschrift der Tabelle 1, ohne dass die Spalten der Tabelle einen Bezug zu diesem Begriff haben, so dass es zweifelhaft ist, ob es notwendig war, ihn hier einzuführen. Ein Beispiel, das sinngemäß auf alle anderen Kostengruppen übertragen werden kann, möge dies verdeutlichen:

Für das Herrichten eines Grundstücks (Kostengruppe 210) mit einer Größe von 2000 m^2 werden 5,00 EUR/m^2 eingesetzt, so dass die Kosten der Kostengruppe 210

$$2000 \ m^2 \ x \ 5{,}00 \ EUR/m^2 = 10\,000 \ EUR$$

betragen. Umgekehrt können die Kosten der Kostengruppe (10 000 EUR) auf die Menge der Grundstücksfläche (2000 m^2) bezogen werden, wobei man den Kostenkennwert (5 EUR/m^2) erhält. Nach der Definition ist daher 2000 m^2 die Bezugseinheit. Abgesehen davon, dass dieser Wert als Bezugsgröße zu bezeichnen ist, erscheint es fraglich, ob eine derartige Definition für die Anwendung der Norm erforderlich und für den Anwender hilfreich ist.

Zu Abschnitt 4:

In diesem Abschnitt wird festgelegt, dass die Mengen entsprechend dem Planungsfortschritt und anhand der Planungsunterlagen, die der Kostenermittlung nach DIN 276 zugrunde liegen, zu berechnen sind. Dabei seien, falls erforderlich, auch Teilgrundflächen nach DIN 277-2 zu erfassen.

Welche Unterlagen zur Kostenermittlung, d.h. damit auch zur Mengenberechnung in Abhängigkeit vom Planungsstand zu verwenden sind, wird bereits in DIN 276, Abschnitt 3.2, ausgesagt. Es dürfte selbstverständlich sein, dass dabei die jeweils letztgültigen Unterlagen heranzuziehen sind, weil sonst ein Fortschreiten zu genaueren Ergebnissen nicht möglich ist. Insofern erscheint dieser Abschnitt lediglich als Wiederholung der Bestimmung aus DIN 276.

Teilflächen nach den Festlegungen der Norm DIN 277-2 sind die Nutzungsgruppen 1 bis 7. Da im weiteren Text der Norm für keine Kostengruppe die Ermittlung nach diesen Teilgrundflächen vorgesehen ist, bleibt offen, in welchen Fällen diese Bestimmung greifen sollte.

Zu Abschnitt 5:

Hier wird festgestellt, dass die dem Text folgende Tabelle 1 nach der Gliederung der DIN 276 aufgebaut ist.

Zu Abschnitt 6:

Dieser Abschnitt verweist auf die Tabelle 2, in der die Kostengruppe »400 Technische Anlagen« über die Gliederung der DIN 276 hinaus weiter aufgeteilt wird. Diese Unterteilung orientiert sich weitgehend an den Aufzählungen, die in DIN 276 in der Spalte »Anmerkungen« die jeweilige Kostengruppe erläutern.

Zu Tabelle 1:
Die Überschrift der Tabelle lautet »Mengen und Bezugseinheiten«. Hierzu wird im Einzelnen auf die Anmerkungen zu den Abschnitten 1 und 3 verwiesen.
Die Tabelle besteht aus den Spalten
– Kostengruppen-Nummer (KG-Nr),
– Kostengruppe nach DIN 276,
– Mengen-Einheit,
– Mengen-Benennung,
– Mengen-Ermittlung.
Sie sind in Übereinstimmung mit der Darstellung in DIN 276 nicht immer durch Linien getrennt.
Die ersten beiden Spalten geben vollständig den Inhalt der Spalte »Kostengruppen« der Tabelle 1 von DIN 276 wieder, d.h. die Kostengruppen sind bis zu ihrer dreistelligen Untergliederung aufgeführt.
Die weiteren Spalten enthalten die folgenden Eintragungen:

Spalte 3: für Mengen-Einheiten weitaus überwiegend die Angabe »m²«, in Ausnahmefällen auch »m« oder »m³«.

Spalte 4: für Mengen-Benennungen in der Regel »Grundstücksfläche«, »Brutto-Grundfläche« oder eine vom Namen der Kostengruppe abgeleitete Flächenbezeichnung, z.B. »Tragende Innenwandfläche« bei der Kostengruppe »341 Tragende Innenwände«.

Spalte 5: für Mengen-Ermittlung Angaben in Abhängigkeit von der Art der Benennung
– bei Grundstücksflächen: »Nach Grundbuch oder Vermessung«,
– bei Brutto-Grundflächen: »Nach DIN 277«,
– bei Wand- und Dachflächen die wahren Flächen in ihrer Funktion als Begrenzung bzw. Unterteilung des Brutto-Rauminhalts,
– bei Teilflächen in den dreistelligen Kostengruppen die wahren Flächen durch die Angabe »Anteilige ...fläche« oder »Anteil der ...fläche«.

Der Inhalt der Tabelle 1 kann daher wie folgt zusammengefasst werden:

Kostengruppen	Mengen-		
	Einheit	Benennung	Ermittlung
100 bis 240	m²	Grundstücksfläche	Nach Grundbuch oder Vermessung
300	m²	Brutto-Grundfläche	Nach DIN 277-1
310, 311, 319	m³	Baugruben-Rauminhalt	Rauminhalt der Baugrube einschließlich Arbeitsraum und Böschungen
312, 313 sowie 320 bis 369	m² 1)	2)	3)
370 bis 499	m²	Brutto-Grundfläche	Nach DIN 277-1
500 bis 539	m² 4)	2)	5)
540 bis 599	m²	Außenanlagen-fläche	Der für Außenanlagen vorgesehene Teil der Grundstücksfläche
600 bis 790	m²	Brutto-Grundfläche	Nach DIN 277-1

1) Eine Ausnahme bilden lediglich die Kostengruppen 333 und 343 (Außen- bzw. Innen-stützen), bei denen die Länge (Einheit m) zu ermitteln ist.

2) Die Benennungen leiten sich von dem Namen der Kostengruppe und der Mengen-Einheit ab, z. B. bei 352 Deckenbeläge:»Deckenbelagsfläche« oder bei 524 Stellplätze: »Stellplatzfläche«.

3) Die Mengen sind für zweistellige Kostengruppen (320, 330, 340, 350, 360) wie folgt zu ermitteln:
   – bei Böden und Decken die entsprechenden Brutto-Grundflächen,
   – bei Wänden und Dächern die Flächen der jeweiligen, den Brutto-Rauminhalt abschlie-ßenden, umschließenden oder teilenden Bauteile.
   Bei den dreistelligen Kostengruppen sind die wahren Flächen zu ermitteln, z. B. bei 344 Innentüren und -fenster die »anteilige Innenwandfläche«.

4) Eine Ausnahme bildet lediglich die Kostengruppe 537 (Kanal- und Schachtbauanlagen), bei der die Länge (Einheit m) zu ermitteln ist.

5) Für die Mengen-Ermittlung wird vorgeschrieben, den für Außenanlagen vorgesehenen Teil der Grundstücksfläche zu ermitteln bzw. die relevanten Teilflächen, z. B. »Der vegetations-technisch bearbeitete Anteil der Geländeflächen« oder »Die Summe der wahren Flächen von Sicherungsbauweisen«.

Die auf diese Weise in Tabelle 1 für alle 266 Kostengruppen im Einzelnen festgelegten Einheiten, Benennungen und Ermittlungsprinzipien mögen für die Bildung von Kostenkennwerten (Kosten je Mengeneinheit), bei der Kosten-planung, der Kostenverfolgung und für den Kostenvergleich von Ausfüh-rungsvarianten – insbesondere im Rahmen der EDV-Technik – von Bedeu-tung sein. Für den Aufsteller von Kostenschätzungen, -berechnungen und

-anschlägen nach DIN 276 bieten sie jedoch nur wenig verwertbare Informationen, wie das folgende Beispiel deutlich machen soll:

Die Vorschrift, dass für die Ermittlung der Kosten der inneren Bekleidungen von Außenwandflächen (KG 336) die Anteile der auf der Innenseite bekleideten Außenwandflächen zu berechnen und in m^2 anzugeben sind, nützt dem Anwender der Norm wenig, wenn ihm der entsprechende Kostenkennwert, d.h. der Preis der Bekleidung je m^2 der Wandfläche, nicht bekannt ist. Da unter dem Begriff »Bekleidung« sowohl eine einfache Putzschicht als auch ein hochwertiges Wandpaneel aus Edelhölzern verstanden werden kann, variiert der Kostenkennwert in Abhängigkeit von der vorgesehenen Ausführungsart erheblich. Ist in einem frühen Planungsstadium die Art der Bekleidung noch nicht festgelegt, kann deswegen nur ein statistischer Mittelwert eingesetzt werden, durch den der Betrag für die Kostengruppe auch bei genauer Berechnung der Bekleidungsfläche mit einer nennenswerten Ungenauigkeit behaftet ist.

Im Bewusstsein dieser stets vorhandenen Ungenauigkeiten hat man es sich erspart, in der Norm genaue Messregeln für die Ermittlung von wahren Mengen, insbesondere der »anteiligen Flächen«, festzulegen, da sie nicht zu einer Präzisierung der Kostenwerte beitragen können. Der Verzicht auf diese Festlegungen führt jedoch in Einzelfällen zu erheblicher Unsicherheit, z. B. bei Kostengruppe »338 Sonnenschutz«, bei der die sonnengeschützten Anteile der Außenwandfläche anzusetzen sind. Dabei bleibt offen, ob es sich um die gesamte mit Sonnenschutzeinrichtungen versehene Fassadenfläche oder nur um den verschatteten Anteil handelt, dessen Größe sich außerdem noch im Tagesverlauf ändert.

Informationen über die Kostenkennwerte (Kosten je Maßeinheit) bzw. ihre statistischen Mittelwerte sind nicht aus Normen sondern nur aus den Zusammenstellungen und Veröffentlichungen zu entnehmen, die von besonderen Fachgremien (Baukostenberatungsdiensten) herausgegeben werden. Diese Institutionen sammeln die Informationen über die tatsächlich entstandenen Kosten ausgeführter Bauten, die verwertet und der Baupreisentwicklung entsprechend fortgeschrieben werden. Mit den daraus entwickelten Kostenkennwerten, die den Planern von Baumaßnahmen zur Verfügung stehen, können Kostenschätzungen, Kostenberechnungen und Kostenanschläge trotz der oben angesprochenen Unsicherheiten mit einer dem Planungsfortschritt entsprechenden Genauigkeit aufgestellt werden.

Zu Tabelle 2:

Um bei Bauwerken mit umfangreichen und komplexen Technischen Anlagen diese Kosten detaillierter erfassen zu können und die Auswirkung von Planungsvarianten und -änderungen besser beurteilen zu können, ist in dieser Tabelle die Gliederung der Kostengruppe 400 über die der Tabelle 1 hinaus bis zur 4. Ebene erweitert worden. Diese Unterteilung besteht im Wesentlichen aus den Aufzählungen, die bereits in DIN 276, Tabelle 1, in der Spalte »Anmerkungen« zur jeweiligen dreistelligen Kostengruppe aufgeführt sind. Sie enthält jedoch nicht die Aufteilung der einzelnen Anlagen in Installation und Zentrale Betriebstechnik, die dort durch die Fußnote 9) zugelassen wird. Die Tabelle 2 ist sinngemäß wie Tabelle 1 aufgebaut: In der Spalte »Mengen-Einheit« werden angegeben

– m   bei Leitungen,
– m²   bei Kanaloberflächen, bei Brutto- oder Netto-Grundfläche als
                Bezugsgrößen,
– St (Stück)   bei Geräten, allgemeinen Anlagen und Anlagenteilen,
– kW   bei Energie-Erzeugungsanlagen,
– m³/h   bei Lüftungs- und Klimaanlagen,
– kVA oder
– Ah   bei Stromversorgungsanlagen.

Die Spalten »Mengen-Benennung« und »Mengen-Ermittlung« bieten keine weiteren Informationen für den Anwender, da sie in der Regel nur die Angaben der vorderen Spalten wiederholen, z. B. bei 443-2 Blindstromkompensationsanlagen (kVA): »Blindstromkompensationsleistung« und »Leistung der Blindstromkompensationsanlagen«.

Eine Ausnahme bilden lediglich die Kostengruppen

– 444 Niederspannungsinstallationsanlagen,
– 445 Beleuchtungsanlagen und
– 446 Blitzschutz- und Erdungsanlagen,

die jeweils auf die Brutto-Grundfläche des Bauwerkes nach DIN 277-1 zu beziehen sind, weil ihre Erfassung über die einzelnen Komponenten einen zu hohen Aufwand bedeuten würde.

DIN 18960

Nutzungskosten im Hochbau

Ausgabe Februar 2008

ICS 91.010.20	DEUTSCHE NORM	Februar 2008

ICS 91.010.20

DIN 18960

DIN

Ersatz für
DIN 18960: 1999-08

Nutzungskosten im Hochbau

User costs of buildings
Coûts d'utilisation de bâtiment

Inhalt

Vorwort

Diese Norm wurde vom NABau Arbeitsausschuss NA 005-01-06 AA „Nutzungskosten im Hochbau" erarbeitet.

Änderungen

Gegenüber DIN 18960:1999-08 wurden folgende Änderungen vorgenommen:
a) die Begriffe wurden entsprechend dem Stand der Technik geändert und ergänzt;
b) die Grundsätze der Nutzungskostenermittlung wurden zu Grundsätzen der Nutzungskostenplanung erweitert;
c) für den Begriff „Nutzungskostenvorgabe" wurden Grundsätze der Anwendung formuliert;
d) die Grundsätze der Nutzungskostenermittlung wurden mit dem Ziel größerer Wirtschaftlichkeit und Kostensicherheit neu gefasst;
e) die Darstellung der Nutzungskostengliederung wurde entsprechend dem Stand der Technik überarbeitet;
f) die Kostengruppe 100 Kapitalkosten wurde um die KG 130 Abschreibung und 131 Abnutzung erweitert;
g) die Kostengruppe 200 wurde zu Objektmanagementkosten verändert;
h) die Kostengruppe 300 Betriebskosten wurde neu strukturiert.

Frühere Ausgaben

DIN 18960-1:1976-04
DIN 18960: 1999-08

Gesamtumfang 11 Seiten

Normenausschuss Bauwesen (NABau) im DIN

1 Anwendungsbereich

Diese Norm gilt für die Nutzungskostenplanung und insbesondere für die Ermittlung und die Gliederung von Nutzungskosten im Hochbau

2 Normative Verweisungen

Die folgenden zitierten Dokumente sind für die Anwendung dieser Norm erforderlich. Bei datierten Verweisungen gilt nur die in Bezug genommene Ausgabe. Bei undatierten Verweisungen gilt die letzte Ausgabe des in Bezug genommenen Dokuments (einschließlich aller Änderungen).

DIN 276-1:2006-11   Kosten im Bauwesen – Teil 1: Hochbau
DIN 277-3:2005-04   Grundflächen und Rauminhalte von Bauwerken im Hochbau – Teil 3: Mengen und Bezugseinheiten
DIN 18205:1996-04,   Bedarfsplanung im Bauwesen

3 Begriffe

Für die Anwendung dieses Dokuments gelten die Begriffe der DIN 276-1 und die folgenden:

3.1 Nutzungskosten im Hochbau
Alle in baulichen Anlagen und deren Grundstücken entstehenden regelmäßig oder unregelmäßig wiederkehrenden Kosten von Beginn ihrer Nutzbarkeit bis zu ihrer Beseitigung (Nutzungsdauer).

> ANMERKUNG: Das schließt Übergabe- und Optimierungsphase, die Betriebsphase, die Modernisierungsphase, die Rückgabephase bis zum Beginn der Beseitigungsphase ein. Nutzungskosten sind keine Kosten nach DIN 276-1. Die betriebsspezifischen und produktionsbedingten Personal- und Sachkosten sind nicht nach dieser Norm zu erfassen, soweit sie sich von den Nutzungskosten trennen lassen. Die Kosten der Erstellung, des Umbaus und der Beseitigung von Gebäuden sind Kosten nach DIN 276-1.

3.2 Nutzungskostenplanung
Gesamtheit aller Maßnahmen der Nutzungskostenermittlung, der Nutzungskostenkontrolle, der Nutzungskostensteuerung sowie dem Nutzungskostenvergleich einschließlich der vorgegebenen Gebäudemanagementaufgaben

3.3 Nutzungskostenvorgabe
Festlegung der Nutzungskosten als Zielgröße für die Planung, bezogen auf einen bestimmten Betrachtungszeitraum innerhalb der Nutzungsdauer

3.4 Nutzungskostenermittlung
Im Sinne dieser Norm Vorausberechnung der zukünftigen Nutzungskosten und Feststellung der tatsächlich entstandenen Nutzungskosten unter Einbeziehung von Nutzungskostenrisiken, bezogen auf einen oder mehrere Betrachtungszeiträume

3.5 Nutzungskostenkontrolle
Vergleich der aktuellen Kosten mit früheren Nutzungskostenermittlungen und Nutzungskostenvorgaben

3.6 Nutzungskostensteuerung
Eingreifen in die Planung, Ausführung, Nutzung und das Betreiben zur Einhaltung der Nutzungskostenvorgaben und gegebenenfalls Optimierung

3.7 Nutzungskostenkennwert
Wert, der das Verhältnis von Nutzungskosten zu einer geeigneten Bezugseinheit (siehe z. B. DIN 277-3) darstellt

3.8 kalkulatorische Abschreibung
Verbrauchsbedingte Wertminderung der Gebäude, Anlagen und Einrichtungen im Betrachtungszeitraum

3.9 Nutzungskostengliederung
Ordnungsstruktur, nach der die Gesamtkosten der Nutzung in Nutzungskostengruppen unterteilt werden

3.10 Nutzungskostengruppe
Zusammenfassung einzelner nach den Kriterien der Nutzung zusammengehörender Kosten

3.11 Nutzungskostenrisiko
Unwägbarkeiten und Unsicherheiten bei der Nutzungskostenermittlung

4 Grundsätze der Nutzungskostenplanung

4.1 Allgemeines
Die Nutzungskostenplanung dient der wirtschaftlichen und kostentransparenten Planung, Herstellung, Nutzung und Optimierung von Bauwerken. Hierzu sind qualitative und quantitative Bedarfsvorgaben erforderlich. Dieses Vorgehen gilt vom Beginn der Planung bis zum Ende des Betrachtungszeitraumes, insbesondere bei Planungs-, Vergabe- und Ausführungsentscheidungen. Zur Erreichung der Kostentransparenz sind organisatorische und technische Messsysteme festzulegen. In Abhängigkeit zum Stand der Planung, Ausführung bzw. dem Bestand sind die Grundlagen für die Nutzungskostenplanung anzugeben.

4.2 Kosteneinflüsse
Kosteneinflüsse entstehen durch die Festlegung von Standards (Service Levels), Nutzerverhalten und deren Veränderung sowie die daraus folgenden funktionalen, technischen und organisatorischen Systemeigenschaften und nicht beeinflussbare Größen aus der Systemumgebung. Sie sind in ihren Auswirkungen bezogen auf einen Betrachtungszeitraum zu beschreiben und im Hinblick auf die Nutzungskosten zu bewerten und in den Nutzungskostengruppen zu berücksichtigen.

> ANMERKUNG: Der Begriff „Kosteneinfluss" beinhaltet Systemeigenschaften (des Bauwerkes), das Nutzerverhalten und die Systemumgebung. Durch diese drei Einflussfaktoren entstehen Kosteneinflüsse.

4.3 Nutzungskostenvorgabe
4.3.1 Zweck Die Nutzungskostenvorgabe dient der Förderung von frühzeitigen Alternativüberlegungen in der Planung, damit der Nutzungskostensicherheit und der Verminderung von Nutzungskostenrisiken.

4.3.2 Festlegung der Nutzungskostenvorgabe Die Nutzungskostenvorgabe kann auf der Grundlage von Budgetüberlegungen oder von Nutzungskostenermittlungen zu einem frühen Zeitpunkt als Obergrenze oder

Zielgröße für die Planung festgelegt werden. Vor der Festlegung der Nutzungskostenvorgabe ist ihre Realisierbarkeit zu überprüfen. Diese Vorgehensweise ist auch für eine Fortschreibung der Nutzungskostenvorgabe – insbesondere auf Grund von Planungsänderungen – anzuwenden. Die Nutzungskostenvorgabe kann in Form von Kosten und/oder technischen Verbrauchsgrößen ermittelt werden.

4.4 Grundsätze der Nutzungskostenermittlung

4.4.1 Art und Darstellung Die Art und die Darstellung der Nutzungskostenermittlung sind abhängig vom Zeitpunkt, Zweck und den jeweils verfügbaren Informationen, zum Beispiel in Form von Zeichnungen, Berechnungen und Beschreibungen. Sie sind in der Systematik der Nutzungskostengliederung zu ordnen und darzustellen.

4.4.2 Vollständigkeit Die Nutzungskosten sind für alle Nutzungskostengruppen vollständig zu erfassen.

4.4.3 Nutzungskostenermittlung bei Abschnitten Besteht ein Objekt aus mehreren technischen oder organisatorischen Einheiten, sollten für jede Einheit getrennte Nutzungskostenermittlungen aufgestellt werden.

4.4.4 Kostenstand Bei Nutzungskostenermittlungen ist der Zeitpunkt der Ermittlung und der Betrachtungszeitraum anzugeben.

4.4.5 Grundlagen Die Grundlagen für die Nutzungskostenermittlung sind anzugeben.

4.4.6 Umsatzsteuer Die Umsatzsteuer kann entsprechend den jeweiligen Erfordernissen wie folgt berücksichtigt werden:
– In den Kostenangaben ist die Umsatzsteuer enthalten („Brutto-Angabe");
– In den Kostenangaben ist die Umsatzsteuer nicht enthalten („Netto-Angabe");
– Nur bei einzelnen Kostenangaben (zum Beispiel bei übergeordneten Nutzungskostengruppen) ist die Umsatzsteuer ausgewiesen.

In der Nutzungskostenermittlung und bei Kostenkennwerten ist immer anzugeben, in welcher Form die Umsatzsteuer berücksichtigt worden ist.

4.5 Arten der Nutzungskostenermittlung

4.5.1 Allgemeines In 4.5.2 bis 4.5.6 werden die Arten der Nutzungskostenermittlung nach ihrem Zweck, den erforderlichen Grundlagen und dem Detaillierungsgrad festgelegt.

4.5.2 Nutzungskostenrahmen Der Nutzungskostenrahmen dient als eine der Grundlagen für die Entscheidung über die Bedarfsplanung nach DIN 18205 sowie für grundsätzliche Wirtschaftlichkeits- und Finanzierungsüberlegungen und zur Festlegung der Nutzungskostenvorgabe.

4.5.3 Nutzungskostenschätzung Die Nutzungskostenschätzung dient in Verbindung mit der Kostenschätzung nach DIN 276-1 insbesondere als eine der Grundlagen für die Entscheidung über die Vorplanung und die Finanzierung. In der Nutzungskostenschätzung müssen die Gesamtkosten nach Nutzungskostengruppen mindestens bis zur ersten Ebene der Nutzungskostengliederung ermittelt werden.

4.5.4 Nutzungskostenberechnung Die Nutzungskostenberechnung dient in Verbindung mit der Kostenberechnung nach DIN 276-1 insbesondere als eine der Grundlagen für die Entscheidung über die Entwurfsplanung und die Finanzierung. Die Nutzungskostenberechnung ist bis zur Erstellung des Nutzungskostenanschlages nach Planungsfortschritt zu aktualisieren. In der Nutzungskostenberechnung müssen die Gesamtkosten nach Nutzungskostengruppen mindestens bis

zur zweiten Ebene der Nutzungskostengliederung ermittelt werden.

4.5.5 Nutzungskostenanschlag Er ist die Zusammenstellung aller für die Nutzung voraussichtlich anfallenden Kosten und wird bis zum Nutzungsbeginn erstellt. In dem Nutzungskostenanschlag müssen die Gesamtkosten nach Nutzungskostengruppen mindestens bis zur dritten Ebene der Nutzungskostengliederung ermittelt werden.

4.5.6 Nutzungskostenfeststellung Die Nutzungskostenfeststellung ist die Zusammenstellung aller bei der Nutzung anfallenden Kosten und sollte erstmalig nach einer Rechnungsperiode (z. B. ein Jahr) erstellt und fortgeschrieben werden. In der Nutzungskostenfeststellung müssen die Gesamtkosten nach Nutzungskostengruppen mindestens bis zur dritten Ebene der Nutzungskostengliederung ermittelt werden.

5 Nutzungskostengliederung

5.1 Aufbau der Nutzungskostengliederung

Die Nutzungskostengliederung nach 5.2 sieht drei Ebenen vor; diese sind durch dreistellige Ordnungszahlen und Bezeichnungen gekennzeichnet. In der ersten Ebene der Nutzungskostengliederung werden die Gesamtkosten in folgende vier Nutzungskostengruppen gegliedert:
– Kapitalkosten
– Objektmanagementkosten
– Betriebskosten
– Instandsetzungskosten

Bei Bedarf werden diese Nutzungskostengruppen entsprechend der Nutzungskostengliederung (siehe Tabelle 1) in die Nutzungskostengruppen der zweiten Ebene und der dritten Ebene der Nutzungskostengliederung unterteilt. Über die Nutzungskostengliederung dieser Norm hinaus können die Kosten entsprechend den technischen Merkmalen oder anderen Gesichtspunkten weiter untergliedert werden.

5.2 Darstellung der Nutzungskostengliederung

Die in der Spalte „Anmerkungen" aufgeführten Leistungen oder Angaben sind Beispiele für die jeweilige Nutzungskostengruppe; die Aufzählung ist nicht abschließend. Gegebenenfalls können verbrauchsgebundene Kosten zusammengefasst oder getrennt werden, zum Beispiel Stromverbräuche nach verschiedenen organisatorischen oder technischen Einheiten an mehreren Messstellen.

> ANMERKUNG: Die Begriffe in der Tabelle sollten mit den Nummern zusammen verwendet werden.

DIN 18960

Tabelle 1 – Nutzungskostengruppen

Nr.	Nutzungskostengruppe	Anmerkungen
100	**Kapitalkosten**	**Finanzierung und Abschreibung**
110	**Fremdmittel**	
111	Zinsen	
112	Bürgschaften	
113	Erbpacht	
114	Dienstbarkeiten und Baulasten	
119	Fremdmittel, Sonstiges	
120	**Eigenmittel**	kalkulatorisch
121	Zinsen	
129	Eigenmittel, Sonstiges	
130	**Abschreibung**	Kosten für kalkulatorische Abschreibung der Investitionen bzw. Wiederbeschaffungskosten ohne Grundstückskosten ($a = A/n$), dabei ist a Kosten aus kalkulatorischer Abschreibung je Rechnungsperiode, z. B. EURO je Jahr A Anschaffungsausgabe, z. B. KG 300 bis KG 700 aus DIN 276-1 : 2006-11 n Anzahl der Jahre der wirtschaftlichen Nutzungsdauer
131	Abnutzung	Unter besonderer Berücksichtigung der unter KG 400 erfassten Instandsetzungskosten. Nur dort anzugeben, wo die Abnutzung nicht durch entsprechende Instandhaltung ausgeglichen wird
139	Abschreibung, Sonstiges	Wertverlust
190	**Kapitalkosten, Sonstiges**	
200	**Objektmanagementkosten**	Soweit den einzelnen Kostengruppen der Betriebs- und Instandsetzungskosten nicht zuzuordnen
210	**Personalkosten**	Kosten für technische, kaufmännische und infrastrukturelle Managementleistungen
220	**Sachkosten**	Bürokosten, Büroausstattung, Mietkosten, Fahrtkosten
230	**Fremdleistungen**	Honorare für Dienst- und Planungsleistungen
290	**Objektmanagementkosten, Sonstiges**	
300	**Betriebskosten**	
310	**Versorgung**	
311	Wasser	Leitungswasser, Regenwasser
312	Öl	
313	Gas	
314	Feste Brennstoffe	
315	Fernwärme	
316	Strom	Strom aus öffentlichem Netz, Strom aus erneuerbaren Energien, Strom aus KWK
317	Technische Medien	Technische Gase, Druckluft, Sauerstoff, Prozesswasser
319	Versorgung, Sonstiges	
320	**Entsorgung**	
321	Abwasser	schadstoff-, nicht schadstoffbelastet, öffentliches Netz, z. B. Kläranlage
322	Abfall	Hausmüll, Sondermüll, Schadstoffe, Gewerbemüll, Sperrmüll
329	Entsorgung, Sonstiges	

DIN 18960 : 2008-02   Seite 5

Tabelle 1 *(fortgesetzt)*

Nr.	Nutzungskostengruppe	Anmerkungen
330	**Reinigung und Pflege von Gebäuden**	
331	Unterhaltsreinigung	Untergliederung nach Materialoberflächen und Nutzungsarten möglich
332	Glasreinigung	Außenfenster, Innenverglasung
333	Fassadenreinigung	Untergliederung nach Materialoberflächen, und Schutzelementen, mit und ohne Geräteeinsatz möglich
334	Reinigung Technischer Anlagen	Rohr- und Tankreinigung, Wärmeerzeugungs- und Übergabeanlagen, Kaminreinigung, Heizkörper, RTL-Anlagen, ortsfeste Beleuchtungsmittel, Aggregate, Uhren-, Photovoltaik- Türöffner-, Zeiterfassungs-, Beschallungs-, Fernseh-, Brandmelde-, Raumbeobachtungs-, Aufzugs- und Transportanlagen, Hebebühnen, Schaltschränke, Leitstationen, Bedien- und Beobachtungseinrichtungen
339	Reinigung und Pflege von Gebäuden, Sonstiges	Wiederholungen der Grundreinigung
340	**Reinigung und Pflege von Außenanlagen**	
341	Befestigte Flächen	Wege, Straßen, Plätze, Spiel- und Sportflächen
342	Pflanz- und Grünflächen	Rasen, Beete, Gehölze, Bäume
343	Wasserflächen (einschl. Uferausbildung)	
344	Baukonstruktionen in Außenanlagen	Mauern, Überdachungen, Schutzkonstruktionen
345	Technische Anlagen in Außenanlagen	Abscheiderreinigung
346	Einbauten in Außenanlagen	Fahrradständer, Schilder, Abfallbehälter
349	Reinigung und Pflege von Außenanlagen, Sonstiges	landwirtschaftliche Flächen, forstwirtschaftliche Flächen, Sonderbiotopflächen, Geländefahrstrecken, Sonderfunktionsflächen
350	**Bedienung, Inspektion und Wartung**	
351	Bedienung, der Technischen Anlagen	
352	Inspektion und Wartung der Baukonstruktionen	Dränagen, Bauwerksabdichtungen, Wandbekleidungen, Falt-/Schiebewände, Türen, Fenster, Geländer, Handläufe, Balkone, Einschubtreppen, Dächer, Kuppeln, fest eingebaute Einrichtungen
353	Inspektion und Wartung der Technischen Anlagen	
354	Inspektion und Wartung der Außenanlagen	ohne Pflanz- und Grünanlagen (342)
355	Inspektion und Wartung von Ausstattung und Kunstwerken	
359	Bedienung, Inspektion und Wartung, Sonstiges	
360	**Sicherheits- und Überwachungsdienste**	
361	Kontrollen aufgrund öffentlich-rechtlicher Bestimmungen	Brandschauen, Probealarme, Technische Überwachungsdienste, Arbeits- und Gesundheitsschutz, Verkehrssicherung, Hygieneüberwachung, Zugangskontrolle
362	Objekt- und Personenschutz	Videoüberwachung, Bewachung, Sonderbewachung, eigene Feuerwehr, Informationsschutz, Schließdienst
369	Sicherheit und Überwachung, Sonstiges	

Tabelle 1 *(fortgesetzt)*

Nr.	Nutzungskostengruppe	Anmerkungen
370	**Abgaben und Beiträge**	
371	Steuern	z. B. Grundsteuern
372	Versicherungsbeiträge	
379	Abgaben und Beiträge, Sonstiges	
390	Betriebskosten, Sonstiges	
400	**Instandsetzungskosten**	Die Instandsetzungskosten mindern die kalkulatorische Abschreibung der Kosten unter KG 131 Abnutzung
410	**Instandsetzung der Baukonstruktionen**	
411	Gründung	
412	Außenwände	
413	Innenwände	
414	Decken	
415	Dächer	
416	Baukonstruktive Einbauten	
419	Instandsetzungskosten der Baukonstruktionen, Sonstiges	
420	**Instandsetzung der Technischen Anlagen**	
421	Abwasser-, Wasser-, Gasanlagen	
422	Wärmeversorgungsanlagen	
423	Lufttechnische Anlagen	
424	Starkstromanlagen	
425	Fernmelde- und informationstechnische Anlagen	
426	Förderanlagen	
427	Nutzungsspezifische Anlagen	
428	Gebäudeautomation	
429	Instandsetzung der Technischen Anlagen, Sonstiges	
430	**Instandsetzung der Außenanlagen**	
431	Geländeflächen	
432	Befestigte Flächen	
433	Baukonstruktionen in Außenanlagen	
434	Technische Anlagen in Außenanlagen	
435	Einbauten in Außenanlagen	
439	Instandsetzung der Außenanlagen, Sonstiges	
440	**Instandsetzung der Ausstattung**	
441	Ausstattung	
442	Kunstwerke	
449	Instandsetzung der Ausstattung, Sonstiges	
490	**Instandsetzungskosten, Sonstiges**	

DIN 18960 – Kommentierung

Allgemeines

Nachdem mit der Erarbeitung der Normen DIN 276 und DIN 277 im Jahre 1934 Instrumente zur Ermittlung und Kontrolle der Herstellungskosten von Bauwerken geschaffen und in den folgenden Jahrzehnten laufend weiterentwickelt worden waren, wurde Anfang der siebziger Jahre die Notwendigkeit erkannt, auch für die durch ihre Nutzung entstehenden Kosten (Baunutzungskosten) einheitliche Ermittlungsgrundlagen für die Feststellung und Fortschreibung zu schaffen. Baunutzungskosten spielen im Rahmen der gesamtwirtschaftlichen Betrachtung einer Bauinvestition und für eine durchgängige Kosten-Nutzen-Analyse eine bedeutende Rolle. Hier klaffte seit langem eine Lücke, da für die Wirtschaftlichkeitsberechnungen in den verschiedenen Bereichen, z. B. für den Wohnungsbau, für die Ermittlung der Haushaltsansätze der öffentlichen Hand und für privat genutzte Gebäude und Grundstücke, unterschiedliche, voneinander stark abweichende Ermittlungsmethoden bestanden.

Mit der Aufstellung einer solchen Norm wurde ein Arbeitsausschuss des Normenausschusses Bauwesen (NABau) betraut, der seine Arbeit im Sommer 1973 begann. Dem Ausschuss gehörten Vertreter des Bundes, der Länder, der Gemeinden, der Verbände der Wohnungswirtschaft, der freien Wirtschaft sowie von wissenschaftlichen Institutionen an. Außerdem waren Objektplaner und Objektnutzer an der Arbeit beteiligt. Im April 1976 konnte die Norm mit der Bezeichnung DIN 18960 Teil 1 »Baunutzungskosten von Hochbauten; Begriff, Kostengliederung« der Öffentlichkeit übergeben werden.

Die Norm definiert den Begriff und legte die Gliederung für eine sachgerechte Aufstellung von Baunutzungskosten fest. Zweck der Norm war, die Ermittlung der Baunutzungskosten nach einheitlichen Gesichtspunkten auszurichten und damit insbesondere betriebswirtschaftliche Vergleiche zwischen Bauten gleicher Zweckbestimmung zu ermöglichen. Sie dient ferner zur Prüfung der Wirtschaftlichkeit während der Planung eines Bauobjekts und während seiner gesamten Nutzungsdauer.

Die Norm bietet sich aber auch zur Erfassung der Verbrauchswerte für Energie, Wasser, Gas und andere Medien an und erleichtert die Ermittlung des Aufwandes für sonstige Betriebsleistungen bei bereits fertiggestellten Bauobjekten.

Bei der Veröffentlichung im Jahre 1976 wurde für die Zählnummer der Norm der Zusatz »Teil 1« gewählt, weil zu diesem Zeitpunkt die Absicht bestanden hatte, weitere Normenteile über Kosten und Preise im Bauwesen zu erarbeiten. Diese Überlegungen wurden jedoch in der Folgezeit fallen gelassen, weil zu Recht befürchtet werden musste, dass damit unzulässige Eingriffe in den freien Wettbewerb verbunden sein könnten.

Nachdem sich die Norm in einer Laufzeit von etwa 20 Jahren in unveränderter Form bewährt hatte, wurde eine Überarbeitung für erforderlich gehalten, um sie an die inzwischen fortgeschriebene Norm DIN 276 anzupassen. Dabei bemühte sich der zuständige Arbeitsausschuss, die Norm auch im formalen Aufbau eng an DIN 276 anzulehnen. Das Arbeitsergebnis konnte im Jahre 1999 mit der zweiten Ausgabe der Norm veröffentlicht werden.

Im Rahmen einer weiteren Überarbeitung, die zu der nun vorliegenden dritten Ausgabe vom Februar 2008 führte, war man ohne sachliche Notwendigkeit um eine weitere formale Angleichungen an die DIN 276 bemüht, wobei festgestellt werden muss, dass damit teilweise über das Ziel hinaus geschossen wurde. Wie bei den Herstellungskosten nach DIN 276 erwartet man auch hier, dass man die im Voraus ermittelten Nutzungskosten im Verlauf des Bauablaufs und der Bauwerksnutzung vollständig kontrollieren und „im Griff" behalten kann. Das hat dazu geführt, dass neue Begriffe wie „Nutzungskostenplanung" und „Nutzungskostenvorgabe" eingeführt wurden, ohne dass damit an der Ermittlung der Kosten etwas geändert wurde. Offenbar wurde dabei vernachlässigt, dass die Kosten eines Bauwerkes in Abhängigkeit von Aufwand und Ausstattung in bestimmten Grenzen variabel sind, während es Ziel jeder Planung sein muss, die Nutzungskosten so gering als möglich zu halten. Zwar kann die Bauplanung die zu erwartenden Nutzungskosten beeinflussen, indem z. B. durch eine bessere Wärmedämmung die Heizkosten verringert werden können, in der Regel richtet sich jedoch die Planung eines Objektes vorrangig nach den vorhandenen Mitteln und nicht nach den zu erwartenden Nutzungskosten.

Insgesamt ist festzustellen, dass die jetzige dritte Fassung von DIN 18960 wie bereits bei der zweiten eine zusätzliche Aufblähung durch Begriffe erfahren hat, die für den Anwender kaum von Belang sind. Die Gliederung der Kosten hat sich durch einige Umstellungen in der Tabelle leicht geändert, ohne dass die Gesamtkosten beeinflusst wurden. Die angestrebte genaue Ermittlung bis hinunter zu geringfügigen Positionen (346: Reinigung und Pflege von Fahrradständern, Schildern und Abfallbehältern) wird immer ein Wunschtraum der Normensetzer bleiben, da ein Großteil der Kostenstellen (Reinigung, Bedienung, Instandsetzung) im Voraus immer nur durch angenommene Werte belegt werden können.

Kreise von Fachleuten, die z. B. bei den Baukostenberatungsdiensten der Architektenkammern zu finden sind, bemühen sich seit langem, z. B durch die Fortschreibung der DIN 276, der Veröffentlichung von Kostenspiegeln und durch andere Aktivitäten, die Kosten von Baumaßnahmen im Detail planbar, nachvollziehbar und kontrollierbar zu machen. Leider muss jedoch festgestellt werden, dass diese Bemühungen im Lichte der Öffentlichkeit bisher ohne Erfolg geblieben sind, wie die immer wieder bekannt werdenden eklatanten Kostenüberschreitungen bei öffentlichen Bauvorhaben zu beweisen scheinen. Diese Vorfälle beruhen nicht nur auf politisch gewollter Verschleierung der wahren Kosten, sondern auch auf den Unwägbarkeiten bei der Kostenermittlung, die insbesondere bei großen Bauprojekten unvermeidlich sind. Für außergewöhnliche Baumaßnahmen finden sich meist keine vergleichbaren ausgeführten Objekte, deren Kosten als Bezugswerte zur Verfügung stehen könnten. Insofern ist die Kostenermittlung bei solchen Bauten immer mit erheblichen Unsicherheiten behaftet.

Für die Ermittlung der Nutzungskosten von Bauwerken gelten diese Einschränkungen in erhöhtem Maße, da sie teilweise wegen unvorhersehbarer Ereignisse nicht planbar sind (Instandsetzungen) und ohnehin erst nach Fertigstellung des Projekts anfallen. Der eigentliche Wert der Norm DIN 18960 liegt daher vorwiegend in der Auflistung aller möglichen Nutzungskosten in der Tabelle, die als Checkliste bei der Ermittlung dienen kann.

Zu 1 Anwendungsbereich

Nach den Vorstellungen der Normenverfasser können die Nutzungskosten eines Bauobjekts nicht nur aufgrund seiner Bauweise und der vorgesehenen Nutzung im Voraus erfasst werden, sondern durch Maßnahmen im Bauablauf auch gesteuert und kontrolliert werden, obwohl sie in diesem Zeitraum noch gar nicht anfallen. Als Oberbegriff für alle diese Maßnahmen wurde daher „Nutzungskostenplanung" als neuer Begriff eingeführt (siehe Abschnitt 3.2) und konsequenterweise in den Anwendungsbereich aufgenommen.

Der Zweck der Norm wird erst unter Abschnitt 4.1 »Grundsätze der Nutzungskostenplanung, Allgemeines« beschrieben.

Zu 2 Normative Verweisungen

Von einem bestimmten Zeitpunkt an wurden die in einer Norm erwähnten anderen Dokumente am Ende unter der Überschrift »Zitierte Normen und andere Unterlagen« zusammengefasst. In Angleichung an die Formalien bei den Europäischen Normen wird dieser Abschnitt nunmehr unter der genannten Überschrift an den Beginn jeder Norm gestellt. Die neue Bezeichnung ist ein Beispiel für die gefürchtete »Eurospeak«, die sich im Rahmen der Europäischen Union aus dem Zwang, fremdsprachliche Ausdrücke möglichst wortgetreu zu übernehmen, entwickelt hat. Diese Benennung ist die offizielle Übersetzung der englischen und französischen Bezeichnung »normative references« bzw. »références normatives«. Der Text dieses Abschnitts wird bei allen deutschen Normen eingefügt, um spätere Umstellungen bei einer eventuellen Übernahme als EU-Norm entbehrlich zu machen. Der Inhalt wird von Zeit zu Zeit aufgrund semantischer Überlegungen abgewandelt, ohne dass sich seine Bedeutung ändert, nämlich, dass die im Normentext erwähnten anderen Normen mitbeachtet werden sollen.

Zu 3
Definitionen

Wie bereits unter „Allgemeines" angemerkt, wurde die Norm formal und damit auch bei den verwendeten Begriffen so weit als möglich an die DIN 276 angepasst. Dabei besteht die Gefahr der Verwechselung von Baukosten- mit Nutzungskostengruppen, so dass im Hinblick darauf eine vorsorgliche Anmerkung vor der Tabelle 1 aufgenommen wurde.

Durch die Aufnahme neuer Begriffe und die durchgehende Koppelung mit dem Wortteil „Nutzungskosten-" hätte sich der Hinweis auf die Begriffe in DIN 276-1 erübrigt, da keiner der dort aufgeführten Begriffe hier verwendet wird.

Als allgemein gebräuchliche Kurzbezeichnung für „Kostengruppe" wird sowohl in DIN 276 als auch in DIN 18960 das Kürzel „KG" verwendet. Um Verwechselungen zu vermeiden, wird daher durch den Text dieses Kommentars angeregt, für „Nutzungskostengruppe" das Kürzel „NKG" einzusetzen.

Zu 3.1 Nutzungskosten im Hochbau

Ebenfalls im Sinne einer formalen Angleichung an DIN 276-1 (Kosten im Hochbau) wurde der früher verwendete Begriff „Baunutzungskosten" bereits zur Ausgabe 1999 in die jetzige Fassung abgeändert, wobei wahrscheinlich „Nutzungskosten von Hochbauten" zutreffender gewesen wäre, da Nutzungskosten grundsätzlich erst nach der Fertigstellung eines Bauwerks entstehen.

Bauliche Anlagen sind nach der Definition der Musterbauordnung

„mit dem Erdboden verbundene, aus Bauprodukten hergestellte Anlagen. Eine Verbindung mit dem Boden besteht auch dann, wenn

die Anlage durch eigene Schwere auf dem Boden ruht oder auf ortsfesten Bahnen begrenzt beweglich ist oder wenn die bauliche Anlage nach ihrem Verwendungszweck dazu bestimmt ist, überwiegend ortsfest benutzt zu werden."

Zu den Nutzungskosten gehören jedoch auch Aufwendungen, die für die Grundstücke selbst entstehen, z. B. Grundsteuer, Straßenreinigung, Müllabfuhr, Versicherungen.

Zu beachten ist, dass Nutzungskosten bereits vor Beginn der tatsächlichen Nutzung eines Gebäudes anfallen können, z. B. wenn zwischen seiner Fertigstellung (Gebrauchsabnahme) und Inbetriebnahme ein längerer Zeitraum liegt, in dem jedoch das Bauwerk gegebenenfalls beheizt, gereinigt und bewacht werden muss, ohne dass es tatsächlich genutzt wird.

Die Anmerkung verweist auf die selbstverständliche Tatsache, dass die Baukosten, die nach DIN 276 zu erfassen sind, nicht zu den Nutzungskosten gehören. Der Zeitpunkt, an dem die Aufwendungen des Bauherren für das Bauwerk von Baukosten in Nutzungskosten übergehen, ist daher die behördliche Gebrauchsabnahme. Ferner wird darauf aufmerksam gemacht, dass betriebsspezifische Personal- und Sachaufwendungen, z. B. Dienstleistungen für die Verwaltung, und produktionsbedingte Kosten, z. B. Aufwendungen für den Betrieb von Maschinen und Fertigungseinrichtungen, keine Nutzungskosten im Sinne von DIN 18960 sind und daher – soweit sie gesondert zu ermitteln sind – von den Baunutzungskosten getrennt werden müssen.

Zu 3.2 Nutzungskostenplanung bis 3.11 Nutzungskostenrisiko

Während man in der Ausgabe 1999 im Abschnitt 3 noch mit der Erklärung von vier Begriffen ausgekommen war, ist er nun auf 11 Definitionen angewachsen, wobei sich auch die neu eingeführten Begriffe in den meisten Fällen selbst erklären (Nutzungskostenvorgabe, Nutzungskostenkontrolle). Darüber hinaus enthalten die Definitionen der Kostenarten jetzt Hinweise darauf, dass die Ermittlungsergebnisse von dem betrachteten Zeitraum abhängig sind („... bezogen auf einen bestimmten Betrachtungszeitraum"). Nutzungskosten entstehen während der gesamten Existenzdauer eines Gebäudes und ihre Ermittlung wird umso ungenauer je größer der betrachtete Zeitraum ist. Insofern wäre es hilfreich gewesen, wenn die Norm einen bestimmten Zeitraum als Standard festgelegt hätte, um so die Vergleichbarkeit von Nutzungskosten zu verbessern. In der Regel bietet es sich an, die Nutzungskosten für ein Kalender- oder Wirtschaftsjahr zu ermitteln, weil bei längeren Zeiträumen die Unsicherheit hinsichtlich möglicher Instandsetzungen und der Entwicklung der Energiepreise beträchtlich zunimmt.

Zu 4 Grundsätze der Nutzungskostenplanung

Die Einführung des Begriffs „Nutzungskostenplanung" machte bestimmte Erläuterungen erforderlich, die darstellen sollen, dass die Verfasser die Norm nicht nur als Regel zur Ermittlung sondern auch als Richtlinie für eine Beeinflussung der Nutzungskosten durch die Planung betrachtet wissen wollen. Zu diesem Zweck wurden die Abschnitte

– 4.1 Allgemeines,
– 4.2 Kosteneinflüsse und
– 4.3 Nutzungskostenvorgabe

neu formuliert. Der anschließende Abschnitt 4.4 über die Grundsätze der Nutzungskostenermittlung entspricht dann wieder weitgehend dem entsprechenden Abschnitt 4 der vorigen Fassung.

Die Inhalte dieser Abschnitte sind sehr allgemein gehalten und im Wesentlichen als Definitionen bzw. als Ergänzung zu den in Abschnitt 3 angegebenen Definitionen anzusehen. Konkrete Handlungsanweisungen an den Nutzer der Norm werden darin nur in unverbindlicher Weise angesprochen, z. B. sollen in

– 4.1 zur Herstellung der Kostentransparenz organisatorische (?) und technische Messsysteme festgelegt werden,
– 4.2 Kosteneinflüsse in ihren Auswirkungen beschrieben und bewertet werden,
– 4.3 Nutzungskostenvorgaben in Form von Kosten oder als technische Verbrauchsgrößen ermittelt werden.

Der in 4.1 getroffenen Feststellung, dass eine Nutzungskostenplanung der kostentransparenten Herstellung und Nutzung eines Bauwerkes dient, kann nur in sehr eingeschränktem Maße zugestimmt werden. Zweifellos beeinflussen die Art der Baukonstruktion und die Gestaltung der Außenanlagen die Höhe der Instandhaltungskosten (Tabelle 1, NKG 410 bis 430), jedoch dürfte es äußerst selten vorkommen, dass sie die Grundlagen für die Gebäudeplanung bilden.

Instandhaltungskosten, deren Höhe selbst bei Rückgriff auf langjährige Erfahrungswerte nur grob abgeschätzt werden können, machen bei Beginn der Nutzung nur einen geringen Teil der gesamten Nutzungskosten aus, sie wachsen jedoch mit der Lebensdauer des Bauwerks in einem Umfang, der nur schwer vorhersehbar ist. Für Wohngebäude im Anwendungsbereich der II. Berechnungsverordnung richtet sich die Höhe der Instandhaltungskosten nach dem Zeitpunkt der Fertigstellung des Bauwerkes und ist unabhängig von seiner Konstruktion und Gestaltung (siehe dort, § 28). Inwiefern die Abschätzung der voraussichtlichen Nutzungskosten die Entscheidungen über die Ausführung eines geplanten Bauwerks oder die Vergabe der ausgeschriebenen Bauleistungen bestimmen sollen, ist daher schwer einzusehen, es sei denn, das geplante Bauwerk wird auf der Grundlage eines Leistungsprogramms funktional ausgeschrieben. Entscheidungen über die

Gestaltung eines Bauwerkes, sei es in funktionaler oder gestalterischer Hinsicht, hängen im Wesentlichen immer noch von den Nutzungszwecken und den verfügbaren Mitteln für die Herstellung ab.

Zu 4.4 Grundsätze der Nutzungskostenermittlung
Die Unterabschnitte 4.4.1 bis 4.4.6 entsprechen im Wortlaut den Abschnitten 4.1.2 bis 4.1.8 der alten Fassung und sind im Prinzip identisch mit entsprechenden Passagen aus DIN 276-1 (siehe dort, Abschnitte 3.3.2 bis 3.3.4, 3.3.10 und 3.3.11). Die Bestimmungen sind weitgehend trivial, wie z. B. 4.4.5: „Die Grundlagen für die Nutzungskostenermittlung sind anzugeben." Dabei wäre der Normenanwender sicher mehr daran interessiert, was als Grundlagen für die Ermittlung infrage kommt, siehe hierzu auch die Anmerkung zu den Abschnitten 3.2 bis 3.11 über den Betrachtungszeitraum.

Zu 4.5 Arten der Nutzungskostenermittlung
In Übereinstimmung mit der Neufassung von DIN 276-1 vom November 2006 wurde auch hier der „Nutzungskostenrahmen" (4.5.2) zu den bisherigen Arten der Ermittlung hinzugefügt. Ebenso wie dort ist der Unterschied zur Kostenschätzung nicht erkennbar, in beiden Fällen können die Nutzungskosten nur über Erfahrungswerte grob abgeschätzt werden. Ein sachlicher Grund über die Absicht zur formalen Angleichung hinaus, ist für die Einführung dieses Begriffs nicht zu erkennen.

Die Darstellung der einzelnen Arten der Baukostenermittlung im Rahmen der DIN 276-1 ist dadurch gerechtfertigt, dass sie als Teile der Architektenleistung im in den Leistungsbildern nach Anlage 11 von § 33 der HOAI (Honorarordnung für Architekten und Ingenieure) aufgeführt sind. Nutzungskostenermittlungen werden dort jedoch nicht als Planungsleistungen erfasst. Zweifellos kann ein Bauherr solche Ermittlungen gesondert in Auftrag geben und darüber in freier Vereinbarung einen Vertrag mit seinem Architekten abschließen. Anzahl und Umfang der Ermittlungen müssen dabei im Einzelnen vereinbart werden, wobei gegebenenfalls auch die Beachtung von DIN 18960 vereinbart werden muss.

Zu 5 Nutzungskostengliederung
Die Gliederung der Nutzungskosten in
- Kapitalkosten,
- Objektmanagementkosten (früher Verwaltungskosten),
- Betriebskosten und
- Instandsetzungskosten

ist unverändert geblieben. Innerhalb dieser Unterkostengruppen wurden im Wesentlichen Umstellungen vorgenommen, wodurch die Verfasser zwar andere Prioritäten setzen, die jedoch im Hinblick auf die Ermittlung der Gesamtkosten kaum von Bedeutung sind. Wenn daher Kostenstellen neu aufgenommen wurden, sollten die Beträge dafür aus den entsprechenden Positionen für „Sonstiges" zu entnehmen sein, siehe z. B. NKG 130 „Abschreibung".
Innerhalb dieser erststelligen Gliederung entspricht die NKG 300 „Betriebskosten" den in der Betriebskostenverordnung (BetrKV)1 erfassten Kosten, die der Vermieter von Nutz- oder Wohnflächen den Mietern neben der so genannten „Netto-Kaltmiete" in Rechnung stellen kann. Siehe auch die gesonderte Anmerkung zu NKG 300 unten.

Tabelle 1

Zu NKG 100 Kapitalkosten
Unter Kapitalkosten sind in Anlehnung an die Definition der Verordnung über wohnungswirtschaftliche Berechnungen (II. BV) in ihrer Neufassung vom 12. Oktober 1990 die Kosten zu verstehen, die sich aus der Inanspruchnahme der Finanzierungsmittel des Objekts ergeben, insbesondere die Zinsen. Zu den Kapitalkosten gehören die Eigen- und die Fremdkapitalkosten, nicht jedoch die Kosten der Tilgung. Leistungen aus so genannten Nebenverträgen, die zur Sicherung eines Baudarlehens dienen, z. B. Abschluss von Personenversicherungen, fallen nicht unter die Kapitalkosten, jedoch dürfen im Unterschied zu DIN 18960 bei Nutzungskostenermittlungen nach der II. BV Tilgungen unter den einschränkenden Bedingungen des § 22 als Kapitalkosten eingesetzt werden.
Die wesentliche Änderung im Rahmen der NKG 100 besteht in der Wiederaufnahme des Postens „Abschreibung" (NKG 130), ein Kostenfaktor, der aus unerfindlichen Gründen in der Fassung August 1999 der Norm gestrichen worden war und der seitdem nur unter „Sonstiges" verbucht werden konnte. Abschreibung ist der zahlenmäßige Wertverlust, den ein Bauwerk im Zeitraum seiner Nutzung durch Abnutzung, Verschleiß und auch durch spe-

zielle Ereignisse, wie nicht versicherte Unfälle oder Witterungsschäden erleidet. Der steuerrechtlich zu ermittelnde und als Betriebsausgabe abzugsfähige Wertverlust wird „Absetzung für Abnutzung" (AfA) genannt. Die Abschreibung gehört daher nicht zu den Kapitalkosten, da sie nicht der Beschaffung oder Bereitstellung der für den Bau erforderlichen Mittel dient. Nach der II. BV zählt sie zusammen mit den Verwaltungskosten, den Betriebskosten und den Instandsetzungskosten zu den „Bewirtschaftungskosten", ein Begriff, den die Norm nicht kennt, so dass die Abschreibung hier zwangsläufig den Kapitalkosten zugeordnet werden musste. Die anzusetzende kalkulatorische Abschreibung ist ein theoretischer Wert der sich als Quotient aus der Summe aller Anschaffungen (außer dem Grundstück) und der mutmaßlichen Nutzungsdauer des Gebäudes ergibt. Er berücksichtigt z. B. nicht, dass unvorhergesehene Schäden den Wertverlust erhöhen oder Instandsetzungen die Abnutzung mindern können.

Im Gegensatz zur Abschreibung gemäß der Kostengruppe 130, bei der die gesamten Herstellungskosten eines Bauwerkes zugrunde gelegt werden, werden im Rahmen der II. BV die Kosten bestimmter Bestandteile des Bauwerkes differenziert betrachtet, weil z. B. für technische Anlagen und Einrichtungen kürzere Lebensdauern als für das Bauwerk selbst angenommen werden (siehe dort, § 25).

Zu NKG 200 Objektmanagementkosten

Unter Objektmanagementkosten sind die Aufwendungen für die zur Verwaltung des Gebäudes oder der Wirtschaftseinheit erforderlichen Dienstkräfte und Einrichtungen, die Aufwendungen für ihre Aufsicht sowie der Wert der vom Eigner persönlich geleisteten Verwaltungsarbeit zu verstehen. Zu den Kosten für die Aufsicht gehören auch die Aufwendungen für die gesetzlichen oder freiwilligen Prüfungen des Jahresabschlusses und der Geschäftsführung. Gebühren, die von Geldinstituten für die Verwaltung von Baudarlehen erhoben werden, gehören nicht zu den Objektmanagementkosten.

Gemäß § 26 der II. BV können im Anwendungsbereich der Verordnung als Verwaltungskosten zur Zeit jährlich je Wohnung, bei Eigenheimen, Kaufeigenheimen und Kleinsiedlungen je Wohngebäude bis zu 230 Euro, je Garage oder Einstellplatz 30 Euro angesetzt werden. Nach den Wertermittlungsrichtlinien des Bundes gelten 3 bis 5 v.H. des Jahresmietrohertrages für die Verwaltungsleistung als angemessen. Für Gebäude, die keiner Vermietung unterliegen, sollte der Verwaltungsaufwand auf den Brutto-Rauminhalt (BRI) oder auf die Nutzfläche (NF) nach DIN 277 bezogen werden.

Aufwendungen für die allgemeinen Hausdienste, wie Pförtner, Nachtwächter und Hausmeister sind nicht den Personalkosten im Rahmen der Objektmanagementkosten (NKG 210) zuzurechnen, sondern gehören zu den Betriebskosten (NKG 360 Sicherheits- und Überwachungsdienste).

Zu NKG 300 Betriebskosten

Unter Betriebskosten sind die Aufwendungen zu verstehen, die laufend durch die Nutzung und Wartung des Gebäudes, der zugehörenden baulichen Anlagen und des Grundstücks selbst entstehen. Bei der Neuformulierung der Norm ist die NKG 300 am stärksten von inneren Umstellungen betroffen worden.

Die Kostengruppe der Ver- und Entsorgung (bisher 310) wurde in Versorgung (310) und Entsorgung (320) aufgeteilt. Dabei wurden der weiteren Untergliederung die verbrauchten bzw. zu entsorgenden Medien zugrunde gelegt (Wasser, Strom, Abwasser) und nicht wie bisher die nach DIN 276 gegliederten technischen Anlagen.

In der Kostengruppe Reinigung und Pflege (bisher 320) wurden durch Aufgliederung und Umstellungen andere Prioritäten gesetzt. Bei den Gebäuden wurde die Gliederung nach Bauteilen gemäß DIN 276 aufgegeben, weil sie zu ungebräuchlichen Kostenstellen geführt hatte (323 Reinigung von Wänden, Decken); sie wurden durch praxisnähere, z. B. 332 „Glasreinigung", ersetzt. Die Kosten für die Reinigung und Pflege von Außenanlagen, die bisher lediglich in einer Kostenstelle „Geländeflächen, befestigte Flächen" unterzubringen waren, können jetzt in einer eignen NKG 340 differenziert aufgegliedert werden. Dagegen wurden die alten Kostenstellen 325 und 326 für die Reinigung der Technischen Anlagen zu einer (334) zusammengefasst. Die Kosten für die Bedienung der Technischen Anlagen sowie der Inspektion und Wartung von Baukonstruktionen und Technischen Anlagen (bisher 330, 340 und 350) wurden zu einer Kostengruppe (350) zusammengefasst. Dadurch wurde die unrealistische Anzahl von bisher 25 Unterkostengruppen auf sechs reduziert, unter denen als neue Kostengruppe auch die Inspektion und Wartung von Außenanlagen (354) aufgenommen wurde.

Die Gesamtheit der in der NKG 300 zusammengefassten Kosten entspricht den in der Betriebskostenverordnung (BetrKV)1 erfassten Kosten, die der Eigentümer eines Mietwohngebäudes auf die Mieter abwälzen kann. Dabei werden im Allgemeinen die Kosten für den Verbrauch von Energieträgern (elektrischer Strom und Brennstoffe) von den übrigen Betriebskosten getrennt behandelt. Der Verbrauch von Brennstoffen für zentrale Heizungs- und Warmwasseranlagen kann mit den übrigen Betriebskosten zusammen oder getrennt erfasst werden. Der Verbrauch von Strom und Gas für die eigenen Zwecke wird aber in der Regel vom Mieter mit den Versorgungsträgern direkt abgerechnet. Aufgrund dieser Gepflogenheiten haben sich im Immobilienwesen folgende unterschiedliche Mietpreisangaben eingebürgert:

a) *Netto-Kaltmiete:*
   Preis für die Grundfläche des Mietobjekts je Kalendermonat ohne alle Betriebskosten.

b) *Brutto-Kaltmiete:*
   Preis für die Grundfläche des Mietobjekts je Kalendermonat ohne die Kosten für die Beheizung jedoch einschließlich der sonstigen Betriebskosten.

c) *Brutto-Warmmiete:*
   Preis für die Grundfläche des Mietobjekts je Kalendermonat einschließlich der Kosten für die Beheizung und der sonstigen Betriebskosten.

Leider eignet sich Kostengliederung nach DIN 18960 nicht zur Anwendung im Rahmen der BetrKV, weil die eine Form nur mit einem zusätzlichen Ermittlungsaufwand in die andere überführt werden kann. So setzen sich z. B. die Kosten für den Betrieb einer zentralen Heizungsanlage nach BetrKV § 2, Nr. 4, aus der NKG 312 (Öl) und Teilen der NKG 316 (Strom), 334 (Reinigung), 351 (Bedienung) und 353 (Inspektion und Wartung) zusammen.

Zu NKG 310 Versorgung und NKG 320 Entsorgung

Zu NKG 310 gehören in erster Linie die Kosten für den Bezug von Trinkwasser und Energieträgern, wie Strom, Gas und Wärmemedien aus öffentlichen Netzen oder von Heizstoffen (Öl). Inwiefern die Kosten für andere Verbrauchsstoffe, z. B. Schmierstoffe, Dichtungsmaterial oder Chemikalien, hier oder der Inspektion und Wartung (350) zuzuordnen sind, bleibt offen. Die Kosten der Versorgung mit Betriebsstoffen von nutzungsspezifischen Anlagen gehören nur dann zu den Nutzungskosten des Bauwerks, wenn es für den nutzungsspezifischen Zweck errichtet wurde und für andere Zwecke nicht genutzt werden kann. Bei Gebäuden, die zu unterschiedlichen Zwecken genutzt werden können, zählen die produktionsbedingten Kosten nicht zu den Baunutzungskosten. Das Gleiche gilt für die Kosten der Beseitigung von Abfallstoffen (320), insbesondere dann, wenn durch Gewerbetätigkeit schadstoffbelastete Abfälle anfallen können.

Zu NKG 330 Reinigung und Pflege von Gebäuden

Bei dem Bereich der Gebäudereinigung und -pflege fällt auf, dass bei jeder Neufassung der Norm andere Untergliederungen vorgeschlagen werden, weil offenbar je nachdem, welcher Gebäudetyp dabei ins Auge gefasst wird, andere Reinigungskosten in den Vordergrund treten. Lag der Schwerpunkt bei der Ausgabe April 1976 noch ganz allgemein auf der Innenreinigung, wurde in der Ausgabe August 1999 etwas praxisfern nach Bauteilen gemäß DIN 276 gegliedert (Dächer, Wände, Fenster). In der neuen Ausgabe werden wiederum die

Glas- und Fassadenreinigung als besondere Schwerpunkte hervorgehoben, was bei der gegenwärtigen Inflation der Ganzglas-Fassadenkonstruktionen nicht ganz unberechtigt ist.

Die Innenreinigung des Gebäudes, die zumindest bei Bürobauten und öffentlichen Gebäuden hier den wichtigsten Kostenfaktor darstellt, steht als „Unterhaltsreinigung" (331) an erster Stelle der Unterkostengruppen. Die vorgeschlagene Untergliederung nach Materialoberflächen ist jedoch kaum praktikabel und erinnert dabei an die Ausgabe 1976, bei der die Innenreinigung nach Fußböden, Vorhängen und Sanitärobjekten gegliedert werden sollte.

Im Gegensatz zur Unterhaltsreinigung wird die Reinigung der Technischen Anlagen (334) in den Anmerkungen mit einer Ausführlichkeit behandelt, die den mutmaßlichen Kosten in keiner Weise entspricht. Ob die Reinigungskosten von ortsfesten Beleuchtungsmitteln oder Heizkörpern überhaupt getrennt vorausberechnet oder ermittelt werden können, ist zweifelhaft und ihr Einfluss auf die „Nutzungskostenplanung" eher unwahrscheinlich.

Die Untergliederung der Kosten von Reinigung und der Pflege des Gebäudes nach Bauteilen in der vorigen Ausgabe der Norm ließ Raum für die Annahme, dass z. B. auch die Reinigung der Kiesschüttungen von Flachdächern oder die regelmäßige Erneuerung des Außenanstrichs von Fenstern in diese Gruppe einzuordnen sind. Sie könnten auch weiterhin unter 339 „Sonstiges" aufgenommen werden, jedoch lässt die Formulierung unter 352 vermuten, dass sie eher den Wartungskosten zugeordnet werden sollen.

Zu NKG 340 Reinigung und Pflege von Außenanlagen

Die bisher auf Geländeflächen und befestigte Flächen verkürzte Kostenstelle (Ausgabe 1999, NKG 328) wurde erheblich ausgeweitet. Dazu gehören u. a. die Unterhaltungsarbeiten an Vegetationsflächen ohne die Fertigstellungspflege nach DIN 276, KG 570, die Reinigung von Straßen und Wegen und der Winterdienst auf Flächen im Bereich des Eigentümers.

Zu NKG 350 Bedienung, Inspektion und Wartung

In der alten Ausgabe der Norm hatte man die Kosten der Bedienung der technischen Anlagen ausführlich nach den Anlagen untergliedert. Das Bedienen bestand früher im Wesentlichen aus dem Ein- und Ausschalten, der Betriebsüberwachung sowie dem Füllen und Beschicken mit Medien. Solche Tätigkeiten sind heute weitgehend automatisiert und werden, wenn erforderlich, zentral gesteuert. Die Bedienung beschränkt sich daher vorwiegend auf die Überwachung und eine kostenmäßige Trennung nach den Technischen Anlagen ist kaum noch möglich. Die Bedienung der technischen Anlagen ist daher jetzt als NKG351 mit der Inspektion und Wartung zusammengelegt worden.

Auch die Kosten für die Inspektion und Wartung der Baukonstruktionen (früher 340, jetzt 352) sind stark zusammengefasst worden, weil offenbar erkannt wurde, dass sie gegenüber den anderen Nutzungskosten von geringerer Bedeutung sind. Dabei bleibt offen, ob z. B. die Kosten für eine regelmäßige Erneuerung des Außenanstrichs von Fenstern hierher oder zur Pflege nach NKG 330 gehören.

Die Kosten von Inspektion und Wartung der technischen Anlagen sind ebenfalls auf eine Kostenstelle reduziert worden (früher 350, jetzt 353), wobei festgestellt werden muss, dass insbesondere bei technischen Anlagen eine Unterscheidung zwischen Pflege, Wartung und Instandsetzung kaum möglich ist. Im Allgemeinen werden z. B. bei der Wartung Teile einer Anlage ersetzt, die zwar noch funktionstüchtig sind, deren Ausfall jedoch vorhersehbar ist. Werden bereits jedoch nicht mehr funktionstüchtige Teile ersetzt, spricht man von Instandsetzung.

Die Inspektion und Wartung von Außenanlagen wurde als neuer Posten in diese Kostengruppe aufgenommen (NKG 354), wobei es auch hier schwer sein dürfte, diese Kosten gegen die Kosten von Instandsetzungen (NKG 430) abzugrenzen. Die Grünflächen wurden dabei wohlweislich schon herausgenommen.

Zu NKG 360 Sicherheits- und Überwachungsdienste

In dieser Kostengruppe (früher „Kontroll- und Sicherheitsdienste") wurde die auf Baukostengruppen bezogene Untergliederung aufgegeben und durch funktionale Untergruppen ersetzt. Die Ermittlung der Kosten kann sich daher jetzt besser auf konkrete Vorgaben, wie z. B. amtliche Gebührensätze und Angebote von professionellen Wachdiensten, abstützen.

In diese Gruppe gehören auch die Personalkosten für einen Hauswart, dem die Betriebskostenverordnung noch eine gesonderte Ziffer (§ 2, Nr. 14) wert war, der jedoch hier keine Erwähnung mehr findet. Diese Kosten sind in keinem Fall der NKG 210 „Personalkosten" zuzuordnen, weil sie damit aus den Betriebskosten herausfallen würden. Hauswarte können auch Aufgaben der Bedienung und Wartung der technischen Anlagen sowie Instandsetzungen übernehmen. Die Kosten für die Erfüllung dieser Aufgaben müssten, genau genommen, von den Personalkosten getrennt werden, was jedoch meist kaum möglich sein wird.

Zu NKG 370 Abgaben und Beiträge

Diese Kostengruppe wurde unverändert aus der vorigen Ausgabe der Norm übernommen. Neben der Grundsteuer und den Beiträgen für Elementarschäden- und Haftpflichtversicherungen gehören hierher auch amtliche Gebühren, z. B. für die öffentliche Straßenreinigung, und Gebühren für Telekommunikationsanschlüsse u. Ä. Sie sind zweckmäßig der NKG 379 zuzuordnen.

Zu NKG 400 Instandsetzungskosten

Auch diese Gruppe wurde unverändert aus der letzten Normenfassung übernommen. Die Gliederung lehnt sich weitgehend, wenn auch verkürzt, an die
Bauteilgliederung nach DIN 276-1 an. Da die Instandsetzung nicht nur die
Wiederherstellung von Bau- und Anlageteilen nach vorhersehbarer Abnutzung
oder planmäßigem Verschleiß, sondern auch die Beseitigung unvorhergese-
hener Schäden beinhaltet, ist eine Abschätzung der eventuell entstehenden
Kosten besonders schwierig, so dass bei dem Anwender grundsätzlich
eine falsche Vorstellung entstehen muss, wenn in diesem Zusammenhang
von »Ermittlungen« die Rede ist. Dies gilt auch für eine eventuelle Aufgliederung der Kostenwerte auf die unterschiedlichen Gebäudeelemente und
Einzelanlagen. Generell können für die mutmaßlichen Kosten dieser Gruppe
nur Erfahrungswerte von bestehenden, gleichartigen Gebäuden eingesetzt
werden und eine Fortschreibung im Sinne dieser Norm von einem Kostenrahmen bis zu einem Kostenanschlag oder Kostenfeststellung dürfte auch
dann nicht möglich sein, falls jemals umfassende Dokumentationen über die
Schadensanfälligkeit von Bauteilen und Anlagen vorliegen sollten.

Bau- und wohnungsrechtliche Verordnungen

Wohnungsrechtliche Bestimmungen

Tabellarische Übersicht über Inkraftsetzung und Fundstellen

Gesetz/Verordnung	vom	BGBl. I*) Seite
Wohnraumförderungsgesetz – WoFG Gesetz über die soziale Wohnraumförderung	13.09.2001	2376
Zweite Berechnungsverordnung – II. BV Verordnung über wohnungswirtschaftliche Berechnungen	12.10.1990	2178
geändert durch Artikel 1 der 4. VO zur Änderung wohnungsrechtlicher Vorschriften	17.07.1992	1250
geändert durch Artikel 1 der 5. VO zur Änderung wohnungsrechtlicher Vorschriften	23.07.1996	1167
geändert durch Artikel 8 des Gesetzes zur Reform des Wohnungsbaurechts	13.09.2001	2397
geändert durch Artikel 3 der Verordnung zur Berechnung der Wohnfläche, über die Aufstellung von Betriebskosten und zur Änderung anderer Verordnungen	25.11.2003	2346
Wohnflächenverordnung – WoFIV (Artikel 1 der Verordnung zur Berechnung der Wohnfläche, über die Aufstellung von Betriebskosten und zur Änderung anderer Verordnungen)	25.11.2003	2346
Neubaumietenverordnung 1970 – NMV 1970 Verordnung über die Ermittlung der zulässigen Miete für preisgebundene Wohnungen	12.10.1990	2203
geändert durch Artikel 2 der 4. VO zur Änderung wohnungsrechtlicher Vorschriften	13.07.1992	1250
geändert durch Artikel 9 des Gesetzes zur Reform des Wohnungsbaurechts	13.09.2001	2398
geändert durch Artikel 4 der Verordnung zur Berechnung der Wohnfläche, über die Aufstellung von Betriebskosten und zur Änderung anderer Verordnungen	25.11.2003	2346
Betriebskostenverordnung – BetrKV (Artikel 2 der Verordnung zur Berechnung der Wohnfläche, über die Aufstellung von Betriebskosten und zur Änderung anderer Verordnungen)	25.11.2003	2346
Betriebskosten-Umlageverordnung – BetrKostUV Verordnung über die Umlage von Betriebskosten auf die Mieter	13.06.1991	1270
geändert durch Artikel 3 der 4. VO zur Änderung wohnungsrechtlicher Vorschriften	13.07.1992	1250
geändert durch Betriebskostenumlage-Änderungsverordnung (BetrKostUÄndV)	27.07.1992	1415
außer Kraft gesetzt durch Artikel 6, Abs. 2 Nr. 3 des Mietenüberleitungsgesetzes	06.06.1995	748
Verordnung über Heizkostenabrechnung - HeizkostenV Verordnung über die verbrauchsabhängige Abrechnung der Heiz- und Warmwasserkosten	20.01.1989	115

*) Bundesgesetzblatt Band I

Auszug aus der

Verordnung über die bauliche Nutzung der Grundstücke (Baunutzungsverordnung – BauNVO)

Vom 23. Januar 1990 (BGBl. I S. 132)
Zuletzt geändert am 22. April 1993 (BGBl. I S. 466)

Erster Abschnitt
Art der baulichen Nutzung
(fortgelassen)

Zweiter Abschnitt
Maß der baulichen Nutzung

§ 16
Bestimmung des Maßes der baulichen Nutzung

(1) Wird im Flächennutzungsplan das allgemeine Maß der baulichen Nutzung dargestellt, genügt die Angabe der Geschossflächenzahl, der Baumassenzahl oder der Höhe baulicher Anlagen.

(2) Im Bebauungsplan kann das Maß der baulichen Nutzung bestimmt werden durch Festsetzung

1. der Grundflächenzahl oder der Größe der Grundflächen der baulichen Anlagen,

2. der Geschossflächenzahl oder der Größe der Geschossfläche, der Baumassenzahl oder der Baumasse,

3. der Zahl der Vollgeschosse,

4. der Höhe baulicher Anlagen.

(3) Bei Festsetzung des Maßes der baulichen Nutzung im Bebauungsplan ist festzusetzen

1. stets die Grundflächenzahl oder die Größe der Grundflächen der baulichen Anlagen,

2. die Zahl der Vollgeschosse oder die Höhe baulicher Anlagen, wenn ohne ihre Festsetzung öffentliche Belange, insbesondere das Orts- und Landschaftsbild, beeinträchtigt werden können.

(4) Bei Festsetzung des Höchstmaßes für die Geschossflächenzahl oder die Größe der Geschossfläche, für die Zahl der Vollgeschosse und die Höhe baulicher Anlagen im Bebauungsplan kann zugleich ein Mindestmaß festge-

setzt werden. Die Zahl der Vollgeschosse und die Höhe baulicher Anlagen können auch als zwingend festgesetzt werden.

(5) Im Bebauungsplan kann das Maß der baulichen Nutzung für Teile des Baugebiets, für einzelne Grundstücke oder Grundstücksteile und für Teile baulicher Anlagen unterschiedlich festgesetzt werden; die Festsetzungen können oberhalb und unterhalb der Geländeoberfläche getroffen werden.

(6) Im Bebauungsplan können nach Art und Umfang bestimmte Ausnahmen von dem festgesetzten Maß der baulichen Nutzung vorgesehen werden.

§ 17
Obergrenzen für die Bestimmung des Maßes der baulichen Nutzung

(1) Bei der Bestimmung des Maßes der baulichen Nutzung nach § 16 dürfen, auch wenn eine Geschossflächenzahl oder eine Baumassenzahl nicht dargestellt oder festgesetzt wird, folgende Obergrenzen nicht überschritten werden:

1	2	3	4
Baugebiet	Grundflächen-zahl (GRZ)	Geschoss-flächenzahl (GFZ)	Baumassen-zahl (BMZ)
In Kleinsiedlungsgebieten (WS)	0,2	0,4	–
In reinen Wohngebieten (WR), allgem ausgebieten	0,4	1,2	–
In besonderen Wohngebieten (WB)	0,6	1,6	–
In Dorfgebieten (MD) und Mischgebieten (MI)	0,6	1,2	–
In Kerngebieten (MK)	1,0	3,0	–
In Gewerbegebieten (GE), Industriegebieten (GI) und sonstigen Sondergebieten	0,8	2,4	10,0
In Wochenendhausgebieten	0,2	0,2	–

(2) Die Obergrenzen des Absatzes 1 können überschritten werden, wenn

1. besondere städtebauliche Gründe dies erfordern,

2. die Überschreitungen durch Umstände ausgeglichen sind oder durch Maßnahmen ausgeglichen werden, durch die sichergestellt ist, dass die allgemeinen Anforderungen an gesunde Wohn- und Arbeitsverhältnisse nicht beeinträchtigt, nachteilige Auswirkungen auf die Umwelt vermieden und die Bedürfnisse des Verkehrs befriedigt werden und

3. sonstige öffentliche Belange nicht entgegenstehen. Dies gilt nicht für Wochenendhausgebiete und Ferienhausgebiete.

(3) In Gebieten, die am 1. August 1962 überwiegend bebaut waren, können die Obergrenzen des Absatzes 1 überschritten werden, wenn städtebauliche Gründe dies erfordern und sonstige öffentliche Belange nicht entgegenstehen. Absatz 2 Satz 1 Nr. 2 ist entsprechend anzuwenden.

§ 18
Höhe baulicher Anlagen

(1) Bei Festsetzung der Höhe baulicher Anlagen sind die erforderlichen Bezugspunkte zu bestimmen.

(2) Ist die Höhe baulicher Anlagen als zwingend festgesetzt (§ 16 Abs. 4 Satz 2), können geringfügige Abweichungen zugelassen werden.

§ 19
Grundflächenzahl, zulässige Grundfläche

(1) Die Grundflächenzahl gibt an, wieviel Quadratmeter Grundfläche je Quadratmeter Grundstücksfläche im Sinne des Absatzes 3 zulässig sind.

(2) Zulässige Grundfläche ist der nach Absatz 1 errechnete Anteil des Baugrundstücks, der von baulichen Anlagen überdeckt werden darf.

(3) Für die Ermittlung der zulässigen Grundfläche ist die Fläche des Baugrundstücks maßgebend, die im Bauland und hinter der im Bebauungsplan festgesetzten Straßenbegrenzungslinie liegt. Ist eine Straßenbegrenzungslinie nicht festgesetzt, so ist die Fläche des Baugrundstücks maßgebend, die hinter der tatsächlichen Straßengrenze liegt oder die im Bebauungsplan als maßgebend für die Ermittlung der zulässigen Grundfläche festgesetzt ist.

(4) Bei der Ermittlung der Grundfläche sind die Grundflächen von

1. Garagen und Stellplätzen mit ihren Zufahrten,

2. Nebenanlagen im Sinne des § 14,

3. baulichen Anlagen unterhalb der Geländeoberfläche, durch die das Baugrundstück lediglich unterbaut wird,

mitzurechnen. Die zulässige Grundfläche darf durch die Grundflächen der in Satz 1 bezeichneten Anlagen bis zu 50 vom Hundert überschritten werden, höchstens jedoch bis zu einer Grundflächenzahl von 0,8; weitere Überschreitungen in geringfügigem Ausmaß können zugelassen werden. Im Bebauungsplan können von Satz 2 abweichende Bestimmungen getroffen werden. Soweit der Bebauungsplan nichts anderes festsetzt, kann im Einzelfall von der Einhaltung der sich aus Satz 2 ergebenden Grenzen abgesehen werden

1. bei Überschreitungen mit geringfügigen Auswirkungen auf die natürlichen Funktionen des Bodens oder

2. wenn die Einhaltung der Grenzen zu einer wesentlichen Erschwerung der zweckentsprechenden Grundstücksnutzung führen würde.

§ 20
Vollgeschosse, Geschossflächenzahl, Geschossfläche

(1) Als Vollgeschosse gelten Geschosse, die nach landesrechtlichen Vorschriften Vollgeschosse sind oder auf ihre Zahl angerechnet werden.

(2) Die Geschossflächenzahl gibt an, wieviel Quadratmeter Geschossfläche je Quadratmeter Grundstücksfläche im Sinne des § 19 Abs. 3 zulässig sind.

(3) Die Geschossfläche ist nach den Außenmaßen der Gebäude in allen Vollgeschossen zu ermitteln. Im Bebauungsplan kann festgesetzt werden, dass die Flächen von Aufenthaltsräumen in anderen Geschossen einschließlich der zu ihnen gehörenden Treppenräume und einschließlich ihrer Umfassungswände ganz oder teilweise mitzurechnen oder ausnahmsweise nicht mitzurechnen sind.

(4) Bei der Ermittlung der Geschossfläche bleiben Nebenanlagen im Sinne des § 14, Balkone, Loggien, Terrassen sowie bauliche Anlagen, soweit sie nach Landesrecht in den Abstandsflächen (seitlicher Grenzabstand und sonstige Abstandsflächen) zulässig sind oder zugelassen werden können, unberücksichtigt.

§ 21
Baumassenzahl, Baumasse

(1) Die Baumassenzahl gibt an, wieviel Kubikmeter Baumasse je Quadratmeter Grundstücksfläche im Sinne des § 19 Abs. 3 zulässig sind.

(2) Die Baumasse ist nach den Außenmaßen der Gebäude vom Fußboden des untersten Vollgeschosses bis zur Decke des obersten Vollgeschosses zu ermitteln. Die Baumassen von Aufenthaltsräumen in anderen Geschossen einschließlich der zu ihnen gehörenden Treppenräume und einschließlich ihrer Umfassungswände und Decken sind mitzurechnen. Bei baulichen Anlagen, bei denen eine Berechnung der Baumasse nach Satz 1 nicht möglich ist, ist die tatsächliche Baumasse zu ermitteln.

(3) Bauliche Anlagen und Gebäudeteile im Sinne des § 20 Abs. 4 bleiben bei der Ermittlung der Baumasse unberücksichtigt.

(4) Ist im Bebauungsplan die Höhe baulicher Anlagen oder die Baumassenzahl nicht festgesetzt, darf bei Gebäuden, die Geschosse von mehr als 3,50 m Höhe haben, eine Baumassenzahl, die das Dreieinhalbfache der zulässigen Geschossflächenzahl beträgt, nicht überschritten werden.

§ 21a
Stellplätze, Garagen und Gemeinschaftsanlagen

(1) Garagengeschosse oder ihre Baumasse sind in sonst anders genutzten Gebäuden auf die Zahl der zulässigen Vollgeschosse oder auf die zulässige Baumasse nicht anzurechnen, wenn der Bebauungsplan dies festsetzt oder als Ausnahme vorsieht.

(2) Der Grundstücksfläche im Sinne des § 19 Abs. 3 sind Flächenanteile an außerhalb des Baugrundstücks festgesetzten Gemeinschaftsanlagen im Sinne des § 9 Abs. 1 Nr. 22 des Baugesetzbuchs hinzuzurechnen, wenn der Bebauungsplan dies festsetzt oder als Ausnahme vorsieht.

(3) Soweit § 19 Abs. 4 nicht entgegensteht, ist eine Überschreitung der zulässigen Grundfläche durch überdachte Stellplätze und Garagen bis zu 0,1 der Fläche des Baugrundstücks zulässig; eine weitergehende Überschreitung kann ausnahmsweise zugelassen werden

1. in Kerngebieten, Gewerbegebieten und Industriegebieten,

2. in anderen Baugebieten, soweit solche Anlagen nach § 9 Abs. 1 Nr. 4 des Baugesetzbuchs im Bebauungsplan festgesetzt sind.

(4) Bei der Ermittlung der Geschossfläche oder der Baumasse bleiben unberücksichtigt die Flächen oder Baumassen von

1. Garagengeschossen, die nach Absatz 1 nicht angerechnet werden,

2. Stellplätzen und Garagen, deren Grundflächen die zulässige Grundfläche unter den Voraussetzungen des Absatzes 3 überschreiten,

3. Stellplätzen und Garagen in Vollgeschossen, wenn der Bebauungsplan dies festsetzt oder als Ausnahme vorsieht.

(5) Die zulässige Geschossfläche oder die zulässige Baumasse ist um die Flächen oder Baumassen notwendiger Garagen, die unter der Geländeoberfläche hergestellt werden, insoweit zu erhöhen, als der Bebauungsplan dies festsetzt oder als Ausnahme vorsieht.

Dritter Abschnitt
Bauweise, überbaubare Grundstücksfläche

§ 22
Bauweise

(1) Im Bebauungsplan kann die Bauweise als offene oder geschlossene Bauweise festgesetzt werden.

(2) In der offenen Bauweise werden die Gebäude mit seitlichem Grenzabstand als Einzelhäuser, Doppelhäuser oder Hausgruppen errichtet. Die Länge der in Satz 1 bezeichneten Hausformen darf höchstens 50 m betragen. Im Bebauungsplan können Flächen festgesetzt werden, auf denen nur Einzelhäuser, nur Doppelhäuser, nur Hausgruppen oder nur zwei dieser Hausformen zulässig sind.

(3) In der geschlossenen Bauweise werden die Gebäude ohne seitlichen Grenzabstand errichtet, es sei denn, dass die vorhandene Bebauung eine Abweichung erfordert.

(4) Im Bebauungsplan kann eine von Absatz 1 abweichende Bauweise festgesetzt werden. Dabei kann auch festgesetzt werden, inwieweit an die vorderen, rückwärtigen und seitlichen Grundstücksgrenzen herangebaut werden darf oder muss.

§ 23
Überbaubare Grundstücksfläche

(1) Die überbaubaren Grundstücksflächen können durch die Festsetzung von Baulinien, Baugrenzen oder Bebauungstiefen bestimmt werden. § 16 Abs. 5 ist entsprechend anzuwenden.

(2) Ist eine Baulinie festgesetzt, so muß auf dieser Linie gebaut werden. Ein Vor- oder Zurücktreten von Gebäudeteilen in geringfügigem Ausmaß kann zugelassen werden. Im Bebauungsplan können weitere nach Art und Umfang bestimmte Ausnahmen vorgesehen werden.

(3) Ist eine Baugrenze festgesetzt, so dürfen Gebäude und Gebäudeteile diese nicht überschreiten. Ein Vortreten von Gebäudeteilen in geringfügigem Ausmaß kann zugelassen werden. Absatz 2 Satz 3 gilt entsprechend.

(4) Ist eine Bebauungstiefe festgesetzt, so gilt Absatz 3 entsprechend. Die Bebauungstiefe ist von der tatsächlichen Straßengrenze ab zu ermitteln, sofern im Bebauungsplan nichts anderes festgesetzt ist.

(5) Wenn im Bebauungsplan nichts anderes festgesetzt ist, können auf den nicht überbaubaren Grundstücksflächen Nebenanlagen im Sinne des § 14

zugelassen werden. Das Gleiche gilt für bauliche Anlagen, soweit sie nach Landesrecht in den Abstandsflächen zulässig sind oder zugelassen werden können.

Vierter Abschnitt
(weggefallen)

Fünfter Abschnitt
Überleitungs- und Schlussvorschriften
(fortgelassen)

Verordnung
über wohnungswirtschaftliche Berechnungen[1]
(Zweite Berechnungsverordnung – II. BV)

Inhaltsübersicht

Teil I
Allgemeine Vorschriften

Teil II
Wirtschaftlichkeitsberechnung

Erster Abschnitt
Gegenstand, Gliederung und Aufstellung der Berechnung

Zweiter Abschnitt
Berechnung der Gesamtkosten

---

[1] Durch die »Verordnung zur Berechnung der Wohnfläche, über die Aufstellung der Betriebskosten und zur Änderung anderer Verordnungen« vom 25. November 2003 geänderte und seit dem 1. Januar 2004 gültige Fassung

Dritter Abschnitt
Finanzierungsplan

Vierter Abschnitt
Laufende Aufwendungen und Erträge

Fünfter Abschnitt
Besondere Arten der Wirtschaftlichkeitsberechnung

Teil III
Lastenberechnung

Teil IV
Wohnflächenberechnung

Teil V
Schluss- und Überleitungsvorschriften

Anlagen

---

[2] Siehe dazu Wohnflächenverordnung (WoFIV), Seite 266 und Anhang 1
[3] Siehe dazu Betriebskostenverordnung (BetrKV), Seite 269

Teil I
Allgemeine Vorschriften

§ 1
Anwendungsbereich der Verordnung

(1) Diese Verordnung ist anzuwenden, wenn

1. die Wirtschaftlichkeit, Belastung, Wohnfläche oder der angemessene Kaufpreis für öffentlich geförderten Wohnraum bei Anwendung des Zweiten Wohnungsbaugesetzes oder des Wohnungsbindungsgesetzes,

2. die Wirtschaftlichkeit, Belastung oder Wohnfläche für steuerbegünstigten oder freifinanzierten Wohnraum bei Anwendung des Zweiten Wohnungsbaugesetzes,

3. die Wirtschaftlichkeit, Wohnfläche oder der angemessene Kaufpreis bei Anwendung der Verordnung zur Durchführung des Wohnungsgemeinnützigkeitsgesetzes zu berechnen ist.

(2) Diese Verordnung ist ferner anzuwenden, wenn in anderen Rechtsvorschriften die Anwendung vorgeschrieben oder vorausgesetzt ist. Das Gleiche gilt, wenn in anderen Rechtsvorschriften die Anwendung der Ersten Berechnungsverordnung vorgeschrieben oder vorausgesetzt ist.

§§ 1a bis 1 d
(weggefallen)

Teil II
Wirtschaftlichkeitsberechnung

Erster Abschnitt
Gegenstand, Gliederung und Aufstellung der Berechnung
§ 2
Gegenstand der Berechnung

(1) Die Wirtschaftlichkeit von Wohnraum wird durch eine Berechnung (Wirtschaftlichkeitsberechnung) ermittelt. In ihr sind die laufenden Aufwendungen zu ermitteln und den Erträgen gegenüberzustellen.

(2) Die Wirtschaftlichkeitsberechnung ist für das Gebäude, das den Wohnraum enthält, aufzustellen. Sie ist für eine Mehrheit solcher Gebäude aufzustellen, wenn sie eine Wirtschaftseinheit bilden. Eine Wirtschaftseinheit ist eine Mehrheit von Gebäuden, die demselben Eigentümer gehören, in örtlichem Zusammenhang stehen und deren Errichtung ein einheitlicher Finanzierungsplan

zugrunde gelegt worden ist oder zugrunde gelegt werden soll. Ob der Errichtung einer Mehrheit von Gebäuden ein einheitlicher Finanzierungsplan zugrunde gelegt werden soll, bestimmt der Bauherr. Im öffentlich geförderten sozialen Wohnungsbau kann die Bewilligungsstelle die Bewilligung öffentlicher Mittel davon abhängig machen, dass der Bauherr eine andere Bestimmung über den Gegenstand der Berechnung trifft. Wird eine Wirtschaftseinheit in der Weise aufgeteilt, dass eine Mehrheit von Gebäuden bleibt, die demselben Eigentümer gehören und in örtlichem Zusammenhang stehen, so entsteht insoweit eine neue Wirtschaftseinheit.

(3) In die Wirtschaftlichkeitsberechnung sind außer dem Gebäude oder der Wirtschaftseinheit auch zugehörige Nebengebäude, Anlagen und Einrichtungen sowie das Baugrundstück einzubeziehen. Das Baugrundstück besteht aus den überbauten und den dazugehörigen Flächen, soweit sie einen angemessenen Umfang nicht überschreiten; bei einer Kleinsiedlung gehört auch die Landzulage dazu.

(4) Enthält das Gebäude oder die Wirtschaftseinheit neben dem Wohnraum, für den die Wirtschaftlichkeitsberechnung aufzustellen ist, noch anderen Raum, so ist die Wirtschaftlichkeitsberechnung unter den Voraussetzungen und nach Maßgabe des Fünften Abschnittes als Teilwirtschaftlichkeitsberechnung oder als Gesamtwirtschaftlichkeitsberechnung oder mit Teilberechnungen der laufenden Aufwendungen aufzustellen.

(5) Ist die Wirtschaftseinheit aufgeteilt worden, so sind Wirtschaftlichkeitsberechnungen, die nach der Aufteilung aufzustellen sind, für die einzelnen Gebäude oder, wenn neue Wirtschaftseinheiten entstanden sind, für die neuen Wirtschaftseinheiten aufzustellen; Entsprechendes gilt, wenn die Wirtschaftseinheit aufgeteilt werden soll und im Hinblick hierauf Wirtschaftlichkeitsberechnungen aufgestellt werden. Auf die Aufstellung der Wirtschaftlichkeitsberechnungen sind die Vorschriften über die Teilwirtschaftlichkeitsberechnung sinngemäß anzuwenden, soweit nicht eine andere Aufteilung aus besonderen Gründen angemessen ist; im öffentlich geförderten sozialen Wohnungsbau bedarf die Wahl einer anderen Aufteilung der Zustimmung der Bewilligungsstelle. Ist Wohnungseigentum an den Wohnungen einer Wirtschaftseinheit oder eines Gebäudes begründet, ist die Wirtschaftlichkeitsberechnung entsprechend Satz 2 für die einzelnen Wohnungen aufzustellen.

(6) Im öffentlich geförderten sozialen Wohnungsbau dürfen mehrere Gebäude, mehrere Wirtschaftseinheiten oder mehrere Gebäude und Wirtschaftseinheiten nachträglich zu einer Wirtschaftseinheit zusammengefasst werden, sofern sie demselben Eigentümer gehören, in örtlichem Zusammenhang stehen und die Wohnungen keine wesentlichen Unterschiede in ihrem Wohnwert aufweisen. Die Zusammenfassung bedarf der Zustimmung der Bewilligungsstelle. Sie darf nur erteilt werden, wenn öffentlich

geförderte Wohnungen in sämtlichen Gebäuden vorhanden sind. In die Wirtschaftlichkeitsberechnungen, die nach der Zusammenfassung aufgestellt werden, sind die bisherigen Gesamtkosten, Finanzierungsmittel und laufenden Aufwendungen zu übernehmen. Die öffentlichen Mittel gelten als für sämtliche öffentlich geförderten Wohnungen der zusammengefassten Wirtschaftseinheit bewilligt.

(7) Absatz 6 gilt entsprechend im steuerbegünstigten oder freifinanzierten Wohnungsbau, der mit Wohnungsfürsorgemitteln gefördert worden ist. Anstelle der Zustimmung der Bewilligungsstelle ist die Zustimmung des Darlehns- oder Zuschussgebers erforderlich.

(8) Gelten nach § 15 Abs. 2 Satz 2 oder § 16 Abs. 2 oder 7 des Wohnungsbindungsgesetzes eine oder mehrere Wohnungen eines Gebäudes oder einer Wirtschaftseinheit nicht mehr als öffentlich gefördert, so bleibt für die übrigen Wohnungen die bisherige Wirtschaftlichkeitsberechnung mit den zulässigen Ansätzen für Gesamtkosten, Finanzierungsmittel und laufende Aufwendungen in der Weise maßgebend, wie sie für alle bisherigen öffentlich geförderten Wohnungen des Gebäudes oder der Wirtschaftseinheit maßgebend gewesen wäre.

§ 3
Gliederung der Berechnung

Die Wirtschaftlichkeitsberechnung muß enthalten

1. die Grundstücks- und Gebäudebeschreibung,

2. die Berechnung der Gesamtkosten,

3. den Finanzierungsplan,

4. die laufenden Aufwendungen und die Erträge.

§ 4
Maßgebende Verhältnisse für die Aufstellung der Berechnung

(1) Ist im öffentlich geförderten sozialen Wohnungsbau der Bewilligung der öffentlichen Mittel eine Wirtschaftlichkeitsberechnung zugrunde zu legen, so ist die Wirtschaftlichkeitsberechnung nach den Verhältnissen aufzustellen, die beim Antrag auf Bewilligung öffentlicher Mittel bestehen. Haben sich die Verhältnisse bis zur Bewilligung der öffentlichen Mittel geändert, so kann die Bewilligungsstelle der Bewilligung die geänderten Verhältnisse zugrunde legen; sie hat sie zugrunde zu legen, wenn der Bauherr es beantragt.

(2) Ist im öffentlich geförderten sozialen Wohnungsbau der Bewilligung der öffentlichen Mittel eine Wirtschaftlichkeitsberechnung nicht zugrunde gelegt

worden, wohl aber eine ähnliche Berechnung oder eine Berechnung der Gesamtkosten und Finanzierungsmittel, so ist die Wirtschaftlichkeitsberechnung nach den Verhältnissen aufzustellen, die der Bewilligung auf Grund dieser Berechnung zugrunde gelegt worden sind; soweit dies nicht geschehen ist, ist die Wirtschaftlichkeitsberechnung nach den Verhältnissen aufzustellen, die bei der Bewilligung der öffentlichen Mittel bestanden haben.

(3) Ist im öffentlich geförderten sozialen Wohnungsbau der Bewilligung der öffentlichen Mittel eine Wirtschaftlichkeitsberechnung oder eine Berechnung der in Absatz 2 bezeichneten Art nicht zugrunde gelegt worden, so ist die Wirtschaftlichkeitsberechnung nach den Verhältnissen aufzustellen, die bei der Bewilligung der öffentlichen Mittel bestanden haben.

(4) Im steuerbegünstigten Wohnungsbau ist die Wirtschaftlichkeitsberechnung nach den Verhältnissen bei Bezugsfertigkeit aufzustellen.

§ 4a
Berücksichtigung von Änderungen bei Aufstellung der Berechnung

(1) Ist im öffentlich geförderten sozialen Wohnungsbau der Bewilligung der öffentlichen Mittel eine Wirtschaftlichkeitsberechnung zugrunde gelegt worden, so sind die Gesamtkosten, Finanzierungsmittel oder laufenden Aufwendungen, die bei der Bewilligung auf Grund dieser Berechnung zugrunde gelegt worden sind, in eine spätere Wirtschaftlichkeitsberechnung zu übernehmen, es sei denn, dass

1. sie sich nach der Bewilligung der öffentlichen Mittel geändert haben und ein anderer Ansatz in dieser Verordnung vorgeschrieben ist oder

2. nach der Bewilligung der öffentlichen Mittel bauliche Änderungen vorgenommen worden sind und ein anderer Ansatz in dieser Verordnung vorgeschrieben oder zugelassen ist oder

3. laufende Aufwendungen nicht oder nur in geringerer Höhe, als in dieser Verordnung vorgeschrieben oder zugelassen ist, in Anspruch genommen oder anerkannt worden sind oder auf ihren Ansatz ganz oder teilweise verzichtet worden ist oder

4. der Ansatz von laufenden Aufwendungen nach dieser Verordnung nicht mehr oder nur in geringerer Höhe zulässig ist.

In den Fällen der Nummern 3 und 4 bleiben die Gesamtkosten und die Finanzierungsmittel unverändert. Nummer 3 ist erst nach dem Ablauf von 6 Jahren seit der Bezugsfertigkeit der Wohnungen anzuwenden, es sei denn, dass eine andere Frist bei der Bewilligung der öffentlichen Mittel vereinbart worden ist.

(2) Ist im öffentlich geförderten sozialen Wohnungsbau der Bewilligung der öffentlichen Mittel eine Wirtschaftlichkeitsberechnung nicht zugrunde gelegt worden, wohl aber eine ähnliche Berechnung oder eine Berechnung der Gesamtkosten und Finanzierungsmittel, so gilt Absatz 1 entsprechend, soweit bei der Bewilligung auf Grund dieser Berechnung Gesamtkosten, Finanzierungsmittel oder laufende Aufwendungen zugrunde gelegt worden sind; im Übrigen gilt Absatz 3 entsprechend.

(3) Ist im öffentlich geförderten sozialen Wohnungsbau der Bewilligung der öffentlichen Mittel eine Wirtschaftlichkeitsberechnung oder eine Berechnung der in Absatz 2 bezeichneten Art nicht zugrunde gelegt worden und haben sich die Gesamtkosten, Finanzierungsmittel oder laufenden Aufwendungen nach der Bewilligung der öffentlichen Mittel geändert oder sind danach bauliche Änderungen vorgenommen worden, so dürfen diese Änderungen nur berücksichtigt werden, soweit es sich bei entsprechender Anwendung der Vorschriften dieser Verordnung, die die Änderung von Gesamtkosten, Finanzierungsmitteln oder laufenden Aufwendungen oder die bauliche Änderungen zum Gegenstand haben, ergibt.

(4) Haben sich im steuerbegünstigten Wohnungsbau die Gesamtkosten, Finanzierungsmittel oder laufenden Aufwendungen nach der Bezugsfertigkeit geändert oder sind bauliche Änderungen vorgenommen worden, so dürfen diese Änderungen nur berücksichtigt werden, soweit es in dieser Verordnung vorgeschrieben oder zugelassen ist.

(5) Soweit eine Berücksichtigung geänderter Verhältnisse nach dieser Verordnung nicht zulässig ist, bleiben die Verhältnisse im Zeitpunkt nach § 4 maßgebend.

§ 4b
Berechnung für steuerbegünstigten Wohnraum, der mit Aufwendungszuschüssen oder Aufwendungsdarlehen gefördert ist

(1) Ist die Wirtschaftlichkeit für steuerbegünstigte Wohnungen, die mit Aufwendungszuschüssen oder Aufwendungsdarlehen nach § 88 des Zweiten Wohnungsbaugesetzes gefördert worden sind, zu berechnen, so sind die Vorschriften für öffentlich geförderte Wohnungen entsprechend anzuwenden. Bei der entsprechenden Anwendung von § 4 Abs. 1 sind die Verhältnisse im Zeitpunkt der Bewilligung der Aufwendungszuschüsse oder Aufwendungsdarlehen zugrunde zu legen.

(2) Sind die in Absatz 1 bezeichneten Wohnungen auch mit einem Darlehen oder einem Zuschuss aus Wohnungsfürsorgemitteln gefördert worden, so sind die Vorschriften für steuerbegünstigte Wohnungen mit den Maßgaben aus § 6 Abs. 1 Satz 4 und § 20 Abs. 3 anzuwenden.

§ 4c
Berechnung des angemessenen Kaufpreises aus den Gesamtkosten

Ist in Fällen des § 1 Abs. 1 Nr. 1 oder Nr. 3 der angemessene Kaufpreis zu berechnen, so sind die Vorschriften der §§ 4 und 4a bei der Ermittlung der Gesamtkosten, der Kosten des Baugrundstücks oder der Baukosten entsprechend anzuwenden, soweit sich aus § 54a Abs. 2 Satz 2 letzter Halbsatz des Zweiten Wohnungsbaugesetzes oder aus § 14 Abs. 2 Satz 3 der Durchführungsverordnung zum Wohnungsgemeinnützigkeitsgesetz nichts anderes ergibt. Im Übrigen sind die Gesamtkosten, die Kosten des Baugrundstücks und die Baukosten nach den §§ 5 bis 11a zu ermitteln.

Zweiter Abschnitt
Berechnung der Gesamtkosten

§ 5
Gliederung der Gesamtkosten

(1) Gesamtkosten sind die Kosten des Baugrundstücks und die Baukosten.

(2) Kosten des Baugrundstücks sind der Wert des Baugrundstücks, die Erwerbskosten und die Erschließungskosten. Kosten, die im Zusammenhang mit einer das Baugrundstück betreffenden freiwilligen oder gesetzlich geregelten Umlegung, Zusammenlegung oder Grenzregelung (Bodenordnung) entstehen, gehören zu den Erwerbskosten, außer den Kosten der dem Bauherrn dabei obliegenden Verwaltungsleistungen. Bei einem Erbbaugrundstück sind Kosten des Baugrundstücks nur die dem Erbbauberechtigten entstehenden Erwerbs- und Erschließungskosten; zu den Erwerbskosten des Erbbaurechts gehört auch ein Entgelt, das der Erbbauberechtigte einmalig für die Bestellung oder Übertragung des Erbbaurechts zu entrichten hat, soweit es angemessen ist.

(3) Baukosten sind die Kosten der Gebäude, die Kosten der Außenanlagen, die Baunebenkosten, die Kosten besonderer Betriebseinrichtungen sowie die Kosten des Gerätes und sonstiger Wirtschaftsausstattungen. Wird der Wert verwendeter Gebäudeteile angesetzt, so ist er unter den Baukosten gesondert auszuweisen.

(4) Baunebenkosten sind

1. die Kosten der Architekten- und Ingenieurleistungen,

2. die Kosten der dem Bauherrn obliegenden Verwaltungsleistungen bei Vorbereitung und Durchführung des Bauvorhabens,

3. die Kosten der Behördenleistungen bei Vorbereitung und Durchführung des Bauvorhabens, soweit sie nicht Erwerbskosten sind,

4. die Kosten der Beschaffung der Finanzierungsmittel, die Kosten der Zwischenfinanzierung und, soweit sie auf die Bauzeit fallen, die Kapitalkosten und die Steuerbelastungen des Baugrundstücks,

5. die Kosten der Beschaffung von Darlehen und Zuschüssen zur Deckung von laufenden Aufwendungen, Fremdkapitalkosten, Annuitäten und Bewirtschaftungskosten,

6. sonstige Nebenkosten bei Vorbereitung und Durchführung des Bauvorhabens.

(5) Der Ermittlung der Gesamtkosten ist die dieser Verordnung beigefügte Anlage 1 »Aufstellung der Gesamtkosten« zugrunde zu legen.

§ 6
Kosten des Baugrundstücks

(1) Als Wert des Baugrundstücks darf höchstens angesetzt werden,

1. wenn das Baugrundstück dem Bauherrn zur Förderung des Wohnungsbaues unter dem Verkehrswert überlassen worden ist, der Kaufpreis,

2. wenn das Baugrundstück durch Enteignung zur Durchführung des Bauvorhabens vom Bauherrn erworben worden ist, die Entschädigung,

3. in anderen Fällen der Verkehrswert in dem nach § 4 maßgebenden Zeitpunkt oder der Kaufpreis, es sei denn, dass er unangemessen hoch gewesen ist.

Für den Begriff des Verkehrswertes gilt § 194 des Baugesetzbuchs. Im steuerbegünstigten Wohnungsbau dürfen neben dem Verkehrswert Kosten der Zwischenfinanzierung, Kapitalkosten und Steuerbelastungen des Baugrundstücks, die auf die Bauzeit fallen, nicht angesetzt werden. Ist die Wirtschaftlichkeitsberechnung nach § 87a des Zweiten Wohnungsbaugesetzes aufzustellen, so darf der Bauherr den Wert des Baugrundstücks nach Satz 1 ansetzen, soweit nicht mit dem Darlehns- oder Zuschussgeber vertraglich ein anderer Ansatz vereinbart ist.

(2) Bei Ausbau durch Umwandlung oder Umbau darf als Wert des Baugrundstücks höchstens der Verkehrswert vergleichbarer unbebauter Grundstücke für Wohngebäude in dem nach § 4 maßgebenden Zeitpunkt angesetzt werden. Der Wert des Baugrundstücks darf nicht angesetzt werden beim Ausbau durch Umbau einer Wohnung, deren Bau bereits mit öffentlichen Mitteln oder mit Wohnungsfürsorgemitteln gefördert worden ist.

(3) Soweit Preisvorschriften in dem nach § 4 maßgebenden Zeitpunkt bestanden haben, dürfen höchstens die danach zulässigen Preise zugrunde gelegt werden.

(4) Erwerbskosten und Erschließungskosten dürfen, vorbehaltlich der §§ 9 und 10, nur angesetzt werden, soweit sie tatsächlich entstehen oder mit ihrem Entstehen sicher gerechnet werden kann.

(5) Wird die Erschließung im Zusammenhang mit dem Bauvorhaben durchgeführt, so darf außer den Erschließungskosten nur der Wert des nicht erschlossenen Baugrundstücks nach Absatz 1 angesetzt werden. Ist die Erschließung bereits vorher ganz oder teilweise durchgeführt worden, so kann der Wert des ganz oder teilweise erschlossenen Baugrundstücks nach Absatz 1 angesetzt werden, wenn ein Ansatz von Erschließungskosten insoweit unterbleibt.

(6) Liegt das Baugrundstück in dem nach § 4 maßgebenden Zeitpunkt in einem nach dem Städtebauförderungsgesetz oder dem Baugesetzbuch förmlich festgelegten Sanierungsgebiet, Ersatzgebiet, Ergänzungsgebiet oder Entwicklungsbereich und wird die Maßnahme nicht im vereinfachten Verfahren durchgeführt, dürfen abweichend von Absatz 1 Satz 1 und den Absätzen 2, 4 und 5 als Wert des Baugrundstücks und an Stelle der Erschließungskosten höchstens angesetzt werden

1. der Wert, der sich für das unbebaute Grundstück ergeben würde, wenn eine Sanierung oder Entwicklung weder beabsichtigt noch durchgeführt worden wäre, der Kaufpreis für ein nach der förmlichen Festlegung erworbenes Grundstück, soweit er zulässig gewesen ist, oder, wenn eine Umlegung nach Maßgabe des § 16 des Städtebauförderungsgesetzes oder des § 153 Abs. 5 des Baugesetzbuches durchgeführt worden ist, der Verkehrswert, der der Zuteilung des Grundstücks zugrunde gelegt worden ist,

2. der Ausgleichsbetrag, der für das Grundstück zu entrichten ist,

3. der Betrag, der auf den Ausgleichsbetrag angerechnet wird, soweit die Anrechnung nicht auf Umständen beruht, die in dem nach Nummer 1 angesetzten Wert des Grundstücks berücksichtigt sind.

§ 7
Baukosten

(1) Baukosten dürfen nur angesetzt werden, soweit sie tatsächlich entstehen oder mit ihrem Entstehen sicher gerechnet werden kann und soweit sie bei gewissenhafter Abwägung aller Umstände, bei wirtschaftlicher Bauausführung und bei ordentlicher Geschäftsführung gerechtfertigt sind. Kosten entstehen tatsächlich in der Höhe, in der der Bauherr eine Vergütung für Bauleistungen zu entrichten hat; ein Barzahlungsnachlass (Skonto) braucht nicht abgesetzt zu werden, soweit er handelsüblich ist. Die Vorschriften der §§ 9 und 10 bleiben unberührt.

(2) Bei Wiederaufbau und bei Ausbau durch Umwandlung oder Umbau eines Gebäudes gehört zu den Baukosten auch der Wert der verwendeten Gebäude-teile. Der Wert der verwendeten Gebäudeteile ist mit dem Betrage anzusetzen, der einem Unternehmer für die Bauleistungen im Rahmen der Kosten des Gebäudes zu entrichten wäre, wenn an Stelle des Wiederaufbaues oder des Ausbaues ein Neubau durchgeführt würde, abzüglich der Kosten des Gebäudes, die für den Wiederaufbau oder den Ausbau tatsächlich entstehen oder mit deren Entstehen sicher gerechnet werden kann. Bei der Ermittlung der Kosten eines vergleichbaren Neubaues dürfen verwendete Gebäudeteile, die für einen Neubau nicht erforderlich gewesen wären, nicht berücksichtigt werden. Bei Wiederaufbau ist der Restbetrag der auf dem Grundstück ruhenden Hypo-thekengewinnabgabe von dem nach den Sätzen 2 und 3 ermittelten Wert der verwendeten Gebäudeteile mit dem Betrage abzuziehen, der sich vor Herab-setzung der Abgabeschulden nach § 104 des Lastenausgleichsgesetzes für den Herabsetzungsstichtag ergibt. § 6 Abs. 2 Satz 2 ist auf den Wert der ver-wendeten Gebäudeteile entsprechend anzuwenden.

(3) Bei Wiederherstellung, Ausbau eines Gebäudeteils und Erweiterung darf der Wert der verwendeten Gebäudeteile nur nach dem Fünften Abschnitt angesetzt werden.

§ 8
Baunebenkosten

(1) Auf die Ansätze für die Kosten der Architekten, Ingenieure und anderer Sonderfachleute, die Kosten der Verwaltungsleistungen bei Vorbereitung und Durchführung des Bauvorhabens und die damit zusammenhängenden Nebenkosten ist § 7 Abs. 1 anzuwenden. Als Kosten der Architekten- und Ingenieurleistungen dürfen höchstens die Beträge angesetzt werden, die sich nach Absatz 2 ergeben. Als Kosten der Verwaltungsleistungen dürfen höchs-tens die Beträge angesetzt werden, die sich nach den Absätzen 3 bis 5 ergeben.

(2) Der Berechnung des Höchstbetrages für die Kosten der Architekten- und Ingenieurleistungen sind die Teile I bis III und VII bis XII der Honorarordnung für Architekten und Ingenieure vom 17. September 1976 (BGBl. I S. 2805, 3616) in der jeweils geltenden Fassung zugrunde zu legen. Dabei dürfen

1. das Entgelt für Grundleistungen nach den Mindestsätzen der Honorar-tafeln in den Honorarzonen der Teile II, VIII, X und XII bis einschließlich Honorarzone III und der Teile IX und XI bis einschließlich Honorarzone II,

2. die nachgewiesenen Nebenkosten und

3. die auf das ansetzbare Entgelt und die nachgewiesenen Nebenkosten fallende Umsatzsteuer

angesetzt werden. Höhere Entgelte und Entgelte für andere Leistungen dürfen nur angesetzt werden, soweit die nach Satz 2 Nr. 1 zulässigen Ansätze den erforderlichen Leistungen nicht gerecht werden. Die in Satz 3 bezeichneten Entgelte dürfen nur angesetzt werden, soweit

1. im öffentlich geförderten sozialen Wohnungsbau die Bewilligungsstelle,

2. im steuerbegünstigten oder freifinanzierten Wohnungsbau, der mit Wohnungsfürsorgemitteln gefördert worden ist, der Darlehns- oder Zuschussgeber

ihnen zugestimmt hat.

(3) Der Berechnung des Höchstbetrages für die Kosten der Verwaltungsleistungen ist ein Vomhundertsatz der Baukosten ohne Baunebenkosten und, soweit der Bauherr die Erschließung auf eigene Rechnung durchführt, auch der Erschließungskosten zugrunde zu legen, und zwar bei Kosten in der Stufe

1. bis	127 822,97 Euro	einschließlich	3,40 vom Hundert,
2. bis	255 645,94 Euro	einschließlich	3,10 vom Hundert,
3. bis	511 291,88 Euro	einschließlich	2,80 vom Hundert,
4. bis	818 067,01 Euro	einschließlich	2,50 vom Hundert,
5. bis	1 278 229,70 Euro	einschließlich	2,20 vom Hundert,
6. bis	1 789 521,58 Euro	einschließlich	1,90 vom Hundert,
7. bis	2 556 459,41 Euro	einschließlich	1,60 vom Hundert,
8. bis	3 579 043,17 Euro	einschließlich	1,30 vom Hundert,
9. über	3 579 043,17 Euro		1,00 vom Hundert.

Die Vomhundertsätze erhöhen sich

1. um 0,5 im Falle der Betreuung des Baues von Eigenheimen, Eigensiedlungen und Eigentumswohnungen sowie im Falle des Baues von Kaufeigenheimen, Trägerkleinsiedlungen und Kaufeigentumswohnungen,

2. um 0,5, wenn besondere Maßnahmen zur Bodenordnung (§ 5 Abs. 2 Satz 2) notwendig sind,

3. um 0,5, wenn die Vorbereitung oder Durchführung des Bauvorhabens mit sonstigen besonderen Verwaltungsschwierigkeiten verbunden ist,

4. um 1,5, wenn für den Bau eines Familienheims oder einer eigengenutzten Eigentumswohnung Selbsthilfe in Höhe von mehr als 10 vom Hundert der Baukosten geleistet wird.

Erhöhungen nach den Nummern 1, 2 und 3 sowie nach den Nummern 2 und 4 dürfen nebeneinander angesetzt werden. Bei der Berechnung des Höchstbetrages für die Kosten von Verwaltungsleistungen, die bei baulichen Änderungen nach § 11 Abs. 4 bis 6 erbracht werden, sind Satz 1 und Satz 2 Nr. 3 entsprechend anzuwenden. Neben dem Höchstbetrag darf die Umsatzsteuer angesetzt werden.

(4) Statt des Höchstbetrages, der sich aus den nach Absatz 3 Satz 1 oder 4 maßgebenden Kosten und dem Vomhundertsatz der entsprechenden Kostenstufe ergibt, darf der Höchstbetrag der vorangehenden Kostenstufe gewählt werden. Die aus Absatz 3 Satz 2 und 3 folgenden Erhöhungen werden in den Fällen des Absatzes 3 Satz 1 hinzugerechnet. Absatz 3 Satz 5 gilt entsprechend.

(5) Wird der angemessene Kaufpreis nach § 4c für Teile einer Wirtschaftseinheit aus den Gesamtkosten ermittelt, so sind für die Berechnung des Höchstbetrages nach den Absätzen 3 und 4 die Kosten für das einzelne Gebäude zugrunde zu legen; der Kostenansatz dient auch zur Deckung der Kosten der dem Bauherrn im Zusammenhang mit der Eigentumsübertragung obliegenden Verwaltungsleistungen. Bei Eigentumswohnungen und Kaufeigentumswohnungen sind für die Berechnung der Kosten der Verwaltungsleistungen die Kosten für die einzelnen Wohnungen zugrunde zu legen.

(6) Der Kostenansatz nach den Absätzen 3 bis 5 dient auch zur Deckung der Kosten der Verwaltungsleistungen, die der Bauherr oder der Betreuer zur Beschaffung von Finanzierungsmitteln erbringt.

(7) Kosten der Beschaffung der Finanzierungsmittel dürfen nicht für den Nachweis oder die Vermittlung von Mitteln aus öffentlichen Haushalten angesetzt werden.

(8) Als Kosten der Zwischenfinanzierung dürfen nur Kosten für Darlehen oder für eigene Mittel des Bauherrn angesetzt werden, deren Ersetzung durch zugesagte oder sicher in Aussicht stehende endgültige Finanzierungsmittel bereits bei dem Einsatz der Zwischenfinanzierungsmittel gewährleistet ist. Eine Verzinsung der vom Bauherrn zur Zwischenfinanzierung eingesetzten eigenen Mittel darf höchstens mit dem marktüblichen Zinssatz für erste Hypotheken angesetzt werden. Kosten der Zwischenfinanzierung dürfen, vorbehaltlich des § 11, nur angesetzt werden, soweit sie auf die Bauzeit bis zur Bezugsfertigkeit entfallen.

(9) Auf die Eigenkapitalkosten in der Bauzeit ist § 20 entsprechend anzuwenden. § 6 Abs. 1 Satz 3 bleibt unberührt.

§ 9
Sach- und Arbeitsleistungen

(1) Der Wert der Sach- und Arbeitsleistungen des Bauherrn, vor allem der Wert der Selbsthilfe, darf bei den Gesamtkosten mit dem Betrage angesetzt werden, der für eine gleichwertige Unternehmerleistung angesetzt werden könnte. Der Wert der Architekten-, Ingenieur- und Verwaltungsleistungen des Bauherrn darf mit den nach § 8 Abs. 2 Satz 2 Nr. 1 und Abs. 3 bis 5 zulässigen Höchstbeträgen angesetzt werden. Erbringt der Bauherr die Leistungen nur zu einem Teil, so darf nur der den Leistungen entsprechende Teil der Höchstbeträge als Eigenleistungen angesetzt werden.

(2) Absatz 1 gilt entsprechend für den Wert der Sach- und Arbeitsleistungen des Bewerbers um ein Kaufeigenheim, eine Trägerkleinsiedlung, eine Kaufeigentumswohnung und eine Genossenschaftswohnung sowie für den Wert der Sach- und Arbeitsleistungen des Mieters.

(3) Die Absätze 1 und 2 gelten entsprechend, wenn der Bauherr, der Bewerber oder der Mieter Sach- und Arbeitsleistungen mit eigenen Arbeitnehmern im Rahmen seiner gewerblichen oder unternehmerischen Tätigkeit oder auf Grund seines Berufes erbringt.

§ 10
Leistungen gegen Renten

(1) Sind als Entgelt für eine der Vorbereitung oder Durchführung des Bauvorhabens dienende Leistung eines Dritten wiederkehrende Leistungen zu entrichten, so darf der Wert der Leistung des Dritten bei den Gesamtkosten angesetzt werden,

1. wenn es sich um die Übereignung des Baugrundstücks handelt, mit dem Verkehrswert,

2. wenn es sich um eine andere Leistung handelt, mit dem Betrage, der für eine gleichwertige Unternehmerleistung angesetzt werden könnte.

(2) Absatz 1 gilt nicht für die Bestellung eines Erbbaurechts.

§ 11
Änderung der Gesamtkosten, bauliche Änderungen

(1) Haben sich die Gesamtkosten geändert

1. im öffentlich geförderten sozialen Wohnungsbau nach der Bewilligung der öffentlichen Mittel gegenüber dem bei der Bewilligung auf Grund der Wirtschaftlichkeitsberechnung zugrunde gelegten Betrag,

2. im steuerbegünstigten Wohnungsbau nach der Bezugsfertigkeit,

so sind in Wirtschaftlichkeitsberechnungen, die nach diesen Zeitpunkten aufgestellt werden, die geänderten Gesamtkosten anzusetzen. Dies gilt bei einer Erhöhung der Gesamtkosten nur, wenn sie auf Umständen beruht, die der Bauherr nicht zu vertreten hat. Bei öffentlich gefördertem Wohnraum, auf den das Zweite Wohnungsbaugesetz nicht anwendbar ist, dürfen erhöhte Gesamtkosten nur angesetzt werden, wenn sie in der Schlussabrechnung oder sonst von der Bewilligungsstelle anerkannt worden sind.

(2) Wertänderungen sind nicht als Änderungen der Gesamtkosten anzusehen.

(3) Die Gesamtkosten können sich auch dadurch erhöhen,

1. dass sich innerhalb von zwei Jahren nach der Bezugsfertigkeit Kosten der Zwischenfinanzierung ergeben, welche die für die endgültigen Finanzierungsmittel nach den §§ 19 bis 23a angesetzten Kapitalkosten übersteigen oder

2. dass bei einer Ersetzung von Finanzierungsmitteln durch andere Mittel nach § 12 Abs. 4 einmalige Kosten entstehen oder

3. dass durch die Verlängerung der vereinbarten Laufzeit oder durch die Anpassung der Bedingungen nach der vereinbarten Festzinsperiode eines im Finanzierungsplan ausgewiesenen Darlehens einmalige Kosten entstehen, soweit sie auch bei einer Ersetzung nach § 12 Abs. 4 entstehen würden.

(4) Sind

1. im öffentlich geförderten sozialen Wohnungsbau nach der Bewilligung der öffentlichen Mittel,

2. im steuerbegünstigten Wohnungsbau nach der Bezugsfertigkeit bauliche Änderungen vorgenommen worden, so dürfen die durch die Änderungen entstehenden Kosten nach den Absätzen 5 und 6 den Gesamtkosten hinzugerechnet werden. Erneuerungen, Instandhaltungen und Instandsetzungen sind keine baulichen Änderungen; jedoch fallen Instandsetzungen, die durch Maßnahmen der Modernisierung (Absatz 6) verursacht werden, unter die Modernisierung.

(5) Die Kosten von baulichen Änderungen dürfen den Gesamtkosten nur hinzugerechnet werden, soweit die Änderungen

1. auf Umständen beruhen, die der Bauherr nicht zu vertreten hat, oder eine Modernisierung (Absatz 6) bewirken und dem gesamten Wohnraum zugute kommen, für den eine Wirtschaftlichkeitsberechnung aufzustellen ist, oder

2. dem Ausbau eines Gebäudeteils oder der Erweiterung dienen und nicht Modernisierung sind, es sei denn, dass es sich nur um die Vergrößerung

eines Teils der Wohnungen handelt, für die eine Wirtschaftlichkeitsberechnung aufzustellen ist.

(6) Modernisierungen sind bauliche Maßnahmen, die den Gebrauchswert des Wohnraums nachhaltig erhöhen, die allgemeinen Wohnverhältnisse auf die Dauer verbessern oder nachhaltig Einsparungen von Energie oder Wasser bewirken.

(7) Eine Modernisierung darf im öffentlich geförderten sozialen Wohnungsbau nur berücksichtigt werden, wenn die Bewilligungsstelle ihr zugestimmt hat. Die Zustimmung gilt als erteilt, wenn Mittel aus öffentlichen Haushalten für die Modernisierung bewilligt worden sind.

§ 11a
Nicht feststellbare Gesamtkosten

Sind die Bau-, Erwerbs- oder Erschließungskosten nach § 6 Abs. 4 und 5, den §§ 7 bis 11 ganz oder teilweise nicht oder nur mit verhältnismäßig großen Schwierigkeiten festzustellen, so dürfen insoweit die Kosten angesetzt werden, die zu der Zeit, als die Leistungen erbracht worden sind, marktüblich waren. Die marktüblichen Kosten der Gebäude (§ 5 Abs. 3) können nach Erfahrungssätzen über die Kosten des umbauten Raumes bei Hochbauten berechnet werden. Bei der Berechnung des umbauten Raumes ist die Anlage 2 dieser Verordnung zugrunde zu legen.

Dritter Abschnitt
Finanzierungsplan

§ 12
Inhalt des Finanzierungsplanes

(1) Im Finanzierungsplan sind die Mittel auszuweisen, die zur Deckung der in der Wirtschaftlichkeitsberechnung angesetzten Gesamtkosten dienen (Finanzierungsmittel), und zwar

1. die Fremdmittel mit dem Nennbetrag und mit den vereinbarten oder vorgesehenen Auszahlungs-, Zins- und Tilgungsbedingungen, auch wenn sie planmäßig getilgt sind,

2. die verlorenen Baukostenzuschüsse,

3. die Eigenleistungen.

Vor- oder Zwischenfinanzierungsmittel sind nicht als Finanzierungsmittel auszuweisen.

(2) Werden nach § 11 Abs. 1 bis 3 geänderte Gesamtkosten angesetzt, so sind die Finanzierungsmittel auszuweisen, die zur Deckung der geänderten Gesamtkosten dienen.

(3) Werden nach § 11 Abs. 4 bis 6 die Kosten von baulichen Änderungen den Gesamtkosten hinzugerechnet, so sind die Mittel, die zur Deckung dieser Kosten dienen, im Finanzierungsplan auszuweisen. Für diese Mittel gelten die Vorschriften über Finanzierungsmittel.

(4) Sind

1. im öffentlich geförderten sozialen Wohnungsbau nach der Bewilligung der öffentlichen Mittel oder

2. im steuerbegünstigten Wohnungsbau nach der Bezugsfertigkeit

Finanzierungsmittel durch andere Mittel ersetzt worden, so sind die neuen Mittel an der Stelle der bisherigen Finanzierungsmittel auszuweisen. Sind die Kapitalkosten der neuen Mittel zusammen mit den Kapitalkosten der Mittel, die der Deckung der einmaligen Kosten der Ersetzung dienen, höher als die Kapitalkosten der bisherigen Finanzierungsmittel, so sind die neuen Mittel nur auszuweisen, wenn die Ersetzung auf Umständen beruht, die der Bauherr nicht zu vertreten hat. Bei einem Tilgungsdarlehen ist der Betrag, der planmäßig getilgt ist, unter Hinweis hierauf in der bisherigen Weise auszuweisen; die Sätze 1 und 2 finden auf diesen Betrag keine Anwendung.

(5) Sind die als Darlehen gewährten öffentlichen Mittel gemäß § 16 des Wohnungsbindungsgesetzes vorzeitig zurückgezahlt oder abgelöst worden, so sind die zur Rückzahlung oder Ablösung aufgewandten Finanzierungs-mittel an der Stelle der öffentlichen Mittel auszuweisen. Der Betrag des Darlehens, der planmäßig getilgt oder bei der Ablösung erlassen ist, ist unter Hinweis hierauf in der bisherigen Weise auszuweisen.

(6) Ist die Verbindlichkeit aus einem Aufbaudarlehen, das dem Bauherrn gewährt worden ist, nach Zuerkennung des Anspruchs auf Hauptentschädi-gung gemäß § 258 Abs. 1 Nr. 2 des Lastenausgleichsgesetzes ganz oder teilweise als nicht entstanden anzusehen, so gilt das Aufbaudarlehen inso-weit als durch eigene Mittel des Bauherrn ersetzt. Die Ersetzung gilt als auf Umständen beruhend, die der Bauherr nicht zu vertreten hat, und von dem Zeitpunkt an als eingetreten, zu dem der Bescheid über die Zuerkennung des Anspruchs auf Hauptentschädigung unanfechtbar geworden ist.

§ 13
Fremdmittel

(1) Fremdmittel sind

1. Darlehen,

2. gestundete Restkaufgelder,

3. gestundete öffentliche Lasten des Baugrundstücks außer der Hypothekengewinnabgabe,

4. kapitalisierte Beträge wiederkehrender Leistungen, namentlich von Rentenschulden,

5. Mietvorauszahlungen,

die zur Deckung der Gesamtkosten dienen.

(2) Vor der Bebauung vorhandene Verbindlichkeiten, die auf dem Baugrundstück dinglich gesichert sind, gelten als Fremdmittel, soweit sie den Wert des Baugrundstücks und der verwendeten Gebäudeteile nicht übersteigen.

(3) Kapitalisierte Beträge wiederkehrender Leistungen, namentlich von Rentenschulden, dürfen höchstens mit dem Betrage ausgewiesen werden, der bei den Gesamtkosten für die Gegenleistung nach § 10 angesetzt ist.

§ 14
Verlorene Baukostenzuschüsse

Verlorene Baukostenzuschüsse sind Geld-, Sach- und Arbeitsleistungen an den Bauherrn, die zur Deckung der Gesamtkosten dienen und erbracht werden, um den Gebrauch von Wohn- oder Geschäftsraum zu erlangen oder Kapitalkosten zu ersparen, ohne dass vereinbart ist, den Wert der Leistung zurückzuerstatten oder mit der Miete oder einem ähnlichen Entgelt zu verrechnen oder als Vorauszahlung hierauf zu behandeln. Verlorene Baukostenzuschüsse sind auch Geldleistungen, mit denen die Gemeinde dem Eigentümer Kosten der Modernisierung erstattet oder die ihm vom Land oder von der Gemeinde als Modernisierungszuschüsse gewährt werden.

§ 15
Eigenleistungen

(1) Eigenleistungen sind die Leistungen des Bauherrn, die zur Deckung der Gesamtkosten dienen, namentlich

1. Geldmittel,

2. der Wert der Sach- und Arbeitsleistungen, vor allem der Wert der einge-brachten Baustoffe und der Selbsthilfe,

3. der Wert des eigenen Baugrundstücks und der Wert verwendeter Gebäudeteile.

(2) Als Eigenleistung kann auch ganz oder teilweise ausgewiesen werden

1. ein Barzahlungsnachlass (Skonto), wenn bei den Gesamtkosten die vom Bauherrn zu entrichtende Vergütung in voller Höhe angesetzt ist,

2. der Wert von Sach- und Arbeitsleistungen, die der Bauherr mit eigenen Arbeitnehmern im Rahmen seiner gewerblichen oder unternehmerischen Tätigkeit oder auf Grund seines Berufes erbringt.

(3) Die in Absatz 1 Nr. 2 und 3 bezeichneten Werte sind, vorbehaltlich der Absätze 2 und 4, mit dem Betrage auszuweisen, der bei den Gesamtkosten angesetzt ist.

(4) Bei Ermittlung der Eigenleistung sind gestundete Restkaufgelder und die in § 13 Abs. 2 bezeichneten Verbindlichkeiten mit dem Betrage abzuziehen, mit dem sie im Finanzierungsplan als Fremdmittel ausgewiesen sind.

§ 16
Ersatz der Eigenleistung

(1) Im öffentlich geförderten sozialen Wohnungsbau sind von der Bewilli-gungsstelle, soweit der Bauherr nichts anderes beantragt, als Ersatz der Eigenleistung anzuerkennen

1. ein der Restfinanzierung dienendes Familienzusatzdarlehen nach § 45 des Zweiten Wohnungsbaugesetzes,

2. ein Aufbaudarlehen an den Bauherrn nach § 254 des Lastenausgleichs-gesetzes oder ein ähnliches Darlehen aus Mitteln eines öffentlichen Haushalts,

3. ein Darlehen an den Bauherrn zur Beschaffung von Wohnraum nach § 30 des Kriegsgefangenenentschädigungsgesetzes.

(2) Im öffentlich geförderten sozialen Wohnungsbau kann die Bewilligungs-stelle auf Antrag des Bauherrn ganz oder teilweise als Ersatz der Eigenleis-tung anerkennen

1. der Restfinanzierung dienende verlorene Baukostenzuschüsse, soweit ihre Annahme nach § 50 Abs. 1 des Zweiten Wohnungsbaugesetzes zulässig ist,

2. auf dem Baugrundstück nicht dinglich gesicherte Fremdmittel,

3. im Range nach dem der nachstelligen Finanzierung dienenden öffentlichen Baudarlehen auf dem Baugrundstück dinglich gesicherte Fremdmittel,

4. der Restfinanzierung dienende öffentliche Baudarlehen.

(3) Für die als Ersatz der Eigenleistung anerkannten Finanzierungsmittel gelten im Übrigen die Vorschritten für Fremdmittel oder verlorene Baukostenzuschüsse.

§ 17
(weggefallen)

Vierter Abschnitt
Laufende Aufwendungen und Erträge
§ 18
Laufende Aufwendungen

(1) Laufende Aufwendungen sind die Kapitalkosten und die Bewirtschaftungskosten. Zu den laufenden Aufwendungen gehören nicht die Leistungen aus der Hypothekengewinnabgabe.

(2) Werden dem Bauherrn Darlehen oder Zuschüsse zur Deckung von laufenden Aufwendungen, Fremdkapitalkosten, Annuitäten oder Bewirtschaftungskosten für den gesamten Wohnraum gewährt, für den eine Wirtschaftlichkeitsberechnung aufzustellen ist, so verringert sich der Gesamtbetrag der laufenden Aufwendungen entsprechend. Der verringerte Gesamtbetrag ist auch für die Zeit anzusetzen, in der diese Darlehen oder Zuschüsse für einen Teil des Wohnraums entfallen oder in der sie aus solchen Gründen nicht mehr gewährt werden, die der Bauherr zu vertreten hat. Entfallen die Darlehen oder Zuschüsse für den gesamten Wohnraum aus Gründen, die der Bauherr nicht zu vertreten hat, so erhöht sich der Gesamtbetrag der laufenden Aufwendungen entsprechend; dies gilt nicht, soweit Darlehen oder Zuschüsse nach vollständiger Tilgung anderer Finanzierungsmittel verringert werden.

(3) Zinsen und Tilgungen, die planmäßig für Aufwendungsdarlehen im Sinne des § 42 Abs. 1 Satz 2 oder § 88 Abs. 1 Satz 1 des Zweiten Wohnungsbaugesetzes oder im Sinne des § 2a Abs. 9 des Gesetzes zur Förderung des Bergarbeiterwohnungsbaues im Kohlenbergbau zu entrichten sind, erhöhen den Gesamtbetrag der laufenden Aufwendungen. Zinsen und Tilgungen, die planmäßig für Annuitätsdarlehen im Sinne des § 42 Abs. 1 Satz 2 des Zweiten Wohnungsbaugesetzes zu entrichten sind, erhöhen den Gesamtbetrag der laufenden Aufwendungen; dies gilt jedoch nicht für Tilgungsbeträge für

Annuitätsdarlehen, soweit diese zur Deckung der für Finanzierungsmittel zu entrichtenden Tilgungen bewilligt worden sind.

(4) Sind Aufwendungs- oder Annuitätsdarlehen gemäß § 16 des Wohnungs-bindungsgesetzes vorzeitig zurückgezahlt oder abgelöst worden, dürfen für den zur Rückzahlung oder Ablösung aufgewendeten Betrag vorbehaltlich des § 46 Abs. 2 keine höheren Zinsen und Tilgungen dem Gesamtbetrag der laufenden Aufwendungen hinzugerechnet werden, als im Zeitpunkt der Rück-zahlung oder Ablösung für das Aufwendungs- oder Annuitätsdarlehen zu entrichten waren; soweit Annuitätsdarlehen zur Deckung der für Finanzie-rungsmittel zu entrichtenden Tilgungen bewilligt worden sind, können für das Ersatzfinanzierungsmittel Tilgungsbeträge nicht angesetzt werden.

§ 19
Kapitalkosten

(1) Kapitalkosten sind die Kosten, die sich aus der Inanspruchnahme der im Finanzierungsplan ausgewiesenen Finanzierungsmittel ergeben, namentlich die Zinsen. Zu den Kapitalkosten gehören die Eigenkapitalkosten und die Fremdkapitalkosten.

(2) Leistungen aus Nebenverträgen, namentlich aus dem Abschluss von Personenversicherungen, dürfen als Kapitalkosten auch dann nicht angesetzt werden, wenn der Nebenvertrag der Beschaffung von Finanzierungsmitteln oder sonst dem Bauvorhaben gedient hat.

(3) Für verlorene Baukostenzuschüsse ist der Ansatz von Kapitalkosten unzulässig.

(4) Tilgungen dürfen als Kapitalkosten nur nach § 22 angesetzt werden.

(5) Dienen Finanzierungsmittel zur Deckung von Gesamtkosten, mit deren Entstehen sicher gerechnet werden kann, die aber bis zur Bezugsfertigkeit nicht entstanden sind, dürfen Kapitalkosten hierfür nicht vor dem Entstehen dieser Gesamtkosten angesetzt werden.

§ 20
Eigenkapitalkosten

(1) Eigenkapitalkosten sind die Zinsen für die Eigenleistungen.

(2) Für Eigenleistungen darf eine Verzinsung in Höhe des im Zeitpunkt nach § 4 marktüblichen Zinssatzes für erste Hypotheken angesetzt werden. Im öffentlich geförderten sozialen Wohnungsbau darf für den Teil der Eigen-leistungen, der 15 vom Hundert der Gesamtkosten des Bauvorhabens nicht

übersteigt, eine Verzinsung von 4 vom Hundert angesetzt werden; für den darüber hinausgehenden Teil der Eigenleistungen darf angesetzt werden

a) eine Verzinsung in Höhe des marktüblichen Zinssatzes für erste Hypotheken, sofern die öffentlichen Mittel vor dem 1. Januar 1974 bewilligt worden sind,

b) in den übrigen Fällen eine Verzinsung in Höhe von 6,5 vom Hundert.

(3) Ist die Wirtschaftlichkeitsberechnung nach § 87a des Zweiten Wohnungsbaugesetzes aufzustellen, so dürfen die Zinsen für die Eigenleistungen nach dem Zinssatz angesetzt werden, der mit dem Darlehens- oder Zuschussgeber vereinbart ist, mindestens jedoch entsprechend Absatz 2 Satz 2.

§ 21
Fremdkapitalkosten

(1) Fremdkapitalkosten sind die Kapitalkosten, die sich aus der Inanspruchnahme der Fremdmittel ergeben, namentlich

1. Zinsen für Fremdmittel,

2. laufende Kosten, die aus Bürgschaften für Fremdmittel entstehen,

3. sonstige wiederkehrende Leistungen aus Fremdmitteln, namentlich aus Rentenschulden.

Als Fremdkapitalkosten gelten auch die Erbbauzinsen. Laufende Nebenleistungen, namentlich Verwaltungskostenbeiträge, sind wie Zinsen zu behandeln.

(2) Zinsen für Fremdmittel, namentlich für Tilgungsdarlehen, sind mit dem Betrage anzusetzen, der sich aus dem im Finanzierungsplan ausgewiesenen Fremdmittel mit dem maßgebenden Zinssatz errechnet.

(3) Maßgebend ist, soweit nichts anderes vorgeschrieben ist, der vereinbarte Zinssatz oder, wenn die Zinsen tatsächlich nach einem niedrigeren Zinssatz zu entrichten sind, dieser, höchstens jedoch der für erste Hypotheken im Zeitpunkt nach § 4 marktübliche Zinssatz. Der niedrigere Zinssatz bleibt maßgebend

1. nach der planmäßigen Tilgung des Fremdmittels,

2. nach der Ersetzung des Fremdmittels durch andere Mittel, deren Kapitalkosten höher sind, wenn die Ersetzung auf Umständen beruht, die der Bauherr zu vertreten hat; § 23 Abs. 5 bleibt unberührt.

(4) Fremdkapitalkosten nach Absatz 1 Nr. 3 und Erbbauzinsen sind, soweit nichts anderes vorgeschrieben ist, in der vereinbarten Höhe oder, wenn der tatsächlich zu entrichtende Betrag niedriger ist, in dieser Höhe anzusetzen, höchstens jedoch mit dem Betrag, der einer Verzinsung zu dem im Zeitpunkt

nach § 4 marktüblichen Zinssatz für erste Hypotheken entspricht; für die Berechnung dieser Verzinsung ist bei einem Erbbaurecht höchstens der im Zeitpunkt nach § 4 maßgebende Verkehrswert des Baugrundstücks, abzüglich eines einmaligen Entgeltes nach § 5 Abs. 2 Satz 3, zugrunde zu legen.

§ 22
Zinsersatz bei erhöhten Tilgungen

(1) Bei unverzinslichen Fremdmitteln, deren Tilgungssatz 1 vom Hundert übersteigt, dürfen Tilgungen als Kapitalkosten angesetzt werden (Zinsersatz); das Gleiche gilt, wenn der Zinssatz niedriger als 4 vom Hundert ist.

(2) Der Ansatz für Zinsersatz darf bei den einzelnen Fremdmitteln deren Tilgung nicht überschreiten und zusammen mit dem Ansatz für Zinsen nicht höher sein als der Betrag, der sich aus einer Verzinsung des Fremdmittels mit 4 vom Hundert ergibt. Die Summe aller Ansätze für Zinsersatz darf auch nicht die Summe der Tilgungen übersteigen, die aus der gesamten Abschreibung nicht gedeckt werden können (erhöhte Tilgungen).

(3) Im öffentlich geförderten sozialen Wohnungsbau sind Ansätze für Zinsersatz nur insoweit zulässig, als die Bewilligungsstelle zustimmt.

(4) Auf Mietvorauszahlungen und Mieterdarlehen sind die Vorschriften über den Zinsersatz nicht anzuwenden.

(5) Ist vor dem 1. Januar 1971 ein höherer Ansatz für Zinsersatz zugelassen worden oder zulässig gewesen, als er nach den Absätzen 1 bis 4 zulässig ist, darf der höhere Ansatz in Härtefällen für die Dauer der erhöhten Tilgungen in eine nach dem 30. Juni 1972 aufgestellte Wirtschaftlichkeitsberechnung aufgenommen werden, soweit

1. im öffentlich geförderten sozialen Wohnungsbau die Bewilligungsstelle,

2. im steuerbegünstigten oder freifinanzierten Wohnungsbau, der mit Wohnungsfürsorgemitteln gefördert worden ist, der Darlehns- oder Zuschussgeber,

3. im sonstigen Wohnungsbau von gemeinnützigen Wohnungsunternehmen die Anerkennungsbehörde

zustimmt. Dem höheren Ansatz soll zugestimmt werden, soweit der seit dem 1. Januar 1971 zulässige Ansatz unter Berücksichtigung aller Umstände des Einzelfalles für den Vermieter zu einer unbilligen Härte führen würde. Dem Ansatz von Zinsersatz für Mietvorauszahlungen oder Mieterdarlehen darf nicht zugestimmt werden.

§ 23
Änderung der Kapitalkosten

(1) Hat sich der Zins- oder Tilgungssatz für ein Fremdmittel geändert

1. im öffentlich geförderten sozialen Wohnungsbau nach der Bewilligung der öffentlichen Mittel gegenüber dem bei der Bewilligung auf Grund der Wirtschaftlichkeitsberechnung zugrunde gelegten Satz,

2. im steuerbegünstigten Wohnungsbau nach der Bezugsfertigkeit,

so sind in Wirtschaftlichkeitsberechnungen, die nach diesen Zeitpunkten aufgestellt werden, die Kapitalkosten anzusetzen, die sich auf Grund der Änderung nach Maßgabe des § 21 oder des § 22 ergeben. Dies gilt bei einer Erhöhung der Kapitalkosten nur, wenn sie auf Umständen beruht, die der Bauherr nicht zu vertreten hat, und nur insoweit, als der Kapitalkostenbetrag im Rahmen des § 21 oder des § 22 den Betrag nicht übersteigt, der sich aus der Verzinsung des Fremdmittels zu dem bei der Kapitalkostenerhöhung marktüblichen Zinssatz für erste Hypotheken ergibt.

(2) Bei einer Änderung der in § 21 Abs. 4 bezeichneten Fremdkapitalkosten gilt Absatz 1 entsprechend. Übersteigt der erhöhte Erbbauzins den nach Absatz 1 ermittelten Betrag, so darf der übersteigende Betrag im öffentlich geförderten sozialen Wohnungsbau nur mit Zustimmung der Bewilligungsstelle in der Wirtschaftlichkeitsberechnung angesetzt werden. Die Zustimmung ist zu erteilen, soweit die Erhöhung auf Umständen beruht, die der Bauherr nicht zu vertreten hat, und unter Berücksichtigung aller Umstände nach dem durch das Gesetz vom 8. Januar 1974 (BGBl. I S. 41) eingefügten § 9a der Verordnung über das Erbbaurecht nicht unbillig ist. Im steuerbegünstigten Wohnungsbau darf der übersteigende Betrag angesetzt werden, soweit die Voraussetzungen der Zustimmung nach Satz 3 gegeben sind.

(3) Absatz 1 gilt nicht bei einer Erhöhung der Zinsen oder Tilgungen für das der nachstelligen Finanzierung dienende öffentliche Baudarlehen nach Tilgung anderer Finanzierungsmittel. Auf eine Erhöhung der Zinsen und Tilgungen nach den §§ 18a bis 18e des Wohnungsbindungsgesetzes oder nach § 44 Abs. 2 und 3 des Zweiten Wohnungsbaugesetzes ist Absatz 1 jedoch anzuwenden.

(4) Werden an der Stelle der bisherigen Finanzierungsmittel nach § 12 Abs. 4 oder Abs. 6 andere Mittel ausgewiesen, so treten die Kapitalkosten der neuen Mittel insoweit an die Stelle der Kapitalkosten der bisherigen Finanzierungsmittel, als sie im Rahmen des § 20, des § 21 oder des § 22 den Betrag nicht übersteigen, der sich aus der Verzinsung zu dem bei der Ersetzung marktüblichen Zinssatz für erste Hypotheken ergibt. Bei einem Tilgungsdarlehen bleibt es für den Betrag, der planmäßig getilgt ist (§ 12 Abs. 4 Satz

3), bei der bisherigen Verzinsung. Sind Finanzierungsmittel durch eigene Mittel des Bauherrn ersetzt worden, so dürfen im öffentlich geförderten sozialen Wohnungsbau Zinsen nur unter entsprechender Anwendung des § 20 Abs. 2 Satz 2 angesetzt werden.

(5) Werden an der Stelle der als Darlehen gewährten öffentlichen Mittel nach § 12 Abs. 5 andere Mittel ausgewiesen, so dürfen als Kapitalkosten der neuen Mittel Zinsen nach Absatz 4 Satz 1 angesetzt werden. Vorbehaltlich des § 46 Abs. 2 darf jedoch keine höhere Verzinsung angesetzt werden, als im Zeitpunkt der Rückzahlung für das öffentliche Baudarlehen zu entrichten war. Ist ein Schuldnachlass gewährt worden, dürfen Kapitalkosten für den erlassenen Darlehensbetrag nicht angesetzt werden.

(6) Werden nach § 11 Abs. 4 bis 6 die Kosten von baulichen Änderungen den Gesamtkosten hinzugerechnet, so dürfen für die Mittel, die zur Deckung dieser Kosten dienen, Kapitalkosten insoweit angesetzt werden, als sie im Rahmen des § 20, des § 21 oder des § 22 den Betrag nicht übersteigen, der sich aus der Verzinsung zu dem bei Fertigstellung marktüblichen Zinssatz für erste Hypotheken ergibt. Sind die Kosten durch eigene Mittel des Bauherrn gedeckt worden, so dürfen im öffentlich geförderten sozialen Wohnungsbau Zinsen nur unter entsprechender Anwendung des § 20 Abs. 2 Satz 2 und im steuerbegünstigten und freifinanzierten Wohnungsbau, der mit Wohnungsfürsorgemitteln gefördert worden ist, nur unter entsprechender Anwendung des § 20 Abs. 3 angesetzt werden.

§ 23a
Marktüblicher Zinssatz für erste Hypotheken

(1) Der marktübliche Zinssatz für erste Hypotheken im Zeitpunkt nach § 4 kann ermittelt werden

1. aus dem durchschnittlichen Zinssatz der durch erste Hypotheken gesicherten Darlehen, die zu dieser Zeit von Kreditinstituten oder privatrechtlichen Unternehmen, zu deren Geschäften üblicherweise die Hergabe derartiger Darlehen gehört, zu geschäftsüblichen Bedingungen für Bauvorhaben an demselben Ort gewährt worden sind oder

2. in Anlehnung an den Zinssatz der zu dieser Zeit zahlenmäßig am meisten abgesetzten Pfandbriefe unter Berücksichtigung der üblichen Zinsspanne.

(2) Absatz 1 gilt sinngemäß, wenn der marktübliche Zinssatz für einen anderen Zeitpunkt als den nach § 4 festzustellen ist.

§ 24
Bewirtschaftungskosten

(1) Bewirtschaftungskosten sind die Kosten, die zur Bewirtschaftung des Gebäudes oder der Wirtschaftseinheit laufend erforderlich sind. Bewirtschaftungskosten sind im einzelnen

1. Abschreibung,

2. Verwaltungskosten,

3. Betriebskosten,

4. Instandhaltungskosten,

5. Mietausfallwagnis.

(2) Der Ansatz der Bewirtschaftungskosten hat den Grundsätzen einer ordentlichen Bewirtschaftung zu entsprechen. Bewirtschaftungskosten dürfen nur angesetzt werden, wenn sie ihrer Höhe nach feststehen oder wenn mit ihrem Entstehen sicher gerechnet werden kann und soweit sie bei gewissenhafter Abwägung aller Umstände und bei ordentlicher Geschäftsführung gerechtfertigt sind. Erfahrungswerte vergleichbarer Bauten sind heranzuziehen. Soweit nach den §§ 26 und 28 Ansätze bis zu einer bestimmten Höhe zugelassen sind, dürfen Bewirtschaftungskosten bis zu dieser Höhe angesetzt werden, es sei denn, dass der Ansatz im Einzelfall unter Berücksichtigung der jeweiligen Verhältnisse nicht angemessen ist.

§ 25
Abschreibung

(1) Abschreibung ist der auf jedes Jahr der Nutzung fallende Anteil der verbrauchsbedingten Wertminderung der Gebäude, Anlagen und Einrichtungen. Die Abschreibung ist nach der mutmaßlichen Nutzungsdauer zu errechnen.

(2) Die Abschreibung soll bei Gebäuden 1 vom Hundert der Baukosten, bei Erbbaurechten 1 vom Hundert der Gesamtkosten nicht übersteigen, sofern nicht besondere Umstände eine Überschreitung rechtfertigen.

(3) Als besondere Abschreibung für Anlagen und Einrichtungen dürfen zusätzlich angesetzt werden von den in der Wirtschaftlichkeitsberechnung enthaltenen Kosten

1. der Öfen und Herde   3 vom Hundert,

2. der Einbaumöbel   3 vom Hundert,

3. der Anlagen und der Geräte zur Versorgung
   mit Warmwasser, sofern sie nicht mit einer
   Sammelheizung verbunden sind,   4 vom Hundert,

4. der Sammelheizung einschließlich einer damit
   verbundenen Anlage zur Versorgung mit Warmwasser   3 vom Hundert,

5. der Hausanlage bei eigenständig gewerblicher
   Lieferung von Wärme
   0,5 vom Hundert und einer damit verbundenen Anlage zur
   Versorgung mit Warmwasser   4 vom Hundert,

6. des Aufzugs   2 vom Hundert,

7. der Gemeinschaftsantenne   9 vom Hundert,

8. der maschinellen Wascheinrichtung   9 vom Hundert.

§ 26
Verwaltungskosten

(1) Verwaltungskosten sind die Kosten der zur Verwaltung des Gebäudes oder der Wirtschaftseinheit erforderlichen Arbeitskräfte und Einrichtungen, die Kosten der Aufsicht sowie der Wert der vom Vermieter persönlich geleisteten Verwaltungsarbeit. Zu den Verwaltungskosten gehören auch die Kosten für die gesetzlichen oder freiwilligen Prüfungen des Jahresabschlusses und der Geschäftsführung.

(2) Die Verwaltungskosten dürfen höchstens mit 230 Euro jährlich je Wohnung, bei Eigenheimen, Kaufeigenheimen und Kleinsiedlungen je Wohngebäude angesetzt werden.

(3) Für Garagen oder ähnliche Einstellplätze dürfen Verwaltungskosten höchstens mit 30 Euro jährlich je Garagen- oder Einstellplatz angesetzt werden.

(4) Die in den Absätzen 2 und 3 genannten Beträge verändern sich am 1. Januar 2005 und am 1. Januar eines jeden darauf folgenden dritten Jahres um den Prozentsatz, um den sich der vom Statistischen Bundesamt festgestellte Verbraucherpreisindex für Deutschland für den der Veränderung vorausgehenden Monat Oktober gegenüber dem Verbraucherpreisindex für Deutschland für den der letzten Veränderung vorausgehenden Monat Oktober erhöht oder verringert hat. Für die Veränderung am 1. Januar 2005 ist die Eröhung oder Verringerung des Verbraucherpreisindexes für Deutschland maßgeblich, die im Oktober 2004 gegenüber dem Oktober 2001 eingetreten ist.

§ 27
Betriebskosten

(1) Betriebskosten sind die Kosten, die dem Eigentümer (Erbbauberechtigten) durch das Eigentum am Grundstück (Erbbaurecht) oder durch den

bestimmungsmäßigen Gebrauch des Gebäudes oder der Wirtschaftseinheit, der Nebengebäude, Anlagen, Einrichtungen und des Grundstücks laufend entstehen. Der Ermittlung der Betriebskosten ist die Betriebskostenverordnung vom 25. November 2003 (BGBl. I S. 2347) zugrunde zu legen.

(2) Sach- und Arbeitsleistungen des Eigentümers (Erbbauberechtigten), durch die Betriebskosten erspart werden, dürfen mit dem Betrage angesetzt werden, der für eine gleichwertige Leistung eines Dritten, insbesondere eines Unternehmers, angesetzt werden könnte. Die Umsatzsteuer des Dritten darf nicht angesetzt werden.

(3) Im öffentlich geförderten sozialen Wohnungsbau und im steuerbegünstigten oder freifinanzierten Wohnungsbau, der mit Wohnungsfürsorgemitteln gefördert worden ist, dürfen die Betriebskosten nicht in der Wirtschaftlichkeitsberechnung angesetzt werden.

(4) (weggefallen)

§ 28
Instandhaltungskosten

(1) Instandhaltungskosten sind die Kosten, die während der Nutzungsdauer zur Erhaltung des bestimmungsmäßigen Gebrauchs aufgewendet werden müssen, um die durch Abnutzung, Alterung und Witterungseinwirkung entstehenden baulichen oder sonstigen Mängel ordnungsgemäß zu beseitigen. Der Ansatz der Instandhaltungskosten dient auch zur Deckung der Kosten von Instandsetzungen, nicht jedoch der Kosten von Baumaßnahmen, soweit durch sie eine Modernisierung vorgenommen wird oder Wohnraum oder anderer auf die Dauer benutzbarer Raum neu geschaffen wird. Der Ansatz dient nicht zur Deckung der Kosten einer Erneuerung von Anlagen und Einrichtungen, für die eine besondere Abschreibung nach § 25 Abs. 3 zulässig ist.

(2) Als Instandhaltungskosten dürfen je Quadratmeter Wohnfläche im Jahr angesetzt werden:

1. für Wohnungen, deren Bezugsfertigkeit am Ende des Kalenderjahres weniger als 22 Jahre zurückliegt, höchstens 7,10 Euro,

2. für Wohnungen, deren Bezugsfertigkeit am Ende des Kalenderjahres mindestens 22 Jahre zurückliegt, höchstens 9 Euro,

3. für Wohnungen, deren Bezugsfertigkeit am Ende des Kalenderjahres mindestens 32 Jahre zurückliegt, höchstens 11,50 Euro.

Diese Sätze verringern sich bei eigenständig gewerblicher Lieferung von Wärme im Sinne des § 1 Abs. 2 Nr. 2 der Verordnung über Heizkostenabrechnung in der Fassung der Bekanntmachung vom 20. Januar 1989 (BGBl. I S. 115) um 0,20 Euro. Diese Sätze erhöhen sich für Wohnungen, für die ein maschinell betriebener Aufzug vorhanden ist, um 1 Euro.

(3) Trägt der Mieter die Kosten für kleine Instandhaltungen in der Wohnung, so verringern sich die Sätze nach Absatz 2 um 1,05 Euro. Die kleinen Instandhaltungen umfassen nur das Beheben kleiner Schäden an den Installationsgegenständen für Elektrizität, Wasser und Gas, den Heiz- und Kocheinrichtungen, den Fenster- und Türverschlüssen sowie den Verschlussvorrichtungen von Fensterläden.

(4) Die Kosten der Schönheitsreparaturen in Wohnungen sind in den Sätzen nach Absatz 2 nicht enthalten. Trägt der Vermieter die Kosten dieser Schönheitsreparaturen, so dürfen sie höchstens mit 8,50 Euro je Quadratmeter Wohnfläche im Jahr angesetzt werden. Schönheitsreparaturen umfassen nur das Tapezieren, Anstreichen oder Kalken der Wände und Decken, das Streichen der Fußböden, Heizkörper einschließlich Heizrohre, der Innentüren sowie der Fenster und Außentüren von innen.

(5) Für Garagen oder ähnliche Einstellplätze dürfen als Instandhaltungskosten einschließlich Kosten für Schönheitsreparaturen höchstens 68 Euro jährlich je Garagen- oder Einstellplatz angesetzt werden.

(5a) Die in den Absätzen 2 bis 5 genannten Beträge verändern sich entsprechend § 26 Abs. 4.

(6) Für Kosten der Unterhaltung von Privatstraßen und Privatwegen, die dem öffentlichen Verkehr dienen, darf ein Erfahrungswert als Pauschbetrag neben den vorstehenden Sätzen angesetzt werden.

(7) Kosten eigener Instandhaltungswerkstätten sind mit den vorstehenden Sätzen abgegolten.

§ 29
Mietausfallwagnis

Mietausfallwagnis ist das Wagnis einer Ertragsminderung, die durch uneinbringliche Rückstände von Mieten, Pachten, Vergütungen und Zuschlägen oder durch Leerstehen von Raum, der zur Vermietung bestimmt ist, entsteht. Es umfasst auch die uneinbringlichen Kosten einer Rechtsverfolgung auf Zahlung oder Räumung. Das Mietausfallwagnis darf höchstens mit 2 vom Hundert der Erträge im Sinne des § 31 Abs. 1 Satz 1 angesetzt werden. Soweit die Deckung von Ausfällen anders, namentlich durch einen Anspruch auf Erstattung gegenüber einem Dritten, gesichert ist, darf kein Mietausfallwagnis angesetzt werden.

§ 30
Änderung der Bewirtschaftungskosten

(1) Haben sich die Verwaltungskosten oder die Instandhaltungskosten geändert

1. im öffentlich geförderten sozialen Wohnungsbau nach der Bewilligung der öffentlichen Mittel gegenüber dem bei der Bewilligung auf Grund der Wirtschaftlichkeitsberechnung zugrunde gelegten Betrag,

2. im steuerbegünstigten Wohnungsbau nach der Bezugsfertigkeit,

so sind in Wirtschaftlichkeitsberechnungen, die nach diesen Zeitpunkten aufgestellt werden, die geänderten Kosten anzusetzen. Dies gilt bei einer Erhöhung dieser Kosten nur, wenn sie auf Umständen beruht, die der Bauherr nicht zu vertreten hat. Die Verwaltungskosten dürfen bis zu der in § 26 zugelassenen Höhe, die Instandhaltungskosten bis zu der in § 28 zugelassenen Höhe ohne Nachweis einer Kostenerhöhung angesetzt werden, es sei denn, dass der Ansatz im Einzelfall unter Berücksichtigung der jeweiligen Verhältnisse nicht angemessen ist. Eine Überschreitung der für die Verwaltungskosten und die Instandhaltungskosten zugelassenen Sätze ist nicht zulässig.

(2) Der Ansatz für die Abschreibung ist in Wirtschaftlichkeitsberechnungen, die nach den in Absatz 1 bezeichneten Zeitpunkten aufgestellt werden, zu ändern, wenn nach § 11 Abs. 1 bis 3 geänderte Gesamtkosten angesetzt werden; eine Änderung des für die Abschreibung angesetzten Vomhundertsatzes ist unzulässig.

(3) Der Ansatz für das Mietausfallwagnis ist in Wirtschaftlichkeitsberechnungen, die nach den in Absatz 1 bezeichneten Zeitpunkten aufgestellt werden, zu ändern, wenn sich die Jahresmiete ändert; eine Änderung des Vomhundertsatzes für das Mietausfallwagnis ist zulässig, wenn sich die Voraussetzungen für seine Bemessung nachhaltig geändert haben.

(4) Werden nach § 11 Abs. 4 bis 6 die Kosten von baulichen Änderungen den Gesamtkosten hinzugerechnet, so dürfen die infolge der Änderungen entstehenden Bewirtschaftungskosten den anderen Bewirtschaftungskosten hinzugerechnet werden. Für die entstehenden Abschreibungen und Instandhaltungskosten gelten die §§ 25 und 28 Abs. 2 bis 6 entsprechend.

§ 31
Erträge

(1) Erträge sind die Einnahmen aus Mieten, Pachten und Vergütungen, die bei ordentlicher Bewirtschaftung des Gebäudes oder der Wirtschaftseinheit nachhaltig erzielt werden können. Umlagen und Zuschläge, die zulässiger-

weise neben der Einzelmiete erhoben werden, bleiben als Ertrag unberücksichtigt.

(2) Als Ertrag gilt auch der Miet- oder Nutzungswert von Räumen oder Flächen, die vom Eigentümer (Erbbauberechtigten) selbst benutzt werden oder auf Grund eines anderen Rechtsverhältnisses als Miete oder Pacht übelassen sind.

(3) Wird die Wirtschaftlichkeitsberechnung aufgestellt, um für Wohnraum die zur Deckung der laufenden Aufwendungen erforderliche Miete (Kostenmiete) zu ermitteln, so ist der Gesamtbetrag der Erträge in derselben Höhe wie der Gesamtbetrag der laufenden Aufwendungen auszuweisen. Aus dem nach Abzug der Vergütungen verbleibenden Betrag ist die Miete nach den für ihre Ermittlung maßgebenden Vorschriften zu berechnen.

Fünfter Abschnitt
Besondere Arten der Wirtschaftlichkeitsberechnung

§ 32
Voraussetzungen für besondere Arten der Wirtschaftlichkeitsberechnung

(1) Die Wirtschaftlichkeitsberechnung ist, vorbehaltlich des Absatzes 3, als Teilwirtschaftlichkeitsberechnung aufzustellen, wenn das Gebäude oder die Wirtschaftseinheit neben dem Wohnraum, für den die Berechnung aufzustellen ist, auch anderen Wohnraum oder Geschäftsraum enthält.

(2) Enthält das Gebäude oder die Wirtschaftseinheit steuerbegünstigten oder freifinanzierten Wohnraum, für den eine Wirtschaftlichkeitsberechnung nach § 87a des Zweiten Wohnungsbaugesetzes aufzustellen ist, und anderen steuerbegünstigten oder freifinanzierten Wohnraum, so ist die Wirtschaftlichkeitsberechnung als Teilwirtschaftlichkeitsberechnung aufzustellen.

(3) Die Wirtschaftlichkeitsberechnung für öffentlich geförderten Wohnraum ist als Teilwirtschaftlichkeitsberechnung oder mit Zustimmung der Bewilligungsstelle als Gesamtwirtschaftlichkeitsberechnung aufzustellen, wenn das Gebäude oder die Wirtschaftseinheit auch freifinanzierten Wohnraum oder Geschäftsraum enthält.

(4) Die Wirtschaftlichkeitsberechnung für öffentlich geförderten Wohnraum ist in der Form von Teilwirtschaftlichkeitsberechnungen oder als Wirtschaftlichkeitsberechnung mit Teilberechnungen der laufenden Aufwendungen aufzustellen, wenn für einen Teil dieses Wohnraums (begünstigter Wohnraum) gegenüber dem anderen Teil des Wohnraums eine stärkere oder länger dauernde Senkung der laufenden Aufwendungen erzielt werden soll

1. durch Gewährung öffentlicher Mittel als Darlehen oder Zuschüsse zur Deckung von laufenden Aufwendungen, Fremdkapitalkosten, Annuitäten oder Bewirtschaftungskosten (§ 18 Abs. 2) oder

2. durch Gewährung von höheren, der nachstelligen Finanzierung dienenden öffentlichen Baudarlehen.

Anstelle einer besonderen Form der Wirtschaftlichkeitsberechnung nach Satz 1 darf eine Wirtschaftlichkeitsberechnung nach den Vorschriften des ersten bis vierten Abschnittes aufgestellt werden, wenn eine Senkung der laufenden Aufwendungen für den begünstigten Wohnraum auf Grund von Umständen, die vom Bauherrn nicht zu vertreten sind, nicht mehr erzielt werden kann oder die besondere Zweckbestimmung für diesen Teil des Wohnraums entfallen ist.

(4a) Ist eine Wirtschaftlichkeitsberechnung nach den Vorschriften des Ersten bis Vierten Abschnitts oder nach den Absätzen 1 bis 4 aufgestellt worden, bleibt diese als Teilwirtschaftlichkeitsberechnung für den Wohnraum, der Gegenstand ihrer Berechnung ist, weiterhin maßgebend, wenn neuer Wohnraum durch Ausbau oder Erweiterung des Gebäudes oder der zur Wirtschaftseinheit gehörenden Gebäude geschaffen worden ist. Ist für den neu geschaffenen Wohnraum eine Wirtschaftlichkeitsberechnung erforderlich, ist sie als Teilwirtschaftlichkeitsberechnung aufzustellen.

(5) Wird eine Wirtschaftlichkeitsberechnung für öffentlich geförderten Wohnraum erstmalig nach dieser Verordnung aufgestellt, so bleibt die der Bewilligung der öffentlichen Mittel zugrunde gelegte Art der Wirtschaftlichkeitsberechnung maßgebend, wenn diese Art auch nach Absatz 1, 3 oder 4 zulässig wäre; ist der Bewilligung der öffentlichen Mittel eine ähnliche Berechnung oder eine Berechnung der Gesamtkosten und Finanzierungsmittel zugrunde gelegt worden, so gilt dies sinngemäß. Wäre die der Bewilligung zugrunde gelegte Art der Berechnung nicht nach Absatz 1, 3 oder 4 zulässig oder ist der Bewilligung eine Berechnung nicht zugrunde gelegt worden, so ist die Wirtschaftlichkeitsberechnung, die erstmalig nach dieser Verordnung aufgestellt wird, unter Anwendung des Absatzes 1, 3 oder 4 und unter Ausübung der dabei zulässigen Wahl aufzustellen.

(6) Die nach den Absätzen 3, 4 oder 5 getroffene Wahl bleibt für alle späteren Wirtschaftlichkeitsberechnungen maßgebend.

(7) Für die Aufstellung der Wirtschaftlichkeitsberechnung gelten

1. bei der Teilwirtschaftlichkeitsberechnung die sich aus den §§ 33 bis 36 ergebenden Besonderheiten,

2. bei der Gesamtwirtschaftlichkeitsberechnung die sich aus § 37 ergebenden Besonderheiten,

3. bei den Teilberechnungen der laufenden Aufwendungen die sich aus § 38 ergebenden Besonderheiten.

§ 33
Teilwirtschaftlichkeitsberechnung

In der Teilwirtschaftlichkeitsberechnung ist die Gegenüberstellung der laufenden Aufwendungen und der Erträge auf den Teil des Gebäudes oder der Wirtschaftseinheit zu beschränken, der den Wohnraum enthält, für den die Berechnung aufzustellen ist.

§ 34
Gesamtkosten in der Teilwirtschaftlichkeitsberechnung

(1) In der Teilwirtschaftlichkeitsberechnung sind nur die Gesamtkosten anzusetzen, die auf den Teil des Gebäudes oder der Wirtschaftseinheit fallen, der Gegenstand der Berechnung ist. Soweit bei Gesamtkosten nicht festgestellt werden kann, auf welchen Teil des Gebäudes oder der Wirtschaftseinheit sie fallen, sind sie bei Wohnraum nach dem Verhältnis der Wohnflächen aufzuteilen; enthält das Gebäude oder die Wirtschaftseinheit auch Geschäftsraum, so sind sie für den Wohnteil und den Geschäftteil im Verhältnis des umbauten Raumes aufzuteilen. Kosten oder Mehrkosten, die nur durch den Wohn- oder Geschäftsraum entstehen, der nicht Gegenstand der Berechnung ist, dürfen nur diesem zugerechnet werden. Bei der Berechnung des umbauten Raumes ist die Anlage 2 dieser Verordnung zugrunde zu legen.

(2) Enthält das Gebäude oder die Wirtschaftseinheit außer Wohnraum auch Geschäftsraum von nicht nur unbedeutendem Ausmaß, so dürfen die Kosten des Baugrundstücks, die dem Wohnraum zugerechnet werden, 15 vom Hundert seiner Baukosten nicht übersteigen; in besonderen Fällen, namentlich bei Grundstücken in günstiger Wohnlage, kann der Vomhundertsatz überschritten werden. Erhöhte Kosten des Baugrundstücks, die durch die Geschäftslage veranlaßt sind, dürfen nicht dem Wohnraum zugerechnet werden.

(3) Bei Wiederherstellung eines Gebäudes gehört zu den Baukosten auch der Wert der beim Bau des Wohnraums, für den die Berechnung aufzustellen ist, verwendeten Gebäudeteile; er ist entsprechend § 7 Abs. 2 Satz 2 bis 4 zu ermitteln. Kommt eine Wiederherstellung auch dem noch vorhandenen, auf die Dauer benutzbaren Raum zugute, so dürfen Baukosten nur insoweit angesetzt werden, als die Wiederherstellung dem neu geschaffenen Wohnraum zugute kommt; Absatz 1 gilt entsprechend.

(4) Ist Wohnraum durch Ausbau oder Erweiterung neu geschaffen worden,

gehören zu den Gesamtkosten, die diesem Wohnraum in der Teilwirtschaft-lichkeitsberechnung zuzurechnen sind, nur diejenigen Kosten, die durch den Ausbau oder die Erweiterung entstanden sind; dies gilt auch, wenn Zube-hörräume von öffentlich geförderten Wohnungen zu neuen Wohnungen aus-gebaut werden. Kosten des Baugrundstücks dürfen bei Ausbau nicht, bei Erweiterung nur dann angesetzt werden, wenn das Grundstück für einen Anbau neu erworben worden ist.

§ 35
Finanzierungsmittel in der Teilwirtschaftlichkeitsberechnung

In der Teilwirtschaftlichkeitsberechnung sind zur Deckung der angesetzten anteiligen Gesamtkosten die Finanzierungsmittel, die nur für den Teil des Gebäudes oder der Wirtschaftseinheit bestimmt sind, der Gegenstand der Berechnung ist, in voller Höhe im Finanzierungsplan auszuweisen. Die ande-ren Finanzierungsmittel sind angemessen zu verteilen.

§ 36
**Laufende Aufwendungen und Erträge in der
Teilwirtschaftlichkeitsberechnung**

(1) In der Teilwirtschaftlichkeitsberechnung sind die laufenden Aufwendungen anzusetzen, die für den Teil des Gebäudes oder der Wirtschaftseinheit, der Gegenstand der Berechnung ist, entstehen.

(2) Bewirtschaftungskosten, die für das ganze Gebäude oder die ganze Wirtschaftseinheit entstehen, sind nur mit dem Teil anzusetzen, der sich nach dem Verhältnis der Teilung der Gesamtkosten nach § 34 ergibt. Bewirtschaf-tungskosten oder Mehrbeträge von Bewirtschaftungskosten, die allein durch den Wohn- oder Geschäftsraum, der nicht Gegenstand der Berechnung ist, entstehen, dürfen nur diesem zugerechnet werden. Bei Wiederherstellung, Ausbau und Erweiterung dürfen Bewirtschaftungskosten nur insoweit ange-setzt werden, als sie für den Teil des Gebäudes oder der Wirtschaftseinheit, der Gegenstand der Berechnung ist, zusätzlich entstehen; ist auch für den vorhanden gewesenen Wohnraum eine Teilwirtschaftlichkeitsberechnung aufzustellen, so dürfen Bewirtschaftungskosten nur nach den Sätzen 1 und 2 angesetzt werden.

(3) In der Teilwirtschaftlichkeitsberechnung sind die Erträge auszuweisen, die sich für den Teil des Gebäudes oder der Wirtschaftseinheit, der Gegenstand der Berechnung ist, nach § 31 ergeben.

§ 37
Gesamtwirtschaftlichkeitsberechnung

(1) In der Gesamtwirtschaftlichkeitsberechnung ist die Gegenüberstellung der laufenden Aufwendungen und der Erträge für das gesamte Gebäude oder die gesamte Wirtschaftseinheit vorzunehmen und sodann der Teil der laufenden Aufwendungen und der Erträge auszugliedern, der auf den öffentlich geförderten Wohnraum entfällt.

(2) Bewirtschaftungskosten für Geschäftsraum sind mit den Beträgen anzusetzen, die zur ordentlichen Bewirtschaftung des Geschäftsraums laufend erforderlich sind.

(3) Zur Ausgliederung des Teils der laufenden Aufwendungen, der auf den öffentlich geförderten Wohnraum fällt, ist der Gesamtbetrag der laufenden Aufwendungen auf diesen Wohnraum und auf den anderen Wohnraum sowie den Geschäftsraum angemessen zu verteilen. Laufende Aufwendungen oder Mehrbeträge laufender Aufwendungen, die allein durch den öffentlich geförderten Wohnraum oder durch den anderen Wohnraum oder den Geschäftsraum entstehen, dürfen jeweils nur dem in Betracht kommenden Raum zugerechnet werden.

(4) Wird für öffentlich geförderten Wohnraum eine Gesamtwirtschaftlichkeitsberechnung aufgestellt, so finden die Absätze 1 bis 3 auch dann Anwendung, wenn in der Berechnung, die der Bewilligung der öffentlichen Mittel zugrunde gelegt worden ist, eine Ausgliederung des auf den öffentlich geförderten Wohnraum fallenden Teiles der laufenden Aufwendungen nicht oder nach einem anderen Verteilungsmaßstab vorgenommen worden ist oder wenn Bewirtschaftungskosten für Geschäftsraum nicht oder nur in geringerer Höhe in Anspruch genommen oder anerkannt worden sind oder wenn auf Ansätze ganz oder teilweise verzichtet worden ist.

§ 38
Teilberechnungen der laufenden Aufwendungen

(1) Für die Teilberechnungen der laufenden Aufwendungen ist der in der Wirtschaftlichkeitsberechnung für den öffentlich geförderten Wohnraum errechnete Gesamtbetrag der laufenden Aufwendungen nach dem Verhältnis der Wohnfläche auf den begünstigten Wohnraum und den anderen Wohnraum aufzuteilen. Laufende Aufwendungen oder Mehrbeträge laufender Aufwendungen, die allein durch den begünstigten Wohnraum oder den anderen Wohnraum entstehen, dürfen nur dem jeweils in Betracht kommenden Wohnraum zugerechnet werden.

(2) Im Falle des § 32 Abs. 4 Nr. 1 ist nach Aufteilung des Gesamtbetrages der laufenden Aufwendungen auf den begünstigten Wohnraum und den anderen Wohnraum die Verminderung der laufenden Aufwendungen nach § 18 Abs. 2 jeweils bei dem Teil der laufenden Aufwendungen vorzunehmen, der auf den Wohnraum fällt, für den die Darlehen oder Zuschüsse zur Deckung von laufenden Aufwendungen, Fremdkapitalkosten, Annuitäten oder Bewirtschaftungskosten gewährt werden.

(3) Im Falle des § 32 Abs. 4 Nr. 2 sind bei Berechnungen des Gesamtbetrages der laufenden Aufwendungen für die der nachstelligen Finanzierung dienenden öffentlichen Baudarlehen Rechnungszinsen in Höhe des im Zeitpunkt nach § 4 marktüblichen Zinssatzes für erste Hypotheken anzusetzen. Nach Aufteilung des Gesamtbetrages der laufenden Aufwendungen auf den begünstigten Wohnraum und den anderen Wohnraum sind wieder abzuziehen

1. von dem Teil der laufenden Aufwendungen, der auf den begünstigten Wohnraum fällt, die für die höheren öffentlichen Baudarlehen angesetzten Rechnungszinsen,

2. von dem Teil der laufenden Aufwendungen, der auf den anderen Wohnraum fällt, die für die anderen öffentlichen Baudarlehen angesetzten Rechnungszinsen.

Die Zinsen, die sich nach § 21 Abs. 2 und 3 für die öffentlichen Baudarlehen ergeben, sind sodann jeweils hinzuzurechnen.

(4) Absatz 3 gilt sinngemäß, wenn Darlehen oder Zuschüsse zur Senkung der Kapitalkosten von Fremdmitteln unmittelbar dem Gläubiger gewährt werden und für den begünstigten Wohnraum höhere Fremdmittel dieser Art ausgewiesen sind als für den anderen Wohnraum; Absatz 2 ist in diesem Falle nicht anzuwenden.

§ 39
Vereinfachte Wirtschaftlichkeitsberechnung

(1) In der vereinfachten Wirtschaftlichkeitsberechnung ist die Ermittlung der laufenden Aufwendungen sowie die Gegenüberstellung der laufenden Aufwendungen und der Erträge in vereinfachter Form zulässig. Die vereinfachte Wirtschaftlichkeitsberechnung kann auch als Auszug aus einer Wirtschaftlichkeitsberechnung aufgestellt werden. Der Auszug aus einer Wirtschaftlichkeitsberechnung muß enthalten

1. die Bezeichnung des Gebäudes,

2. die Höhe der einzelnen laufenden Aufwendungen,

3. die Darlehen und Zuschüsse zur Deckung von laufenden Aufwendungen für den gesamten Wohnraum,

4. die Mieten und Pachten, den entsprechenden Miet- oder Nutzwert und die Vergütungen.

(2) Absatz 1 Satz 3 ist sinngemäß anzuwenden, wenn der Auszug zur Berechnung einer Mieterhöhung nach § 10 Abs. 1 des Wohnungsbindungsgesetzes aufgestellt wird.

Aus dem Auszug muß auch die Erhöhung der einzelnen laufenden Aufwendungen erkennbar werden.

§ 39 a
Zusatzberechnung

(1) Ist bereits eine Wirtschaftlichkeitsberechnung aufgestellt worden und haben sich nach diesem Zeitpunkt laufende Aufwendungen geändert, so kann eine neue Wirtschaftlichkeitsberechnung in der Weise aufgestellt werden, dass die bisherige Wirtschaftlichkeitsberechnung um eine Zusatzberechnung ergänzt wird, in der die Erhöhung oder Verringerung der einzelnen laufenden Aufwendungen ermittelt und der Erhöhung oder Verringerung der Erträge gegenübergestellt wird. Eine Zusatzberechnung kann auch aufgestellt werden, wenn die in § 18 Abs. 2 Satz 1 bezeichneten Darlehen oder Zuschüsse nicht mehr oder nur in verminderter Höhe gewährt werden und der Vermieter den Wegfall oder die Verminderung nicht zu vertreten hat.

(2) Hat der Vermieter den Änderungsbetrag zur Vergleichsmiete nach § 12 oder nach § 14 Abs. 6 der Neubaumietenverordnung 1970 zu ermitteln, sind die einzelnen laufenden Aufwendungen nach den Verhältnissen zum Zeitpunkt der Bewilligung der öffentlichen Mittel zusammenzustellen und eine Zusatzberechnung nach Absatz 1 aufzustellen. Dabei bleiben Änderungen der laufenden Aufwendungen, die sich nicht auf den Wohnraum beziehen, dessen Vergleichsmiete zu ermitteln ist, unberücksichtigt. Enthält das Gebäude neben dem öffentlich geförderten Wohnraum auch anderen Wohnraum oder Geschäftsraum, sind die laufenden Aufwendungen und die Zusatzberechnung entsprechend § 37 aufzustellen.

(3) Ist bereits eine Wirtschaftlichkeitsberechnung aufgestellt und sind nach diesem Zeitpunkt bauliche Änderungen vorgenommen worden, so kann eine neue Wirtschaftlichkeitsberechnung in der Weise aufgestellt werden, dass die bisherige Wirtschaftlichkeitsberechnung um eine Zusatzberechnung ergänzt wird. In der Zusatzberechnung sind die Kosten der baulichen Änderungen anzusetzen, die zu ihrer Deckung dienenden Finanzierungsmittel auszuweisen und die sich danach für die baulichen Änderungen ergebenden Aufwendungen den Ertragserhöhungen gegenüberzustellen.

(4) Hat der Vermieter den Erhöhungsbetrag zur Vergleichsmiete nach § 13 der Neubaumietenverordnung 1970 für sämtliche öffentlich geförderten Wohnungen zu ermitteln, so ist eine Zusatzberechnung nach Absatz 3 Satz 2 aufzustellen.

Teil III
Lastenberechnung

§ 40
Lastenberechnung

(1) Die Belastung des Eigentümers eines Eigenheims, einer Kleinsiedlung oder einer eigengenutzten Eigentumswohnung oder des Inhabers eines eigengenutzten eigentumsähnlichen Dauerwohnrechts wird durch eine Berechnung (Lastenberechnung) ermittelt. Das Gleiche gilt für die Belastung des Bewerbers um ein Kaufeigenheim, eine Trägerkleinsiedlung, eine Kaufeigentumswohnung oder eine Wohnung in der Rechtsform des eigentumsähnlichen Dauerwohnrechts.

(2) Wird durch Ausbau oder Erweiterung neuer, fremden Wohnzwecken dienender Wohnraum unter Einsatz öffentlicher Mittel geschaffen, ist hierfür eine Teilwirtschaftlichkeitsberechnung aufzustellen. Die Regelungen des § 32 Abs. 4a und des § 34 Abs. 4 sind entsprechend anzuwenden.

§ 40a
Aufstellung der Lastenberechnung durch den Bauherrn

(1) Ist der Eigentümer der Bauherr, so kann er die Lastenberechnung auf Grund einer Wirtschaftlichkeitsberechnung aufstellen. In diesem Fall beschränkt sich die Lastenberechnung auf die Ermittlung der Belastung nach den §§ 40c bis 41.

(2) Wird die Lastenberechnung vom Bauherrn nicht auf Grund einer Wirtschaftlichkeitsberechnung aufgestellt, so muß sie enthalten

1. die Grundstücks- und Gebäudebeschreibung,

2. die Berechnung der Gesamtkosten,

3. den Finanzierungsplan,

4. die Ermittlung der Belastung nach den §§ 40c bis 41.

(3) Die Lastenberechnung ist aufzustellen

1. bei einem Eigenheim, einer Kleinsiedlung oder einem Kaufeigenheim für das Gebäude,

2. bei einer eigengenutzten Eigentumswohnung oder einer Kaufeigentumswohnung

   a) für die im Sondereigentum stehende Wohnung und den damit verbun-
      denen Miteigentumsanteil an dem gemeinschaftlichen Eigentum oder

   b) in der Weise, dass die Berechnung für die Eigentumswohnungen oder
      Kaufeigentumswohnungen des Gebäudes oder der Wirtschaftseinheit
      (§ 2 Abs. 2) zusammengefasst und die Gesamtkosten nach dem
      Verhältnis der Miteigentumsanteile aufgeteilt werden,

3. bei einer Wohnung in der Rechtsform des eigentumsähnlichen Dauerwohnrechts für die Wohnung und den Teil des Grundstücks, auf den sich
   das Dauerwohnrecht erstreckt.

(4) Für die Aufstellung der Lastenberechnung gelten im Übrigen § 2 Abs. 3
und 5, § 4 Abs. 1 bis 3, § 4 a Abs. 1 bis 3, 5 sowie die §§ 5 bis 15 entsprechend. § 12 Abs. 4 Satz 2 gilt dabei mit der Maßgabe, dass anstelle der
Erhöhung der Kapitalkosten die Erhöhung der Kapitalkosten und Tilgungen
zu berücksichtigen ist.

§ 40b
Aufstellung der Lastenberechnung durch den Erwerber

(1) Hat der Eigentümer das Gebäude oder die Wohnung auf Grund eines
Veräußerungsvertrages gegen Entgelt erworben, so ist die Lastenberechnung nach § 40a Abs. 2 und 3 mit folgenden Maßgaben aufzustellen:

1. An die Stelle der Gesamtkosten treten der angemessene Erwerbspreis,
   die auf ihn fallenden Erwerbskosten und die nach dem Erwerb entstandenen Kosten nach § 11;

2. im Finanzierungsplan sind die Mittel auszuweisen, die zur Deckung des
   Erwerbspreises und der in Nummer 1 bezeichneten Kosten dienen.

(2) Für die Aufstellung der Lastenberechnung gelten im Übrigen § 2 Abs. 3
und 5 und die §§ 12 bis 15 entsprechend. § 12 Abs. 4 Satz 2 gilt dabei mit
der Maßgabe, dass an Stelle der Erhöhung der Kapitalkosten die Erhöhung
der Kapitalkosten und Tilgungen zu berücksichtigen ist.

(3) Die Absätze 1 und 2 gelten entsprechend für die Aufstellung der Lastenberechnung durch einen Bewerber nach § 40 Satz 2.

§ 40c
Ermittlung der Belastung

(1) Die Belastung wird ermittelt

1. aus der Belastung aus dem Kapitaldienst und

2. aus der Belastung aus der Bewirtschaftung.

(2) Hat derjenige, dessen Belastung zu ermitteln ist, einem Dritten ein Nutzungsentgelt oder einen ähnlichen Beitrag zum Kapitaldienst oder zur Bewirtschaftung zu leisten, so ist dieses Entgelt in die Lastenberechnung an Stelle der sonst ansetzbaren Beträge aufzunehmen, soweit es zur Deckung der Belastung bestimmt ist.

(3) Bei einer Kleinsiedlung vermehrt sich die Belastung um die Pacht einer gepachteten Landzulage.

(4) Werden von einem Dritten Aufwendungsbeihilfen, Zinszuschüsse oder Annuitätsdarlehen gewährt, so vermindert sich die Belastung entsprechend.

(5) Erträge aus Miete oder Pacht, die für den Gegenstand der Berechnung (§ 40a Abs. 3) erzielt werden, vermindern die Belastung. Dies gilt nicht für Ertragsteile, die zur Deckung von Betriebskosten dienen, die bei der Berechnung der Belastung aus der Bewirtschaftung nicht angesetzt werden dürfen. Als Ertrag gilt auch der Miet- oder Nutzungswert der Räume, die von demjenigen, dessen Belastung zu ermitteln ist, ausschließlich zu anderen als Wohnzwecken oder als Garagen benutzt werden, sowie der von ihm gewerblich benutzten Flächen.

§ 40d
Belastung aus dem Kapitaldienst

(1) Zu der Belastung aus dem Kapitaldienst gehören

1. die Fremdkapitalkosten,

2. die Tilgungen für Fremdmittel.

(2) Die Fremdkapitalkosten sind entsprechend den §§ 19, 21 und 23a zu berechnen. Die Tilgungen für Fremdmittel sind aus dem im Finanzierungsplan ausgewiesenen Fremdmittel mit dem maßgebenden Tilgungssatz zu berechnen. Maßgebend ist der vereinbarte Tilgungssatz oder, wenn die Tilgungen tatsächlich nach einem niedrigeren Tilgungssatz zu entrichten sind, dieser.

(3) Ist im Falle des § 40b im Finanzierungsplan eine Verbindlichkeit ausgewiesen, die ohne Änderung der Vereinbarung über die Verzinsung und Tilgung vom Erwerber übernommen worden ist, so gilt Absatz 2 mit der Maßgabe,

dass die Zinsen und Tilgungen aus dem Ursprungsbetrag der Verbindlichkeit mit dem maßgebenden Zins- und Tilgungssatz zu berechnen sind.

(4) Hat sich der Zins- oder Tilgungssatz für ein Fremdmittel geändert, so sind die Zinsen und Tilgungen anzusetzen, die sich auf Grund der Änderung bei entsprechender Anwendung der Absätze 2 und 3 ergeben; dies gilt bei einer Erhöhung des Zins- oder Tilgungssatzes nur, wenn sie auf Umständen beruht, die derjenige, dessen Belastung zu ermitteln ist, nicht zu vertreten hat, und für die Zinsen nur insoweit, als sie im Rahmen der Absätze 2 und 3 den Betrag nicht übersteigen, der sich aus der Verzinsung zu dem bei der Erhöhung marktüblichen Zinssatz für erste Hypotheken ergibt.

(5) Bei einer Änderung der in § 21 Abs. 4 bezeichneten Fremdkapitalkosten gilt Absatz 4 entsprechend.

(6) Werden an der Stelle der bisherigen Finanzierungsmittel nach § 12 Abs. 4 andere Mittel ausgewiesen, so treten die Kapitalkosten und Tilgungen der neuen Mittel an die Stelle der Kapitalkosten und Tilgungen der bisherigen Finanzierungsmittel; dies gilt für die Kapitalkosten nur insoweit, als sie im Rahmen der Absätze 2 und 3 den Betrag nicht übersteigen, der sich aus der Verzinsung zu dem bei der Ersetzung marktüblichen Zinssatz für erste Hypotheken ergibt. Sind Finanzierungsmittel durch eigene Mittel ersetzt worden, so dürfen Zinsen oder Tilgungen nicht angesetzt werden.

(7) Werden nach § 11 Abs. 4 bis 6 den Gesamtkosten die Kosten von baulichen Änderungen hinzugerechnet, so dürfen für die Fremdmittel, die zur Deckung dieser Kosten dienen, bei Anwendung des Absatzes 2 Kapitalkosten insoweit angesetzt werden, als sie den Betrag nicht überschreiten, der sich aus der Verzinsung zu dem bei Fertigstellung der baulichen Änderungen marktüblichen Zinssatz für erste Hypotheken ergibt.

(8) Soweit für Fremdmittel, die ganz oder teilweise im Finanzierungsplan ausgewiesen sind, Kapitalkosten oder Tilgungen nicht mehr zu entrichten sind, dürfen diese nicht angesetzt werden.

§ 41
Belastung aus der Bewirtschaftung

(1) Zu der Belastung aus der Bewirtschaftung gehören

1. die Ausgaben für die Verwaltung, die an einen Dritten laufend zu entrichten sind,

2. die Betriebskosten,

3. die Ausgaben für die Instandhaltung.

Die Vorschriften der §§ 24, 28 und 30 sind entsprechend anzuwenden.

(2) § 26 ist entsprechend anzuwenden mit der Maßgabe, dass bei Eigentumswohnungen, Kaufeigentumswohnungen oder Wohnungen in der Rechtsform
des eigentumsähnlichen Dauerwohnrechts als Ausgaben für die Verwaltung
höchstens 275 Euro angesetzt werden dürfen. Der in Satz 1 bezeichnete
Betrag verändert sich entsprechend § 26 Abs. 4.

(3) § 27 ist entsprechend anzuwenden mit der Maßgabe, dass als Betriebskosten angesetzt werden dürfen

1. laufende öffentliche Lasten des Grundstücks, namentlich die Grundsteuer,

2. Kosten der Wasserversorgung,

3. Kosten der Straßenreinigung und Müllbeseitigung,

4. Kosten der Entwässerung,

5. Kosten der Schornsteinreinigung,

6. Kosten der Sach- und Haftpflichtversicherung.

Bei einer Eigentumswohnung, einer Kaufeigentumswohnung und einer Wohnung in der Rechtsform des eigentumsähnlichen Dauerwohnrechts dürfen als
Betriebskosten außerdem angesetzt werden

1. Kosten des Betriebes des Fahrstuhls,

2. Kosten der Gebäudereinigung und Ungezieferbekämpfung,

3. Kosten für den Hauswart.

Teil IV
Wohnflächenberechnung

§ 42
Wohnfläche

Ist die Wohnfläche bis zum 31. Dezember 2003 nach dieser Verordnung
berechnet worden, bleibt es bei dieser Berechnung. Soweit in den in Satz 1
genannten Fällen nach dem 31. Dezember 2003 bauliche Änderungen an
dem Wohnraum vorgenommen werden, die eine Neuberechnung der Wohnfläche erforderlich machen, sind die Vorschriften der Wohnflächenverordnung
vom 25. November 2003 (BGBl. I S. 2346) anzuwenden.

§ 43
(weggefallen)

§ 44
(weggefallen)

Teil V
Schluss- und Überleitungsvorschriften

§ 45
Befugnisse des Bauherrn und seines Rechtsnachfolgers

(1) Läßt diese Verordnung eine Wahl zwischen zwei oder mehreren Möglichkeiten zu oder setzt sie bei einer Berechnung einen Rahmen, so ist der Bauherr, soweit sich aus dieser Verordnung nichts anderes ergibt, befugt, die Wahl vorzunehmen oder den Rahmen auszufüllen.

(2) Die Befugnisse des Bauherrn nach dieser Verordnung stehen auch seinem Rechtsnachfolger zu. Soweit der Bauherr nach dieser Verordnung Umstände zu vertreten hat, hat sie auch der Rechtsnachfolger zu vertreten.

§ 46
Überleitungsvorschriften

(1) Soweit bis zum 31. Oktober 1957 für den in § 1 Abs. 1 und § 1a Abs. 2 Nr. 2 und 3 bezeichneten Wohnraum Wirtschaftlichkeit oder Wohnfläche nach der Verordnung über Wirtschaftlichkeits- und Wohnflächenberechnung für neugeschaffenen Wohnraum (Berechnungsverordnung) vom 20. November 1950 (BGBl. S. 753) berechnet worden ist, bleibt es für diese Berechnungen dabei.

(2) § 2 Abs. 8, § 18 Abs. 4 und § 23 Abs. 5 sind in der mit Inkrafttreten dieser Verordnung geltenden Fassung anzuwenden, wenn die Darlehen nach dem 31. Dezember 1989 vorzeitig zurückgezahlt oder abgelöst wurden oder nach diesem Zeitpunkt auf die weitere Auszahlung von Zuschüssen zur Deckung der laufenden Aufwendungen oder von Zinszuschüssen verzichtet wurde.

(3) Sind für ein Gebäude oder eine Wirtschaftseinheit auf Grund von Ausbau oder Erweiterung Wirtschaftlichkeitsberechnungen oder Teilwirtschaftlichkeitsberechnungen vor dem 29. August 1990 aufgestellt worden, sind die Regelungen der §§ 32, 34 und 40 in der bis zum 29. August 1990 geltenden Fassung anzuwenden.

§ 47
(weggefallen)

§ 48
(weggefallen)

§ 48a
Berlin-Klausel

Diese Verordnung gilt nach § 14 des Dritten Überleitungsgesetzes in Verbindung mit § 125 des Zweiten Wohnungsbaugesetzes, § 53 des Ersten Wohnungsbaugesetzes und Artikel X § 10 des Gesetzes über den Abbau der Wohnungszwangswirtschaft und über ein soziales Miet- und Wohnungsrecht auch im Land Berlin.

§ 49
Geltung im Saarland

Diese Verordnung gilt nicht im Saarland.

§ 50
(Inkrafttreten)

Anlage 1
(zu § 5 Abs. 5)

Aufstellung der Gesamtkosten

Die Gesamtkosten bestehen aus:

I. Kosten des Baugrundstücks

Zu den Kosten des Baugrundstücks gehören:

1. Der Wert des Baugrundstücks

2. Die Erwerbskosten

   Hierzu gehören alle durch den Erwerb des Baugrundstücks verursachten Nebenkosten, z. B. Gerichts- und Notarkosten, Maklerprovisionen, Grunderwerbsteuern, Vermessungskosten, Gebühren für Wertberechnungen und amtliche Genehmigungen, Kosten der Bodenuntersuchung zur Beurteilung des Grundstückswertes.

   Zu den Erwerbskosten gehören auch Kosten, die im Zusammenhang mit einer das Baugrundstück betreffenden freiwilligen oder gesetzlich geregelten Umlegung, Zusammenlegung oder Grenzregelung (Bodenordnung) entstehen, außer den Kosten der dem Bauherrn dabei obliegenden Verwaltungsleistungen.

3. Die Erschließungskosten

   Hierzu gehören:

   a) Abfindungen und Entschädigungen an Mieter, Pächter und sonstige Dritte zur Erlangung der freien Verfügung über das Baugrundstück,

   b) Kosten für das Herrichten des Baugrundstücks, z. B. Abräumen, Abholzen, Roden, Bodenbewegung, Enttrümmern, Gesamtabbruch,

   c) Kosten der öffentlichen Entwässerungs- und Versorgungsanlagen, die nicht Kosten der Gebäude oder der Außenanlagen sind, und Kosten öffentlicher Flächen für Straßen, Freiflächen und dgl., soweit diese Kosten vom Grundstückseigentümer auf Grund gesetzlicher Bestimmungen (z. B. Anliegerleistungen) oder vertraglicher Vereinbarungen (z. B. Unternehmerstraßen) zu tragen und vom Bauherrn zu übernehmen sind,

   d) Kosten der nichtöffentlichen Entwässerungs- und Versorgungsanlagen, die nicht Kosten der Gebäude oder der Außenanlagen sind, und Kosten nichtöffentlicher Flächen für Straßen, Freiflächen und dgl., wie Privatstraßen, Abstellflächen für Kraftfahrzeuge, wenn es sich um

Daueranlagen handelt, d. h. um Anlagen, die auch nach etwaigem Abgang der Bauten im Rahmen der allgemeinen Ortsplanung bestehen bleiben müssen,

e) andere einmalige Abgaben, die vom Bauherrn nach gesetzlichen Bestimmungen verlangt werden (z. B. Bauabgaben, Ansiedlungsleistungen, Ausgleichsbeträge).

II. Baukosten

Zu den Baukosten gehören:

1. Die Kosten der Gebäude

Das sind die Kosten (getrennt nach der Art der Gebäude oder Gebäudeteile) sämtlicher Bauleistungen, die für die Errichtung der Gebäude erforderlich sind.

Zu den Kosten der Gebäude gehören auch

die Kosten aller eingebauten oder mit den Gebäuden fest verbundenen Sachen, z. B. Anlagen zur Beleuchtung, Erwärmung, Kühlung und Lüftung von Räumen und zur Versorgung mit Elektrizität, Gas, Kalt- und Warmwasser (bauliche Betriebseinrichtungen), bis zum Hausanschluss an die Außenanlagen, Öfen, Koch- und Waschherde, Bade- und Wascheinrichtungen, eingebaute Rundfunkanlagen, Gemeinschaftsantennen, Blitzschutzanlagen, Luftschutzanlagen, Luftschutzvorsorgeanlagen, bildnerischer und malerischer Schmuck an und in Gebäuden, eingebaute Möbel,

die Kosten aller vom Bauherrn erstmalig zu beschaffenden, nicht eingebauten oder nicht fest verbundenen Sachen an und in den Gebäuden, die zur Benutzung und zum Betrieb der baulichen Anlagen erforderlich sind oder zum Schutz der Gebäude dienen, z. B. Öfen, Koch- und Waschherde, Bade- und Wascheinrichtungen, soweit sie nicht unter den vorstehenden Absatz fallen, Aufsteckschlüssel für innere Leitungshähne und -ventile, Bedienungseinrichtungen für Sammelheizkessel (Schaufeln, Schürstangen usw.), Dachausstiege- und Schornsteinleitern, Feuerlöschanlagen (Schläuche, Stand- und Strahlrohre für eingebaute Feuerlöschanlagen), Schlüssel für Fenster- und Türverschlüsse usw.

Zu den Kosten der Gebäude gehören auch die Kosten von Teilabbrüchen innerhalb der Gebäude sowie der etwa angesetzte Wert verwendeter Gebäudeteile.

2. Die Kosten der Außenanlagen

Das sind die Kosten sämtlicher Bauleistungen, die für die Herstellung der Außenanlagen erforderlich sind. Hierzu gehören

a) die Kosten der Entwässerungs- und Versorgungsanlagen vom Hausanschluss ab bis an das öffentliche Netz oder an nichtöffentliche Anlagen, die Daueranlagen sind (I3d), außerdem alle anderen Entwässerungs- und Versorgungsanlagen außerhalb der Gebäude, Kleinkläranlagen, Sammelgruben, Brunnen, Zapfstellen usw.,

b) die Kosten für das Anlegen von Höfen, Wegen und Einfriedungen, nichtöffentlichen Spielplätzen usw.,

c) die Kosten der Gartenanlagen und Pflanzungen, die nicht zu den besonderen Betriebseinrichtungen gehören, der nicht mit einem Gebäude verbundenen Freitreppen, Stützmauern, fest eingebauten Flaggenmaste, Teppichklopfstangen, Wäschepfähle usw.,

d) die Kosten sonstiger Außenanlagen, z. B. Luftschutzaußenanlagen, Kosten für Teilabbrüche außerhalb der Gebäude, soweit sie nicht zu den Kosten für das Herrichten des Baugrundstücks gehören.

Zu den Kosten der Außenanlagen gehören auch

die Kosten aller eingebauten oder mit den Außenanlagen fest verbundenen Sachen,

die Kosten aller vom Bauherrn erstmalig zu beschaffenden, nicht eingebauten oder nicht fest verbundenen Sachen an und in den Außenanlagen, z. B. Aufsteckschlüssel für äußere Leitungshähne und -ventile, Feuerlöschanlagen (Schläuche, Stand- und Strahlrohre für äußere Feuerlöschanlagen).

3. Die Baunebenkosten

Das sind

a) Kosten der Architekten- und Ingenieurleistungen; diese Leistungen umfassen namentlich Planungen, Ausschreibungen, Bauleitung, Bauführung und Bauabrechnung,

b) Kosten der dem Bauherrn obliegenden Verwaltungsleistungen bei Vorbereitung und Durchführung des Bauvorhabens,

c) Kosten der Behördenleistungen; hierzu gehören die Kosten der Prüfungen und Genehmigungen der Behörden oder Beauftragten der Behörden,

d) folgende Kosten:

aa) Kosten der Beschaffung der Finanzierungsmittel, z. B. Maklerprovisionen, Gerichts- und Notarkosten, einmalige Geldbeschaffungskosten (Hypothekendisagio, Kreditprovisionen und Spesen, Wertberechnungs- und Bearbeitungsgebühren, Bereitstellungskosten usw.),

bb) Kapitalkosten und Erbbauzinsen, die auf die Bauzeit entfallen,

cc) Kosten der Beschaffung und Verzinsung der Zwischenfinanzierungsmittel einschließlich der gestundeten Geldbeschaffungskosten (Disagiodarlehen),

dd) Steuerbelastungen des Baugrundstücks, die auf die Bauzeit entfallen,

ee) Kosten der Beschaffung von Darlehen und Zuschüssen zur Deckung von laufenden Aufwendungen, Fremdkapitalkosten, Annuitäten und Bewirtschaftungskosten,

e) sonstige Nebenkosten, z. B. die Kosten der Bauversicherungen während der Bauzeit, der Bauwache, der Baustoffprüfungen des Bauherrn, der Grundsteinlegungs- und Richtfeier.

4. Die Kosten der besonderen Betriebseinrichtungen

Das sind z. B. die Kosten für Personen- und Lastenaufzüge, Müllbeseitigungsanlagen, Hausfernsprecher, Uhrenanlagen, gemeinschaftliche Wasch- und Badeeinrichtungen usw.

5. Die Kosten des Gerätes und sonstiger Wirtschaftsausstattungen

Das sind

die Kosten für alle vom Bauherrn erstmalig zu beschaffenden beweglichen Sachen, die nicht unter die Kosten der Gebäude oder der Außenanlagen fallen, z. B. Asche- und Müllkästen, abnehmbare Fahnen, Fenster- und Türbehänge, Feuerlösch- und Luftschutzgerät, Haus- und Stallgerät usw.,

die Kosten für Wirtschaftsausstattungen bei Kleinsiedlungen usw., z. B. Ackergerät, Dünger, Kleinvieh, Obstbäume, Saatgut.

Anlage 2
(zu den §§ 11a und 34 Abs. 1)

Berechnung des umbauten Raumes

Der umbaute Raum ist in m^3 anzugeben.

1.1 Voll anzurechnen ist der umbaute Raum eines Gebäudes, der umschlossen wird:

1.11 seitlich von den Außenflächen der Umfassungen,

1.12 unten

1.121 bei unterkellerten Gebäuden von den Oberflächen der untersten Geschossfußböden,

1.122 bei nichtunterkellerten Gebäuden von der Oberfläche des Geländes. Liegt der Fußboden des untersten Geschosses tiefer als das Gelände, gilt Abschnitt 1.121,

1.13 oben

1.131 bei nichtausgebautem Dachgeschoss von den Oberflächen der Fußböden über den obersten Vollgeschossen,

1.132 bei ausgebautem Dachgeschoss, bei Treppenhausköpfen und Fahrstuhlschächten von den Außenflächen der umschließenden Wände und Decken. (Bei Ausbau mit Leichtbauplatten sind die begrenzenden Außenflächen durch die Außen- oder Oberkante der Teile zu legen, welche diese Platten unmittelbar tragen),

1.133 bei Dachdecken, die gleichzeitig die Decke des obersten Vollgeschosses bilden, von den Oberflächen der Tragdecke oder Balkenlage,

1.134 bei Gebäuden oder Bauteilen ohne Geschossdecken von den Außenflächen des Daches, vgl. Abschnitt 1.35.

1.2 Mit einem Drittel anzurechnen ist der umbaute Raum des nichtausgebauten Dachraumes, der umschlossen wird von den Flächen nach Abschnitt 1.131 oder 1.132 und den Außenflächen des Daches.

1.3 Bei den Berechnungen nach Abschnitt 1.1 und 1.2 ist:

1.31 die Gebäudegrundfläche nach den Rohbaumaßen des Erdgeschosses zu berechnen,

1.32 bei wesentlich verschiedenen Geschossgrundflächen der umbaute Raum geschossweise zu berechnen,

1.33 nicht abzuziehen der umbaute Raum, der gebildet wird von:

1.331 äußeren Leibungen von Fenstern und Türen und äußeren Nischen in den Umfassungen,

1.332 Hauslauben (Loggien), d.h. an höchstens zwei Seitenflächen offenen, im übrigen umbauten Räumen,

1.34 nicht hinzuzurechnen der umbaute Raum, den folgende Bauteile bilden:

1.341 stehende Dachfenster und Dachaufbauten mit einer vorderen Ansichtsfläche bis zu je 2 m^2 (Dachaufbauten mit größerer Ansichtsfläche siehe Abschnitt 1.42),

1.342 Balkonplatten und Vordächer bis zu 0,5 m Ausladung (weiter ausladende Balkonplatten und Vordächer siehe Abschnitt 1.44),

1.343 Dachüberstände, Gesimse, ein bis drei nichtunterkellerte, vorgelagerte Stufen, Wandpfeiler, Halbsäulen und Pilaster,

1.344 Gründungen gewöhnlicher Art, deren Unterfläche bei unterkellerten Bauten nicht tiefer als 0,5 m unter der Oberfläche des Kellergeschossfußbodens, bei nichtunterkellerten Bauten nicht tiefer als 1 m unter der Oberfläche des umgebenden Geländes liegt (Gründungen außergewöhnlicher Art und Tiefe siehe Abschnitt 1.48),

1.345 Kellerlichtschächte und Lichtgräben,

1.35 für Teile eines Baues, deren Innenraum ohne Zwischendecken bis zur Dachfläche durchgeht, der umbaute Raum getrennt zu berechnen, vgl. Abschnitt 1.134,

1.36 für zusammenhängende Teile eines Baues, die sich nach dem Zweck und deshalb in der Art des Ausbaues wesentlich von den übrigen Teilen unterscheiden, der umbaute Raum getrennt zu berechnen.

1.4 Von der Berechnung des umbauten Raumes nicht erfasst werden folgende (besonders zu veranschlagende) Bauausführungen und Bauteile:

1.41 geschlossene Anbauten in leichter Bauart und mit geringwertigem Ausbau und offene Anbauten, wie Hallen, Überdachungen (mit oder ohne Stützen) von Lichthöfen, Unterfahrten auf Stützen, Veranden,

1.42 Dachaufbauten mit vorderen Ansichtsflächen von mehr als 2 m^2 und Dachreiter

1.43 Brüstungen von Balkonen und begehbaren Dachflächen,

1.44 Balkonplatten und Vordächer mit mehr als 0,5 m Ausladung,

1.45 Freitreppen mit mehr als 3 Stufen und Terrassen (und ihre Brüstungen),

1.46 Füchse, Gründungen für Kessel und Maschinen,

1.47 freistehende Schornsteine und der Teil von Hausschornsteinen, der mehr als 1 m über den Dachfirst hinausragt,

1.48 Gründungen außergewöhnlicher Art, wie Pfahlgründungen und Gründungen außergewöhnlicher Tiefe, deren Unterfläche tiefer liegt als im Abschnitt 1.344 angegeben,

1.49 wasserdruckhaltende Dichtungen.

Anlage 3
(weggefallen)

Verordnung zur Berechnung der Wohnfläche[1)
(Wohnflächenverordnung – WoFIV)

§ 1
Anwendungsbereich, Berechnung der Wohnfläche

(1) Wird nach dem Wohnraumförderungsgesetz die Wohnfläche berechnet, sind die Vorschriften dieser Verordnung anzuwenden.

(2) Zur Berechnung der Wohnfläche sind die nach § 2 zur Wohnfläche gehörenden Grundflächen nach § 3 zu ermitteln und nach § 4 auf die Wohnfläche anzurechnen.

§ 2
Zur Wohnfläche gehörende Grundflächen

(1) Die Wohnfläche einer Wohnung umfasst die Grundflächen der Räume, die ausschließlich zu dieser Wohnung gehören. Die Wohnfläche eines Wohnheimes umfasst die Grundflächen der Räume, die zur alleinigen und gemeinschaftlichen Nutzung durch die Bewohner bestimmt sind.

(2) Zur Wohnfläche gehören auch die Grundflächen von

1. Wintergärten, Schwimmbädern und ähnlichen nach allen Seiten geschlossenen Räumen sowie

2. Balkone, Loggien, Dachgärten und Terrassen, wenn sie ausschließlich zu der Wohnung oder dem Wohnheim gehören.

(3) Zur Wohnfläche gehören nicht die Grundflächen folgender Räume:

1. Zubehörräume, insbesondere:

    a) Kellerräume,

    b) Abstellräume und Kellerersatzräume außerhalb der Wohnung,

    c) Waschküchen,

    d) Bodenräume,

    e) Trockenräume,

    f) Heizungsräume und

    g) Garagen,

[1) Artikel 1 der »Verordnung zur Berechnung der Wohnfläche, über die Aufstellung der Betriebskosten und zur Änderung anderer Verordnungen« vom 25. November 2003 gültig seit dem 1. Januar 2004 (ersetzt §§ 43 und 44 der II. Berechnungsverordnung).

2. Räume, die nicht den nach ihrer Nutzung zu stellenden Anforderungen des Bauordnungsrechts der Länder genügen, sowie

3. Geschäftsräume.

§ 3
Ermittlung der Grundfläche

(1) Die Grundfläche eines Raumes ist nach den lichten Maßen zwischen den Bauteilen zu ermitteln; dabei ist von der Vorderkante der Bekleidung der Bauteile auszugehen. Bei fehlenden begrenzenden Bauteilen ist der bauliche Abschluss zu Grunde zu legen.

(2) Bei der Ermittlung der Grundfläche sind namentlich einzubeziehen die Grundflächen von

1. Tür- und Fensterbekleidungen sowie Tür- und Fensterumrahmungen,

2. Fuß-, Sockel- und Schrammleisten,

3. fest eingebauten Gegenständen, wie z. B. Öfen, Heiz- und Klimageräten, Herden, Bade- oder Duschwannen,

4. freiliegenden Installationen,

5. Einbaumöbeln und

6. nicht ortsgebundenen, versetzbaren Raumteilern.

(3) Bei der Ermittlung der Grundflächen bleiben außer Betracht die Grundflächen von

1. Schornsteinen, Vormauerungen, Bekleidungen, freistehenden Pfeilern und Säulen, wenn sie eine Höhe von mehr als 1,50 Meter aufweisen und ihre Grundfläche mehr als 0,1 Quadratmeter beträgt,

2. Treppen mit über drei Steigungen und deren Treppenabsätze,

3. Türnischen und

4. Fenster- und offenen Wandnischen, die nicht bis zum Fußboden herunterreichen oder die bis zum Fußboden herunterreichen und 0,13 Meter oder weniger tief sind.

(4) Die Grundfläche ist durch Ausmessung im fertig gestellten Wohnraum oder auf Grund einer Bauzeichnung zu ermitteln. Wird die Grundfläche auf Grund einer Bauzeichnung ermittelt, muss diese

1. für ein Genehmigungs-, Anzeige-, Genehmigungsfreistellungs- oder ähnliches Verfahren nach dem Bauordnungsrecht der Länder gefertigt oder, wenn ein bauordnungsrechtliches Verfahren nicht erforderlich ist, für ein solches geeignet sein und

2. die Ermittlung der lichten Maße zwischen den Bauteilen im Sinne des Absatzes 1 ermöglichen.

Ist die Grundfläche nach einer Bauzeichnung ermittelt worden und ist abweichend von dieser Bauzeichnung gebaut worden, ist die Grundfläche durch Ausmessung im fertig gestellten Wohnraum oder auf Grund einer berichtigten Bauzeichnung neu zu ermitteln.

§ 4
Anrechnung der Grundflächen

Die Grundflächen

1. von Räumen und Raumteilen mit einer lichten Höhe von mindestens zwei Metern sind vollständig,

2. von Räumen und Raumteilen mit einer lichten Höhe von mindestens einem Meter und weniger als zwei Metern sind zur Hälfte,

3. von unbeheizbaren Wintergärten, Schwimmbädern und ähnlichen nach allen Seiten geschlossenen Räumen sind zur Hälfte,

4. von Balkonen, Loggien, Dachgärten und Terrassen sind in der Regel zu einem Viertel, höchstens jedoch zur Hälfte

anzurechnen.

§ 5
Überleitungsvorschrift

Ist die Wohnfläche bis zum 31. Dezember 2003 nach der Zweiten Berechnungsverordnung in der Fassung der Bekanntmachung vom 12. Oktober 1990 (BGBl. I S. 2178), zuletzt geändert durch Artikel 3 der Verordnung vom 25. November 2003 (BGBl. I S. 2346), in der jeweils geltenden Fassung berechnet worden, bleibt es bei dieser Berechnung. Soweit in den in Satz 1 genannten Fällen nach dem 31. Dezember 2003 bauliche Änderungen an dem Wohnraum vorgenommen werden, die eine Neuberechnung der Wohnfläche erforderlich machen, sind die Vorschriften dieser Verordnung anzuwenden.

Verordnung über die Aufstellung von Betriebskosten[1] (Betriebskostenverordnung – BetrKV)

§ 1
Betriebskosten

(1) Betriebskosten sind die Kosten, die dem Eigentümer oder Erbbauberechtigten durch das Eigentum oder Erbbaurecht am Grundstück oder durch den bestimmungsmäßigen Gebrauch des Gebäudes, der Nebengebäude, Anlagen, Einrichtungen und des Grundstücks laufend entstehen. Sach- und Arbeitsleistungen des Eigentümers oder des Erbbauberechtigten dürfen mit dem Betrag angesetzt werden, der für eine gleichwertige Leistung eines Dritten, insbesondere eines Unternehmers, angesetzt werden könnte; die Umsatzsteuer des Dritten darf nicht angesetzt werden.

(2) Zu den Betriebskosten gehören nicht:

1. die Kosten der zur Verwaltung des Gebäudes erforderlichen Arbeitskräfte und Einrichtungen, die Kosten der Aufsicht, der Wert der vom Vermieter persönlich geleisteten Verwaltungsarbeit, die Kosten für die gesetzlichen oder freiwilligen Prüfungen des Jahresabschlusses und die Kosten für die Geschäftsführung (Verwaltungskosten),

2. die Kosten, die während der Nutzungsdauer zur Erhaltung des bestimmungsmäßigen Gebrauchs aufgewendet werden müssen, um die durch Abnutzung, Alterung und Witterungseinwirkung entstehenden baulichen oder sonstigen Mängel ordnungsgemäß zu beseitigen (Instandhaltungs- und Instandsetzungskosten).

§ 2
Aufstellung der Betriebskosten

Betriebskosten im Sinne von § 1 sind:

1. **die laufenden öffentlichen Lasten des Grundstücks,**
   hierzu gehört namentlich die Grundsteuer;

2. **die Kosten der Wasserversorgung,**
   hierzu gehören die Kosten des Wasserverbrauchs, die Grundgebühren, die Kosten der Anmietung oder anderer Arten der Gebrauchsüberlassung von Wasserzählern sowie die Kosten ihrer Verwendung einschließlich der Kosten der Berechnung und Aufteilung, die Kosten der Wartung von Was-

---

[1] Artikel 2 der »Verordnung zur Berechnung der Wohnfläche, über die Aufstellung der Betriebskosten und zur Änderung anderer Verordnungen« vom 25. November 2003, gültig seit dem 1. Januar 2004 (ersetzt Anlage 3 der II. Berechnungsverordnung).

sermengenreglern, die Kosten des Betriebs einer hauseigenen Wasserversorgungsanlage und einer Wasseraufbereitungsanlage einschließlich der Aufbereitungsstoffe;

3. **die Kosten der Entwässerung,**

   hierzu gehören die Gebühren für die Haus- und Grundstücksentwässerung, die Kosten des Betriebs einer entsprechenden nicht öffentlichen Anlage und die Kosten des Betriebs einer Entwässerungspumpe;

4. **die Kosten**

   a) **des Betriebs der zentralen Heizungsanlage einschließlich der Abgasanlage,**

      hierzu gehören die Kosten der verbrauchten Brennstoffe und ihrer Lieferung, die Kosten des Betriebsstroms, die Kosten der Bedienung, Überwachung und Pflege der Anlage, der regelmäßigen Prüfung ihrer Betriebsbereitschaft und Betriebssicherheit einschließlich der Einstellung durch eine Fachkraft, der Reinigung der Anlage und des Betriebsraums, die Kosten der Messungen nach dem Bundes-Immissionsschutzgesetz, die Kosten der Anmietung oder anderer Arten der Gebrauchsüberlassung einer Ausstattung zur Verbrauchserfassung sowie die Kosten der Verwendung einer Ausstattung zur Verbrauchserfassung einschließlich der Kosten der Eichung sowie die Kosten-Berechnung und Aufteilung

   oder

   b) **des Betriebs der zentralen Brennstoffversorgungsanlage,**

      hierzu gehören die Kosten der verbrauchten Brennstoffe und ihrer Lieferung, die Kosten des Betriebsstroms und die Kosten der Überwachung sowie die Kosten der Reinigung der Anlage und des Betriebsraums

   oder

   c) **der eigenständig gewerblichen Lieferung von Wärme, auch aus Anlagen im Sinne des Buchstabens a,**

      hierzu gehören das Entgelt für die Wärmelieferung und die Kosten des Betriebs der zugehörigen Hausanlagen entsprechend Buchstabe a

   oder

   d) **der Reinigung und Wartung von Etagenheizungen und Gaseinzelfeuerstätten,**

      hierzu gehören die Kosten der Beseitigung von Wasserablagerungen und Verbrennungsrückständen in der Anlage, die Kosten der regelmäßigen Prüfung der Betriebsbereitschaft und Betriebssicherheit und der damit zusammenhängenden Einstellung durch eine Fachkraft

sowie die Kosten der Messungen nach dem Bundes-Immissionsschutzgesetz;

5. **die Kosten**

a) **des Betriebs der zentralen Warmwasserversorgungsanlage,**
hierzu gehören die Kosten der Wasserversorgung entsprechend
Nummer 2, soweit sie nicht dort bereits berücksichtigt sind, und die
Kosten der Wassererwärmung entsprechend Nummer 4 Buchstabe a

oder

b) **der eigenständig gewerblichen Lieferung von Warmwasser, auch
aus Anlagen im Sinne des Buchstabens a,**
hierzu gehören das Entgelt für die Lieferung des Warmwassers und
die Kosten des Betriebs der zugehörigen Hausanlagen entsprechend
Nummer 4 Buchstabe a

oder

c) **der Reinigung und Wartung von Warmwassergeräten,**
hierzu gehören die Kosten der Beseitigung von Wasserablagerungen
und Verbrennungsrückständen im Innern der Geräte sowie die Kosten
der regelmäßigen Prüfung der Betriebsbereitschaft und Betriebssicherheit und der damit zusammenhängenden Einstellung durch eine Fachkraft;

6. **die Kosten verbundener Heizungs- und Warmwasserversorgungsanlagen**

a) bei zentralen Heizungsanlagen entsprechend Nummer 4 Buchstabe a
und entsprechend Nummer 2, soweit sie nicht dort bereits berücksichtigt sind,

oder

b) bei der eigenständig gewerblichen Lieferung von Wärme entsprechend Nummer 4 Buchstabe c und entsprechend Nummer 2, soweit
sie nicht dort bereits berücksichtigt sind,

oder

c) bei verbundenen Etagenheizungen und Warmwasserversorgungsanlagen entsprechend Nummer 4 Buchstabe d und entsprechend
Nummer 2, soweit sie nicht dort bereits berücksichtigt sind;

7. **die Kosten des Betriebs des Personen- oder Lastenaufzuges,**
hierzu gehören die Kosten des Betriebsstroms, die Kosten der Beaufsichtigung, der Bedienung, Überwachung und Pflege der Anlage, der
regelmäßigen Prüfung ihrer Betriebsbereitschaft und Betriebssicherheit
einschließlich der Einstellung durch eine Fachkraft sowie die Kosten der
Reinigung der Anlage;

8. **die Kosten der Straßenreinigung und Müllbeseitigung,**

zu den Kosten der Straßenreinigung gehören die für die öffentliche Straßenreinigung zu entrichtenden Gebühren und die Kosten entsprechender nicht öffentlicher Maßnahmen; zu den Kosten der Müllbeseitigung gehören namentlich die für die Müllabfuhr zu entrichtenden Gebühren, die Kosten entsprechender nicht öffentlicher Maßnahmen, die Kosten des Betriebs von Müllkompressoren, Müllschluckern, Müllabsauganlagen sowie des Betriebs von Müllmengenerfassungsanlagen einschließlich der Kosten der Berechnung und Aufteilung;

9. **die Kosten der Gebäudereinigung und Ungezieferbekämpfung,**

zu den Kosten der Gebäudereinigung gehören die Kosten für die Säuberung der von den Bewohnern gemeinsam benutzten Gebäudeteile, wie Zugänge, Flure, Treppen, Keller, Bodenräume, Waschküchen, Fahrkorb des Aufzugs;

10. **die Kosten der Gartenpflege,**

hierzu gehören die Kosten der Pflege gärtnerisch angelegter Flächen einschließlich der Erneuerung von Pflanzen und Gehölzen, der Pflege von Spielplätzen einschließlich der Erneuerung von Sand und der Pflege von Plätzen, Zugängen und Zufahrten, die dem nicht öffentlichen Verkehr dienen;

11. **die Kosten der Beleuchtung,**

hierzu gehören die Kosten des Stroms für die Außenbeleuchtung und die Beleuchtung der von den Bewohnern gemeinsam benutzten Gebäudeteile, wie Zugänge, Flure, Treppen, Keller, Bodenräume, Waschküchen;

12. **die Kosten der Schornsteinreinigung,**

hierzu gehören die Kehrgebühren nach der maßgebenden Gebührenordnung, soweit sie nicht bereits als Kosten nach Nummer 4 Buchstabe a berücksichtigt sind;

13. **die Kosten der Sach- und Haftpflichtversicherung,**

hierzu gehören namentlich die Kosten der Versicherung des Gebäudes gegen Feuer-, Sturm-, Wasser- sowie sonstige Elementarschäden, der Glasversicherung, der Haftpflichtversicherung für das Gebäude, den Öltank und den Aufzug;

14. **die Kosten für den Hauswart,**

hierzu gehören die Vergütung, die Sozialbeiträge und alle geldwerten Leistungen, die der Eigentümer oder Erbbauberechtigte dem Hauswart für seine Arbeit gewährt, soweit diese nicht die Instandhaltung, Instandsetzung, Erneuerung, Schönheitsreparaturen oder die Hausverwaltung betrifft; soweit Arbeiten vom Hauswart ausgeführt werden, dürfen Kosten für Arbeitsleistungen nach den Nummern 2 bis 10 und 16 nicht angesetzt werden;

15. **die Kosten**

    a) **des Betriebs der Gemeinschafts-Antennenanlage,**

       hierzu gehören die Kosten des Betriebsstroms und die Kosten der regelmäßigen Prüfung ihrer Betriebsbereitschaft einschließlich der Einstellung durch eine Fachkraft oder das Nutzungsentgelt für eine nicht zu dem Gebäude gehörende Antennenanlage sowie die Gebühren, die nach dem Urheberrechtsgesetz für die Kabelweiterleitung entstehen;

    oder

    b) **des Betriebs der mit einem Breitbandkabelnetz verbundenen privaten Verteilanlage,**

       hierzu gehören die Kosten entsprechend Buchstabe a, ferner die laufenden monatlichen Grundgebühren für Breitbandkabelanschlüsse;

16. **die Kosten des Betriebs der Einrichtungen für die Wäschepflege,**

    hierzu gehören die Kosten des Betriebsstroms, die Kosten der Überwachung, Pflege und Reinigung der Einrichtungen, der regelmäßigen Prüfung ihrer Betriebsbereitschaft und Betriebssicherheit sowie die Kosten der Wasserversorgung entsprechend Nummer 2, soweit sie nicht dort bereits berücksichtigt sind;

17. **sonstige Betriebskosten,**

    hierzu gehören Betriebskosten im Sinne des § 1, die von den Nummern 1 bis 16 nicht erfasst sind.

Verordnung über die verbrauchsabhängige Abrechnung der Heiz- und Warmwasserkosten[1]
(Verordnung über Heizkostenabrechnung – HeizkostenV)

§ 1
Anwendungsbereich

(1) Diese Verordnung gilt für die Verteilung der Kosten

1. des Betriebs zentraler Heizungsanlagen und zentraler Warmwasserversorgungsanlagen,

2. der eigenständig gewerblichen Lieferung von Wärme und Warmwasser, auch aus Anlagen nach Nummer 1, (Wärmelieferung, Warmwasserlieferung) durch den Gebäudeeigentümer auf die Nutzer der mit Wärme oder Warmwasser versorgten Räume.

(2) Dem Gebäudeeigentümer stehen gleich

1. der zur Nutzungsüberlassung in eigenem Namen und für eigene Rechnung Berechtigte,

2. derjenige, dem der Betrieb von Anlagen im Sinne § 1 Abs. 1 Nr. 1 in der Weise übertragen worden ist, dass er dafür ein Entgelt vom Nutzer zu fordern berechtigt ist,

3. beim Wohnungseigentum die Gemeinschaft der Wohnungseigentümer im Verhältnis zum Wohnungseigentümer, bei Vermietung einer oder mehrerer Eigentumswohnungen der Wohnungseigentümer im Verhältnis zum Mieter.

(3) Die Verordnung gilt auch für die Verteilung der Kosten der Wärmelieferung und Warmwasserlieferung auf die Nutzer der mit Wärme oder Warmwasser versorgten Räume, soweit der Lieferer unmittelbar mit den Nutzern abgerechnet und dabei nicht den für den einzelnen Nutzer gemessenen Verbrauch, sondern die Anteile der Nutzer am Gesamtverbrauch zugrunde legt; in diesen Fällen gelten die Rechte und Pflichten des Gebäudeeigentümers aus dieser Verordnung für den Lieferer.

(4) Diese Verordnung gilt auch für Mietverhältnisse über preisgebundenen Wohnraum, soweit für diesen nichts anderes bestimmt ist.

---

[1] Seit dem 1. März 1989 gültige Fassung.

§ 2
Vorrang vor rechtsgeschäftlichen Bestimmungen

Außer bei Gebäuden mit nicht mehr als zwei Wohnungen, von denen eine der Vermieter selbst bewohnt, gehen die Vorschriften dieser Verordnung rechtsgeschäftlichen Bestimmungen vor.

§ 3
Anwendung auf das Wohnungseigentum

Die Vorschriften dieser Verordnung sind auf Wohnungseigentum anzuwenden unabhängig davon, ob durch Vereinbarung oder Beschluss der Wohnungseigentümer abweichende Bestimmungen über die Verteilung der Kosten der Versorgung mit Wärme und Warmwasser getroffen worden sind. Auf die Anbringung und Auswahl der Ausstattung nach den §§ 4 und 5 sowie auf die Verteilung der Kosten und die sonstigen Entscheidungen des Gebäudeeigentümers nach den §§ 6 bis 9b und 11 sind die Regelungen entsprechend anzuwenden, die für die Verwaltung des gemeinschaftlichen Eigentums im Wohnungeigentumsgesetz enthalten oder durch Vereinbarung der Wohnungseigentümer getroffen worden sind. Die Kosten für die Anbringung der Ausstattung sind entsprechend den dort vorgesehenen Regelungen über die Tragung der Verwaltungskosten zu verteilen.

§ 4
Pflicht zur Verbrauchserfassung

(1) Der Gebäudeeigentümer hat den anteiligen Verbrauch der Nutzer an Wärme und Warmwasser zu erfassen.

(2) Er hat dazu die Räume mit Ausstattungen zur Verbrauchserfassung zu versehen; die Nutzer haben dies zu dulden. Will der Gebäudeeigentümer die Ausstattung zur Verbrauchserfassung mieten oder durch eine andere Art der Gebrauchsüberlassung beschaffen, so hat er dies den Nutzern vorher unter Angabe der dadurch entstehenden Kosten mitzuteilen; die Maßnahme ist unzulässig, wenn die Mehrheit der Nutzer innerhalb eines Monats nach Zugang der Mitteilung widerspricht. Die Wahl der Ausstattung bleibt im Rahmen des § 5 dem Gebäudeeigentümer überlassen.

(3) Gemeinschaftlich genutzte Räume sind von der Pflicht zur Verbrauchserfassung ausgenommen. Dies gilt nicht für Gemeinschaftsräume mit nutzungsbedingt hohem Wärme- oder Wasserverbrauch, wie Schimmbäder oder Saunen.

(4) Der Nutzer ist berechtigt, vom Gebäudeeigentümer die Erfüllung dieser Verpflichtung zu verlangen.

§ 5
Ausstattung zur Verbrauchserfassung

(1) Zur Erfassung des anteiligen Wärmeverbrauchs sind Wärmezähler oder Heizkostenverteiler, zur Erfassung des anteiligen Warmwasserverbrauchs Warmwasserzähler oder andere geeignete Ausstattungen zu verwenden. Soweit nicht eichrechtliche Bestimmungen zur Anwendung kommen, dürfen nur solche Ausstattungen zur Verbrauchserfassung verwendet werden, hinsichtlich derer sachverständige Stellen bestätigt haben, dass sie den anerkannten Regeln der Technik entsprechen oder dass ihre Eignung auf andere Weise nachgewiesen wurde. Als sachverständige Stellen gelten nur solche Stellen, deren Eignung die nach Landesrecht zuständige Behörde im Benehmen mit der Physikalisch-Technischen Bundesanstalt bestätigt hat. Die Ausstattungen müssen für das jeweilige Heizsystem geeignet sein und so angebracht werden, dass ihre technisch einwandfreie Funktion gewährleistet ist.

(2) Wird der Verbrauch der von einer Anlage im Sinne des § 1 Abs. 1 versorgten Nutzer nicht mit gleichen Ausstattungen erfasst, so sind zunächst durch Vorerfassung vom Gesamtverbrauch die Anteile von Nutzern zu erfassen, deren Verbrauch mit gleichen Ausstattungen erfasst wird. Der Gebäudeeigentümer kann auch bei unterschiedlichen Nutzungs- oder Gebäudearten oder aus anderen sachgerechten Gründen eine Vorerfassung nach Nutzergruppen durchführen.

§ 6
Pflicht zur verbrauchsabhängigen Kostenverteilung

(1) Der Gebäudeeigentümer hat die Kosten der Versorgung mit Wärme und Warmwasser auf der Grundlage der Verbrauchserfassung nach Maßgabe der §§ 7 bis 9 auf die einzelnen Nutzer zu verteilen.

(2) In den Fällen des § 5 Abs. 2 sind die Kosten zunächst mindestens zu 50 vom Hundert nach dem Verhältnis der erfassten Anteile am Gesamtverbrauch auf die Nutzergruppen aufzuteilen. Werden die Kosten nicht vollständig nach dem Verhältnis der erfassten Anteile am Gesamtverbrauch aufgeteilt, sind

1. die übrigen Kosten der Versorgung mit Wärme nach der Wohn- oder Nutzfläche oder nach dem umbauten Raum auf die einzelnen Nutzergruppen zu verteilen; es kann auch die Wohn- oder Nutzfläche oder der umbaute Raum der beheizten Räume zugrunde gelegt werden,

2. die übrigen Kosten der Versorgung mit Warmwasser nach der Wohn-oder Nutzfläche auf die einzelnen Nutzergruppen zu verteilen.

Die Kostenanteile der Nutzergruppen sind dann nach Absatz 1 auf die einzelnen Nutzer zu verteilen.

(3) In den Fällen des § 4 Abs. 3 Satz 2 sind die Kosten nach dem Verhältnis der erfassten Anteile am Gesamtverbrauch auf die Gemeinschaftsräume und die übrigen Räume aufzuteilen. Die Verteilung der auf die Gemeinschaftsräume entfallenden anteiligen Kosten richtet sich nach rechtsgeschäftlichen Bestimmungen.

(4) Die Wahl der Abrechnungsmaßstäbe nach Absatz 2 sowie nach den §§ 7 bis 9 bleibt dem Gebäudeeigentümer überlassen. Er kann diese einmalig für künftige Abrechnungszeiträume durch Erklärung gegenüber den Nutzern ändern

1. bis zum Ablauf von drei Abrechnungszeiträumen nach deren erstmaliger Bestimmung,

2. bei der Einführung einer Vorerfassung nach Nutzergruppen,

3. nach Durchführung von baulichen Maßnahmen, die nachhaltig Einsparungen von Heizenergie bewirken.

Die Festlegung und Änderung der Abrechnungsmaßstäbe sind nur mit Wirkung zum Beginn eines Abrechnungszeitraumes zulässig.

§ 7
Verteilung der Kosten der Versorgung mit Wärme

(1) Von den Kosten des Betriebs der zentralen Heizungsanlage sind mindestens 50 vom Hundert, höchstens 70 vom Hundert nach dem erfassten Wärmeverbrauch der Nutzer zu verteilen. Die übrigen Kosten sind nach der Wohn- oder Nutzfläche oder nach dem umbauten Raum zu verteilen; es kann auch die Wohn- oder Nutzfläche oder der umbaute Raum der beheizten Räume zugrunde gelegt werden.

(2) Zu den Kosten des Betriebs der zentralen Heizungsanlage einschließlich der Abgasanlage gehören die Kosten der verbrauchten Brennstoffe und ihrer Lieferung, die Kosten des Betriebsstromes, die Kosten der Bedienung, Überwachung und Pflege der Anlage, der regelmäßigen Prüfung ihrer Betriebsbereitschaft und Betriebssicherheit einschließlich der Einstellung durch einen Fachmann, der Reinigung der Anlage und des Betriebsraumes, die Kosten der Messungen nach dem Bundes-Immissionsschutzgesetz, die Kosten der Anmietung oder anderer Arten der Gebrauchsüberlassung einer Ausstattung zur Verbrauchserfassung sowie die Kosten der Verwendung einer Ausstattung

zur Verbrauchserfassung einschließlich der Kosten der Berechnung und Aufteilung.

(3) Für die Verteilung der Kosten der Wärmelieferung gilt Absatz 1 entsprechend.

(4) Zu den Kosten der Wärmelieferung gehören das Entgelt für die Wärmelieferung und die Kosten des Betriebs der zugehörigen Hausanlagen entsprechend Absatz 2.

§ 8
Verteilung der Kosten der Versorgung mit Warmwasser

(1) Von den Kosten des Betriebs der zentralen Warmwasserversorgungsanlage sind mindestens 50 vom Hundert, höchstens 70 vom Hundert nach dem erfassten Warmwasserverbrauch, die übrigen Kosten nach der Wohn- oder Nutzfläche zu verteilen.

(2) Zu den Kosten des Betriebs der zentralen Warmwasserversorgungsanlage gehören die Kosten der Wasserversorgung, soweit sie nicht gesondert abgerechnet werden, und die Kosten der Wassererwärmung entsprechend § 7 Abs. 2. Zu den Kosten der Wasserversorgung gehören die Kosten des Wasserverbrauchs, die Grundgebühren und die Zählermiete, die Kosten der Verwendung von Zwischenzählern, die Kosten des Betriebs einer hauseigenen Wasserversorgungsanlage und einer Wasseraufbereitungsanlage einschließlich der Aufbereitungsstoffe.

(3) Für die Verteilung der Kosten der Warmwasserlieferung gilt Absatz 1 entsprechend.

(4) Zu den Kosten der Warmwasserlieferung gehören das Entgelt für die Lieferung des Warmwassers und die Kosten des Betriebs der zugehörigen Hausanlagen entsprechend § 7 Abs. 2.

§ 9
Verteilung der Kosten der Versorgung mit Wärme und Warmwasser bei verbundenen Anlagen

(1) Ist die zentrale Anlage zur Versorgung mit Wärme mit der zentralen Warmwasserversorgungsanlage verbunden, so sind die einheitlich entstandenen Kosten des Betriebs aufzuteilen. Die Anteile an den einheitlich entstandenen Kosten sind nach den Anteilen am Energieverbrauch (Brennstoff- oder Wärmeverbrauch) zu bestimmen. Kosten, die nicht einheitlich entstanden sind, sind dem Anteil an den einheitlich entstandenen Kosten hinzuzurechnen. Der Anteil der Anlage zur Versorgung mit Wärme ergibt sich aus

dem gesamten Verbrauch nach Abzug des Verbrauchs der zentralen Warmwasserversorgungsanlage. Der Anteil der zentralen Warmwasserversorgungsanlage am Brennstoffverbrauch ist nach Absatz 2, der Anteil am Wärmeverbrauch nach Absatz 3 zu ermitteln.

(2) Der Brennstoffverbrauch der zentralen Warmwasserversorgungsanlage (B) ist in Litern, Kubikmetern oder Kilogramm nach der Formel

$$B = \frac{2,5 \times V \times (t_w - 10)}{H_u}$$

zu errechnen. Dabei sind zugrunde zu legen:

1. das gemessene Volumen des verbrauchten Warmwassers (V) in Kubikmetern;

2. die gemessene oder geschätzte mittlere Temperatur des Warmwassers (t_w) in Grad Celsius;

3. der Heizwert des verbrauchten Brennstoffs (H_u) in Kilowattstunden (kWh) je Liter (l), Kubikmeter (m³) oder Kilogramm (kg). Als H_u-Werte können verwendet werden für

Heizöl	10	kWh/l
Stadtgas	4,5	kWh/m³
Erdgas L	9	kWh/m³
Erdgas H	10,5	kWh/m³
Brechkoks	8	kWh/kg

Enthalten die Abrechnungsunterlagen des Energieversorgungsunternehmens H_u-Werte, so sind diese zu verwenden.

Der Brennstoffverbrauch der zentralen Warmwasserversorgungsanlage kann auch nach den anerkannten Regeln der Technik errechnet werden. Kann das Volumen des verbrauchten Warmwassers nicht gemessen werden, ist als Brennstoffverbrauch der zentralen Warmwasserversorgungsanlage ein Anteil von 18 vom Hundert der insgesamt verbrauchten Brennstoffe zugrunde zu legen.

(3) Die auf die zentrale Warmwasserversorgungsanlage entfallende Wärmemenge (Q) ist mit einem Wärmezähler zu messen. Sie kann auch in Kilowattstunden nach der Formel

$$Q = 2,5 \times V \times (t_w - 10)$$

errechnet werden. Dabei sind zugrunde zu legen

1. das gemessene Volumen des verbrauchten Warmwassers (V) in Kubikmetern;

2. die gemessene oder geschätzte mittlere Temperatur des Warmwassers (t_w) in Grad Celsius.

Die auf die zentrale Warmwasserversorgungsanlage entfallende Wärmemenge kann auch nach den anerkannten Regeln der Technik errechnet werden. Kann sie weder nach Satz 1 gemessen noch nach den Sätzen 2 bis 4 errechnet werden, ist dafür ein Anteil von 18 vom Hundert der insgesamt verbrauchten Wärmemenge zugrunde zu legen.

(4) Der Anteil an den Kosten der Versorgung mit Wärme ist nach § 7 Abs. 1, der Anteil der Kosten an der Versorgung mit Warmwasser nach § 8 Abs. 1 zu verteilen, soweit diese Verordnung nichts anderes bestimmt oder zulässt.

§ 9a
Kostenverteilung in Sonderfällen

(1) Kann der anteilige Wärme- oder Warmwasserverbrauch von Nutzern für einen Abrechnungszeitraum wegen Geräteausfalls oder aus anderen zwingenden Gründen nicht ordnungsgemäß erfasst werden, ist er vom Gebäudeeigentümer auf der Grundlage des Verbrauchs der betroffenen Räume in vergleichbaren früheren Abrechnungszeiträumen oder des Verbrauchs vergleichbarer anderer Räume im jeweiligen Abrechnungszeitraum zu ermitteln. Der so ermittelte anteilige Verbrauch ist bei der Kostenverteilung anstelle des erfassten Verbrauchs zugrunde zu legen.

(2) Überschreitet die von der Verbrauchsermittlung nach Absatz 1 betroffene Wohn- oder Nutzfläche oder der umbaute Raum 25 vom Hundert der für die Kostenverteilung maßgeblichen gesamten Wohn- oder Nutzfläche oder des maßgeblichen gesamten umbauten Raumes, sind die Kosten ausschließlich nach den nach § 7 Abs. 1 Satz 2 und § 8 Abs. 1 für die Verteilung der übrigen Kosten zugrunde zu legenden Maßstäben zu verteilen.

§ 9b
Kostenaufteilung bei Nutzerwechsel

(1) Bei Nutzerwechsel innerhalb des Abrechnungszeitraumes hat der Gebäudeeigentümer eine Ablesung der Ausstattung zur Verbrauchserfassung der vom Wechsel betroffenen Räume (Zwischenablesung) vorzunehmen.

(2) Die nach dem erfassten Verbrauch zu verteilenden Kosten sind auf der Grundlage der Zwischenablesung, die übrigen Kosten des Wärmeverbrauchs auf der Grundlage der sich aus anerkannten Regeln der Technik ergebenden

Gradtagzahlen oder zeitanteilig und die übrigen Kosten des Warmwasserverbrauchs zeitanteilig auf Vor- und Nachnutzer aufzuteilen.

(3) Ist eine Zwischenablesung nicht möglich oder läßt sie wegen des Zeitpunktes des Nutzerwechsels aus technischen Gründen keine hinreichend genaue Ermittlung der Verbrauchsanteile zu, sind die gesamten Kosten nach der nach Absatz 2 für die übrigen Kosten geltenden Maßstäben aufzuteilen.

(4) Von den Absätzen 1 bis 3 abweichende rechtsgeschäftliche Bestimmungen bleiben unberührt.

§ 10
Überschreitung der Höchstsätze

Rechtsgeschäftliche Bestimmungen, die höhere als die in § 7 Abs. 1 und § 8 Abs. 1 genannten Höchstsätze von 70 vom Hundert vorsehen, bleiben unberührt.

§ 11
Ausnahmen

(1) Soweit sich die §§ 3 bis 7 auf die Versorgung mit Wärme beziehen, sind sie nicht anzuwenden

1. auf Räume
   a) bei denen das Anbringen der Ausstattung zur Verbrauchserfassung, die Erfassung des Wärmeverbrauchs oder die Verteilung der Kosten des Wärmeverbrauchs nicht oder nur mit unverhältnismäßig hohen Kosten möglich ist oder
   b) die vor dem 1. Juli 1981 bezugsfertig geworden sind und in denen der Nutzer den Wärmeverbrauch nicht beeinflussen kann;

2. a) auf Alters- und Pflegeheime, Studenten- und Lehrlingsheime,
   b) auf vergleichbare Gebäude oder Gebäudeteile, deren Nutzung Personengruppen vorbehalten ist, mit denen wegen ihrer besonderen persönlichen Verhältnisse regelmäßig keine üblichen Mietverträge abgeschlossen werden;

3. auf Räume in Gebäuden, die überwiegend versorgt werden
   a) mit Wärme aus Anlagen zur Rückgewinnung von Wärme oder aus Wärmepumpen- oder Solaranlagen oder
   b) mit Wärme aus Anlagen der Kraft-Wärme-Kopplung oder aus Anlagen zur Verwertung von Abwärme, sofern der Wärmeverbrauch des Gebäudes nicht erfasst wird,

wenn die nach dem Landesrecht zuständige Stelle im Interesse der Energieeinsparung und der Nutzer eine Ausnahme zugelassen hat;

4. auf die Kosten des Betriebs der zugehörigen Hausanlagen, soweit diese Kosten in den Fällen des § 1 Abs. 3 nicht in den Kosten der Wärmelieferung enthalten sind, sondern vom Gebäudeeigentümer gesondert abgerechnet werden;

5. in sonstigen Einzelfällen, in denen die nach Landesrecht zuständige Stelle wegen besonderer Umstände von den Anforderungen dieser Verordnung befreit hat, um einen unangemessenen Aufwand oder sonstige unbillige Härten zu vermeiden.

(2) Soweit sich die §§ 3 bis 6 und § 8 auf die Versorgung mit Warmwasser beziehen, gilt Absatz 1 entsprechend.

§ 12
Kürzungsrecht, Übergangsregeln

(1) Soweit die Kosten der Versorgung mit Wärme oder Warmwasser entgegen den Vorschriften dieser Verordnung nicht verbrauchsabhängig abgerechnet werden, hat der Nutzer das Recht, bei der nicht verbrauchsabhängigen Abrechnung der Kosten den auf ihn entfallenden Anteil um 15 vom Hundert zu kürzen. Dies gilt nicht bei Wohnungseigentum im Verhältnis des einzelnen Wohnungseigentümers zur Gemeinschaft der Wohnungseigentümer; insofern verbleibt es bei den allgemeinen Vorschriften.

(2) Die Anforderungen des § 5 Abs. 1 Satz 2 gelten als erfüllt

1. für die am 1. Januar 1987 für die Erfassung des anteiligen Warmwasserverbrauchs vorhandenen Warmwasserkostenverteiler und

2. für die am 1. Juli 1981 bereits vorhandenen sonstigen Ausstattungen zur Verbrauchserfassung.

(3) Bei preisgebundenen Wohnungen im Sinne der Neubaumietenverordnung 1970 gilt Absatz 2 mit der Maßgabe, dass an die Stelle des Datums »1. Juli 1981« das Datum »1. August 1984« tritt.

(4) § 1 Abs. 3, § 4 Abs. 3 Satz 2 und § 6 Abs. 3 gelten für Abrechnungszeiträume, die nach dem 30. September 1989 beginnen; rechtsgeschäftliche Bestimmungen über eine frühere Anwendung dieser Vorschriften bleiben unberührt.

(5) Wird in den Fällen des § 1 Abs. 3 der Wärmeverbrauch der einzelnen Nutzer am 30. September 1989 mit Einrichtungen zur Messung der Wassermenge ermittelt, gilt die Anforderung des § 5 Abs. 1 Satz 1 als erfüllt.

§ 13
Berlin-Klausel

Diese Verordnung gilt nach § 14 des Dritten Überleitungsgesetzes in Verbindung mit § 10 des Energieeinsparungsgesetzes auch im Land Berlin.

§ 14
(Inkrafttreten)

Verordnung über die Ermittlung der zulässigen Miete für preisgebundene Wohnungen[1]
(Neubaumietenverordnung 1970 – NMV 1970)

Inhaltsübersicht

Teil I
Allgemeine Vorschriften

Teil II
Zulässige Miete für öffentlich geförderte Wohnungen

1. Abschnitt
Ermittlung der Kostenmiete

---

[1] Durch die »Verordnung zur Berechnung der Wohnfläche, über die Aufstellung von Betriebskosten und zur Änderung anderer Verordnungen« vom 25. November 2003 geänderte und seit dem 1. Januar 2004 gültige Fassung.

**Teil V
Schlussvorschriften**

Teil I
Allgemeine Vorschriften

§ 1
Anwendungsbereich der Verordnung

(1) Diese Verordnung ist anzuwenden auf preisgebundene Wohnungen, die nach dem 20. Juli 1948 bezugsfertig geworden sind oder bezugsfertig werden.

(2) Für öffentlich geförderte Wohnungen ist die nach den §§ 8 bis 8b des Wohnungsbindungsgesetzes zulässige Miete nach Maßgabe der Vorschriften der Teile II und IV dieser Verordnung zu ermitteln.

(3) Soweit und solange steuerbegünstigte oder frei finanzierte Wohnungen nach den §§ 87a, 111 oder 88b des Zweiten Wohnungsbaugesetzes preisgebunden sind, ist die nach diesen Vorschriften zulässige Miete nach Maßgabe der Vorschriften der Teile III und IV dieser Verordnung zu ermitteln.

(4) Soweit und solange diese Verordnung auf Wohnungen nach den Absätzen 1 bis 3 anzuwenden ist, sind die im Rahmen der Verordnung maßgeblichen Vorschriften

1. des bis zum 31. Dezember 2001 geltenden Zweiten Wohnungsbaugesetzes weiter anzuwenden sowie

2. a) des Wohnungsbindungsgesetzes ab 1. Januar 2002 in der jeweils geltenden Fassung,

   b) der Zweiten Berechnungsverordnung ab 1. Januar 2002 in der jeweils geltenden Fassung und

   c) der Verordnung über Heizkostenabrechnung in der jeweils geltenden Fassung

anzuwenden.

§ 2
Anwendung der Zweiten Berechnungsverordnung

Ist zur Ermittlung der zulässigen Miete eine Wirtschaftlichkeitsberechnung aufzustellen oder die Wohnfläche zu berechnen oder sind die laufenden Aufwendungen zu ermitteln, so sind hierfür die Vorschriften der Zweiten Berechnungsverordnung in der jeweils geltenden Fassung anzuwenden.

Teil II
Zulässige Miete für öffentlich geförderte Wohnungen

1. Abschnitt
Ermittlung der Kostenmiete

§ 3
Erstmalige Ermittlung der Kostenmiete

(1) Die Kostenmiete umfasst als zulässige Miete für öffentlich geförderte Wohnungen die Einzelmiete, sowie Umlagen, Zuschläge und Vergütungen, soweit diese nach den §§ 20 bis 27 zulässig sind.

(2) Bei der erstmaligen Ermittlung der Kostenmiete ist auszugehen von dem Mietbetrag, der sich für die öffentlich geförderten Wohnungen des Gebäudes oder der Wirtschaftseinheit als Durchschnittsmiete für den Quadratmeter Wohnfläche monatlich ergibt. Die Durchschnittsmiete ist auf der Grundlage der Wirtschaftlichkeitsberechnung, die der Bewilligung der öffentlichen Mittel zugrunde gelegen hat, aus dem Gesamtbetrag der laufenden Aufwendungen nach Abzug von Vergütungen zu errechnen. Bei Wohnungen, für welche die öffentlichen Mittel nach dem 31. Dezember 1956 bewilligt worden sind, ist von der Durchschnittsmiete auszugehen, die die Bewilligungsstelle auf Grund der Wirtschaftlichkeitsberechnung bei der Bewilligung der öffentlichen Mittel genehmigt hat.

(3) Auf der Grundlage der Durchschnittsmiete hat der Vermieter die Einzelmieten der Wohnungen nach deren Wohnfläche zu berechnen und dabei selbstverantwortlich den unterschiedlichen Wohnwert, insbesondere Lage, Ausstattung und Zuschnitt, angemessen zu berücksichtigen. Die Summe der Einzelmieten darf den Betrag nicht übersteigen, der sich aus der Vervielfältigung der Durchschnittsmiete mit der nach Quadratmetern berechneten Summe der Wohnflächen der öffentlich geförderten Wohnungen, auf die sich die Wirtschaftlichkeitsberechnung bezieht, ergibt.

(4) Hat die Bewilligungsstelle im Hinblick auf eine unterschiedliche Gewährung der öffentlichen Mittel unterschiedliche Durchschnittsmieten genehmigt, so sind die Einzelmieten nach Absatz 3 jeweils auf der Grundlage der für die Wohnungen maßgebenden Durchschnittsmiete zu berechnen.

§ 4
Erhöhung der Kostenmiete infolge Erhöhung der laufenden Aufwendungen

(1) Erhöht sich nach der erstmaligen Ermittlung der Kostenmiete der Gesamtbetrag der laufenden Aufwendungen auf Grund von Umständen, die der Vermieter nicht zu vertreten hat, oder wird durch Gesetz oder Rechtsverordnung ein höherer Ansatz für laufende Aufwendungen in der Wirtschaftlichkeitsberechnung zugelassen, so kann der Vermieter eine neue Wirtschaftlichkeitsberechnung aufstellen. Die sich ergebende erhöhte Durchschnittsmiete bildet vom Zeitpunkt der Erhöhung der laufenden Aufwendungen an die Grundlage der Kostenmiete.

(2) Ist bei Wohnungen, für welche die öffentlichen Mittel nach dem 31. Dezember 1956 bewilligt worden sind, die Erhöhung der laufenden Aufwendungen vor der Anerkennung der Schlussabrechnung, spätestens jedoch vor Ablauf von zwei Jahren nach der Bezugsfertigkeit der Wohnungen eingetreten, so erhöht sich die Durchschnittsmiete nach Absatz 1 nur, wenn oder soweit die Bewilligungsstelle deren Erhöhung genehmigt hat. Die Bewilligungsstelle hat die Erhöhung zu genehmigen, soweit sie sich aus der Wirtschaftlichkeitsberechnung im Rahmen des Absatzes 1 ergibt. Die Genehmigung wirkt auf den Zeitpunkt der Erhöhung der laufenden Aufwendungen längstens jedoch drei Monate vor Stellung eines Antrags mit prüffähigen Unterlagen zurück. Ist die Genehmigung nicht erteilt worden, so darf die Erhöhung der laufenden Aufwendungen auch bei einer späteren Ermittlung der Kostenmiete nicht berücksichtigt werden.

(3) (weggefallen)

(4) Soweit aus öffentlichen Mitteln gewährte Darlehen oder Zuschüsse zur Deckung der laufenden Aufwendungen, insbesondere Zinszuschüsse, aus Gründen, die der Vermieter zu vertreten hat, vor Ablauf des Bewilligungszeitraums nicht mehr oder nur in verminderter Höhe gewährt werden, tritt nach Ablauf des Bewilligungszeitraums eine entsprechende Erhöhung der Durchschnittsmiete ein. Der Vermieter hat es auch zu vertreten, wenn er vor Ablauf des Bewilligungszeitraums auf die Fortgewährung der in Satz 1 bezeichneten Darlehen oder Zuschüsse verzichtet.

(5) Hat sich die Durchschnittsmiete nach den Absätzen 1 bis 4 erhöht, so erhöhen sich die zulässigen Einzelmieten entsprechend ihrem bisherigen Verhältnis zur Durchschnittsmiete. § 3 Abs. 3 Satz 2 gilt entsprechend.

(6) Soweit eine Erhöhung der laufenden Aufwendungen auf Umständen beruht, die nur in der Person einzelner Mieter begründet sind und nicht sämtliche Wohnungen betreffen, tritt eine Erhöhung der Durchschnittsmiete und der Einzelmieten nach den Absätzen 1 und 5 nicht ein. Für die betroffenen

Wohnungen ist vom Zeitpunkt der Erhöhung an neben der Einzelmiete ein Zuschlag zur Deckung der erhöhten laufenden Aufwendungen nach § 26 Abs. 1 Nr. 4 zulässig. Die Vorschriften des Absatzes 2 gelten sinngemäß. Bei Wohnungen, die nach dem Gesetz zur Förderung des Bergarbeiterwohnungsbaues im Kohlebergbau gefördert worden sind, ist ein Zuschlag entsprechend Satz 1 bis 3 auch zulässig, soweit die Erhöhung der laufenden Aufwendungen darauf beruht, dass die als Darlehen gewährten Mittel nach dem 24. Juli 1982 gemäß § 16 des Wohnungsbindungsgesetzes zurückgezahlt, jedoch nur einzelne Wohnungen des Gebäudes oder der Wirtschaftseinheit von der Zweckbindung der Bergarbeiterwohnungen unbefristet freigestellt worden sind.

(7) Die Durchführung einer zulässigen Mieterhöhung gegenüber dem Mieter sowie der Zeitpunkt, von dem an sie wirksam wird, bestimmt sich nach § 10 des Wohnungsbindungsgesetzes, soweit nichts anderes vereinbart ist. Bei der Erläuterung der Mieterhöhung sind die Gründe anzugeben, aus denen sich die einzelnen laufenden Aufwendungen erhöht haben, und die auf die einzelnen laufenden Aufwendungen fallenden Beträge. Dies gilt auch, wenn die Erklärung der Mieterhöhung mit Hilfe automatischer Einrichtungen gefertigt ist.

(8) Ist die jeweils zulässige Miete als vertragliche Miete vereinbart, so gilt für die Durchführung einer Mieterhöhung § 10 Abs. 1 des Wohnungsbindungsgesetzes entsprechend. Auf Grund einer Vereinbarung gemäß Satz 1 darf der Vermieter eine zulässige Mieterhöhung wegen Erhöhung der laufenden Aufwendungen nur für einen zurückliegenden Zeitraum seit Beginn des der Erklärung vorangehenden Kalenderjahres nachfordern; für einen weiter zurückliegenden Zeitraum kann eine zulässige Mieterhöhung jedoch dann nachgefordert werden, wenn der Vermieter die Nachforderung aus Gründen, die er nicht zu vertreten hat, erst nach dem Ende des auf die Erhöhung der laufenden Aufwendungen folgenden Kalenderjahres geltend machen konnte und sie innerhalb von drei Monaten nach Wegfall der Gründe geltend macht. Auf Grund von Zinserhöhungen nach den §§ 18a bis 18f des Wohnungsbindungsgesetzes ist eine Mieterhöhung für einen zurückliegenden Zeitraum nicht zulässig.

§ 5
**Senkung der Kostenmiete infolge Verringerung der
laufenden Aufwendungen**

(1) Verringert sich nach der erstmaligen Ermittlung der Kostenmiete der Gesamtbetrag der laufenden Aufwendungen oder wird durch Gesetz oder Rechtsverordnung nur ein verringerter Ansatz in der Wirtschaftlichkeitsberech-

nung zugelassen, so hat der Vermieter unverzüglich eine neue Wirtschaftlichkeitsberechnung aufzustellen. Die sich ergebende verringerte Durchschnittsmiete bildet vom Zeitpunkt der Verringerung der laufenden Aufwendungen an die Grundlage der Kostenmiete. Der Vermieter hat die Einzelmieten entsprechend ihrem bisherigen Verhältnis zur Durchschnittsmiete zu senken. Die Mietsenkung ist den Mietern unverzüglich mitzuteilen; sie ist zu berechnen und entsprechend § 4 Abs. 7 Satz 2 und 3 zu erläutern.

(2) Wird nach § 4 Abs. 6 neben der Einzelmiete ein Zuschlag zur Deckung erhöhter laufender Aufwendungen erhoben, so senkt sich der Zuschlag entsprechend, wenn sich die zugrundeliegenden laufenden Aufwendungen verringern. Absatz 1 Satz 4 gilt sinngemäß.

(3) Sind die Gesamtkosten, Finanzierungsmittel und laufenden Aufwendungen einer zentralen Heizungs- oder Warmwasserversorgungsanlage in der Wirtschaftlichkeitsberechnung enthalten, wird jedoch die Anlage eigenständig gewerblich im Sinne des § 1 Abs. 1 Nr. 2 der Verordnung über Heizkostenabrechnung in der Fassung der Bekanntmachung vom 20. Januar 1989 (BGBl. I S. 115) betrieben, verringern sich die Gesamtkosten, Finanzierungsmittel und laufenden Aufwendungen in dem Maße, in dem sie den Kosten der eigenständig gewerblichen Lieferung von Wärme und Warmwasser zugrunde gelegt werden. Dieser Anteil ist nach den Vorschriften der §§ 33 bis 36 der Zweiten Berechnungsverordnung über die Aufstellung der Teilwirtschaftlichkeitsberechnung zu ermitteln. Absatz 1 gilt entsprechend.

§ 5a
Änderung der Kostenmiete infolge Änderung der Wirtschaftseinheit

(1) Wird nach der erstmaligen Ermittlung der Kostenmiete eine Wirtschaftseinheit aufgeteilt, so hat der Vermieter unverzüglich Wirtschaftlichkeitsberechnungen für die einzelnen Gebäude oder, wenn neue Wirtschaftseinheiten entstanden sind, für die neuen Wirtschaftseinheiten aufzustellen. Wird Wohnungseigentum an den Wohnungen einer Wirtschaftseinheit oder eines Gebäudes begründet, so hat der Vermieter unverzüglich eine Wirtschaftlichkeitsberechnung für die einzelnen Wohnungen aufzustellen.

(2) Sind nach der erstmaligen Ermittlung der Kostenmiete mehrere Gebäude, mehrere Wirtschaftseinheiten oder mehrere Gebäude und Wirtschaftseinheiten mit Zustimmung der Bewilligungsstelle zu einer Wirtschaftseinheit zusammengefaßt worden, so hat der Vermieter unverzüglich eine neue Wirtschaftlichkeitsberechnung für die entstandene Wirtschaftseinheit aufzustellen.

(3) Die Durchschnittsmieten, die sich aus den nach den Absätzen 1 und 2 aufgestellten Wirtschaftlichkeitsberechnungen ergeben, bedürfen der Genehmigung der Bewilligungsstelle. Sie bilden vom Zeitpunkt der Genehmigung an

die Grundlage der Kostenmiete. Für die Berechnung der Einzelmieten gilt § 3 Abs. 3. Erhöht sich die zulässige Einzelmiete gegenüber dem Zeitpunkt vor der Genehmigung, so hat der Vermieter die Miete zu senken und die Mietsenkung den Mietern unverzüglich mitzuteilen; die Mietsenkung ist zu berechnen und entsprechend § 4 Abs. 7 Satz 2 und 3 zu erläutern.

§ 6
Erhöhung der Kostenmiete wegen baulicher Änderungen

(1) Hat der Vermieter für sämtliche öffentlich geförderten Wohnungen bauliche Änderungen auf Grund von Umständen, die er nicht zu vertreten hat, vorgenommen, so kann er zur Berücksichtigung der hierdurch entstehenden laufenden Aufwendungen eine neue Wirtschaftlichkeitsberechnung aufstellen. Das Gleiche gilt, wenn er mit Zustimmung der Bewilligungsstelle solche bauliche Änderungen vorgenommen hat, die eine Modernisierung im Sinne des § 11 Abs. 6 der Zweiten Berechnungsverordnung bewirken; die Zustimmung gilt als erteilt, wenn Mittel aus öffentlichen Haushalten für die Modernisierung bewilligt worden sind. Die sich ergebende erhöhte Durchschnittsmiete bildet vom Ersten des auf die Fertigstellung folgenden Monats an die Grundlage der Kostenmiete. Für die Erhöhung der Einzelmieten gilt § 4 Abs. 5 entsprechend. Soweit die baulichen Änderungen nach Art und Umfang für die einzelnen Wohnungen unterschiedlich sind, ist dies bei der Berechnung der Einzelmieten angemessen zu berücksichtigen.

(2) Sind die baulichen Änderungen nur für einen Teil der Wohnungen vorgenommen worden, so ist für diese Wohnungen neben der Einzelmiete ein Zuschlag zur Deckung der erhöhten laufenden Aufwendungen nach § 26, Abs. 1 Nr. 4 zulässig; bei einer Modernisierung von unterschiedlichem Umfang gilt für die Höhe des Zuschlags Absatz 1 Satz 5 sinngemäß. Von dem Zeitpunkt an, in dem die baulichen Änderungen für sämtliche Wohnungen durchgeführt worden sind, tritt an Stelle der Zuschläge zur Einzelmiete eine Erhöhung der Durchschnittsmiete und der Einzelmieten nach den Vorschriften des Absatzes 1.

§ 7
Kostenmiete nach Schaffung neuer Wohnungen durch Ausbau oder Erweiterung des Gebäudes

(1) Werden in einem Gebäude oder einer Wirtschaftseinheit mit öffentlich geförderten Wohnungen durch Ausbau oder Erweiterung neue Wohnungen geschaffen, so ist für die bisherigen öffentlich geförderten Wohnungen die bisherige Wirtschaftlichkeitsberechnung als Teilwirtschaftlichkeitsberechnung

weiter maßgebend; die bisherige Durchschnittsmiete und die bisherigen Einzelmieten ändern sich infolge des Ausbaus oder der Erweiterung nicht. Sind durch den Ausbau oder die Erweiterung Zubehörräume der öffentlich geförderten Wohnungen ganz oder teilweise weggefallen und ist hierfür kein gleichwertiger Ersatz geschaffen worden, ist die Einzelmiete der betroffenen Wohnung um einen angemessenen Betrag zu senken.

(2) Werden in einem Gebäude oder einer Wirtschaftseinheit mit öffentlich geförderten Wohnungen durch Ausbau oder Erweiterung neue Wohnungen unter Einsatz öffentlicher Mittel geschaffen, so ist bei der Ermittlung der Kostenmiete für diese Wohnungen von der Durchschnittsmiete auszugehen, die auf Grund der für die gesondert aufgestellten Teilwirtschaftlichkeitsberechnung berechnet und von der Bewilligungsstelle im Bewilligungsbescheid genehmigt worden ist. Auf der Grundlage der genehmigten Durchschnittsmiete sind die Einzelmieten entsprechend § 3 Abs. 3 zu berechnen.

(3) Sind Zubehörräume öffentlich geförderter Wohnungen ohne Genehmigung der Bewilligungsstelle zu Wohnungen ausgebaut worden, so gelten die durch den Ausbau neu geschaffenen Wohnungen von der Bezugsfertigkeit an als öffentlich geförderter preisgebundener Wohnraum. Bei der Ermittlung der Kostenmiete für diese Wohnungen ist von der Durchschnittsmiete auszugehen, die auf Grund der für sie gesondert aufgestellten Teilwirtschaftlichkeitsberechnung berechnet worden ist. Die sich ergebende Durchschnittsmiete bedarf der Genehmigung durch die Bewilligungsstelle; die Genehmigung wirkt auf den Zeitpunkt der Bezugsfertigkeit der neu geschaffenen Wohnungen, jedoch nicht mehr als vier Jahre zurück. Auf der Grundlage der genehmigten Durchschnittsmiete sind die Einzelmieten entsprechend § 3 Abs. 3 zu berechnen. Die Einzelmieten sind vom Ersten des Monats, der auf den in Satz 3 genannten Zeitpunkt folgt, maßgebend.

(4) Sind Zubehörräume öffentlich geförderter Wohnungen ohne Einsatz öffentlicher Mittel mit Genehmigung der Bewilligungsstelle zu Wohnungen ausgebaut worden oder wird der Ausbau nachträglich genehmigt, so gelten die neu geschaffenen Wohnungen von der Bezugsfertigkeit an nicht als öffentlich geförderter preisgebundener Wohnraum.

(5) Die Absätze 1 bis 4 gelten entsprechend, wenn einzelne Räume ausgebaut werden, die selbstständig vermietet werden.

§ 8
Kostenmiete nach Wohnungsvergrößerung

(1) Sind sämtliche öffentlich geförderte Wohnungen durch Ausbau oder Erweiterung um weitere Wohnräume vergrößert worden, so hat der Vermieter eine neue Wirtschaftlichkeitsberechnung aufzustellen. Die sich ergebende

Durchschnittsmiete bedarf der Genehmigung durch die Bewilligungsstelle; die Genehmigung wirkt auf den Zeitpunkt der Fertigstellung der Wohnungsvergrößerung zurück. Die neuen Einzelmieten sind entsprechend § 3 Abs. 3 zu berechnen; sie treten vom Ersten des auf die Fertigstellung folgenden Monats an die Stelle der bisher zulässigen Einzelmieten.

(2) Ist nur ein Teil der Wohnungen um weitere Wohnräume vergrößert worden, so ist für die vergrößerten Wohnungen vom Zeitpunkt der Fertigstellung an neben der Einzelmiete ein Zuschlag nach § 26 Abs. 1 Nr. 4 zulässig.

(3) Die Vorschriften des § 4 Abs. 8 gelten entsprechend.

§ 8a
Kostenmiete in Fällen, in denen nur noch ein Teil der Wohnungen als öffentlich gefördert gilt

Gelten nach § 15 Abs. 2 Satz 2 oder § 16 Abs. 2 oder 7 des Wohnungsbindungsgesetzes eine oder mehrere Wohnungen des Gebäudes oder einer Wirtschaftseinheit nicht mehr als öffentlich gefördert, so bleiben für die übrigen Wohnungen die bisherige Einzelmiete sowie Umlagen, Zuschläge und Vergütungen unverändert. Ändern sich die laufenden Aufwendungen, so bleibt für jede spätere Berechnung der Einzelmiete die bisherige Wirtschaftlichkeitsberechnung mit den zulässigen Ansätzen für Gesamtkosten, Finanzierungsmittel und laufende Aufwendungen in der Weise maßgebend, wie sie für alle bisher öffentlich geförderten Wohnungen des Gebäudes oder der Wirtschaftseinheit maßgeblich gewesen wären.

§ 9
Zusatzberechnung, Auszug aus der Wirtschaftlichkeitsberechnung

Zur Berechnung einer Änderung der Durchschnittsmiete kann der Vermieter an Stelle einer neuen Wirtschaftlichkeitsberechnung eine Zusatzberechnung zur bisherigen Wirtschaftlichkeitsberechnung nach § 39a Abs. 1 oder 3 der Zweiten Berechnungsverordnung aufstellen, wenn er dem Mieter bereits eine Wirtschaftlichkeitsberechnung oder einen Auszug daraus gemäß § 39 Abs. 1 Satz 3 der Zweiten Berechnungsverordnung übergeben hatte. Zur Berechnung einer Erhöhung der Durchschnittsmiete kann an Stelle einer neuen Wirtschaftlichkeitsberechnung auch ein Auszug aus der Wirtschaftlichkeitsberechnung nach § 39 Abs. 2 der Zweiten Berechnungsverordnung aufgestellt werden.

§ 10
Mieterleistungen

Einmalige Leistungen des Mieters, die mit Rücksicht auf die Überlassung der Wohnung erbracht werden sollen, sind nur nach Maßgabe des § 9 des Wohnungsbindungsgesetzes zulässig; das Gleiche gilt für entsprechende Leistungen eines Dritten zugunsten des Mieters.

2. A b s c h n i t t
E r m i t t l u n g   d e r   V e r g l e i c h s m i e t e

§ 11
Erstmalige Bestimmung der Vergleichsmiete

(1) Die Vergleichsmiete bestimmt sich erstmalig nach den Einzelmieten solcher öffentlich geförderter Mietwohnungen, die mit der Wohnung nach Art und Ausstattung sowie nach Förderungsjahr und Gemeindegrößenklasse vergleichbar sind (vergleichbare Wohnungen); maßgebend sind die Verhältnisse im Zeitpunkt der Bewilligung der öffentlichen Mittel. Die Einzelmiete der vergleichbaren Wohnung ist mit dem Betrag zugrunde zu legen, der auf den Quadratmeter Wohnfläche monatlich entfällt.

(2) Ist eine vergleichbare Wohnung vom Vermieter nicht festzustellen, so darf als Vergleichsmiete der Miethöchstsatz zugrunde gelegt werden, der zum Zeitpunkt der Bewilligung der öffentlichen Mittel von der zuständigen obersten Landesbehörde für öffentlich geförderte Mietwohnungen einer entsprechenden Gemeindegrößenklasse und Ausstattungsstufe bestimmt ist; für Wohnungen mit geringerem Wohnwert, insbesondere für Dachgeschosswohnungen, ist ein angemessener Abschlag vorzunehmen. Die Bewilligungsstelle hat dem Vermieter auf Verlangen den maßgebenden Miethöchstsatz mitzuteilen.

(3) Hat die Bewilligungsstelle bei der Bewilligung der öffentlichen Mittel, insbesondere im Rahmen einer Lastenberechnung, für die Wohnung unter Berücksichtigung ihres Wohnwertes und des nach Absatz 2 maßgebenden Miethöchstsatzes einen bestimmten Mietbetrag zugrunde gelegt, so bestimmt sich die Vergleichsmiete abweichend von Absatz 2 nach diesem Betrag; das Gleiche gilt, wenn der Bauherr in der Lastenberechnung einen derartigen Mietbetrag im Einvernehmen mit der Bewilligungsstelle angesetzt hat. Ist der Mietbetrag aus Gründen, die in der Person des Mieters liegen, unter dem nach Absatz 2 zulässigen Betrag angesetzt worden, so bestimmt sich die Vergleichsmiete nach Absatz 2.

(4) Neben der Vergleichsmiete dürfen Umlagen, Zuschläge und Vergütungen erhoben werden, soweit diese nach § 28 in Verbindung mit den §§ 20 bis 27 zulässig sind. § 10 gilt entsprechend.

§ 12
Änderung der Vergleichsmiete infolge Änderung der laufenden Aufwendungen

(1) Hat sich Gesamtbetrag der laufenden Aufwendungen gegenüber dem Betrag geändert, der im Zeitpunkt der Bewilligung der öffentlichen Mittel tatsächlich zu entrichten war oder im Rahmen einer Wirtschaftlichkeitsberechnung hätte angesetzt werden können, so ändert sich die Vergleichsmiete vom Ersten des folgenden Monats an um den Änderungsbetrag, der je Monat anteilig auf die Wohnung entfällt, deren Vergleichsmiete zu ermitteln ist. Änderungen der laufenden Aufwendungen, die sich nicht auf diese Wohnung beziehen, bleiben unberücksichtigt. Bei einer Erhöhung der laufenden Aufwendungen tritt eine Änderung der Vergleichsmiete nach Satz 1 nur ein, soweit die Erhöhung auf Umständen beruht, die der Vermieter nicht zu vertreten hat, oder soweit durch Gesetz oder Rechtsverordnung ein höherer Ansatz in der Wirtschaftlichkeitsberechnung zugelassen ist.

(2) Der Änderungsbetrag ist auf Grund einer Zusatzberechnung nach § 39a Abs. 2 der Zweiten Berechnungsverordnung zu ermitteln. Der auf die Wohnung entfallende Anteil ist nach dem Verhältnis der Wohnflächen der einzelnen Wohnungen des Gebäudes zueinander zu berechnen; soweit sich die laufenden Aufwendungen geändert haben, die sich ausschließlich auf diese Wohnung beziehen, sind diese in voller Höhe anzurechnen.

(3) Für die Durchführung einer Erhöhung oder Senkung der Vergleichsmiete gegenüber dem Mieter gelten die Vorschriften des § 4 Abs. 7 und 8 sowie des § 5 Abs. 1 Satz 4 entsprechend.

(4) Für eine erneute Änderung des Gesamtbetrages der laufenden Aufwendungen nach einer Änderung gemäß Absatz 1 gelten die Absätze 1 bis 3 sinngemäß.

§ 13
Erhöhung der Vergleichsmiete wegen baulicher Änderungen

(1) Hat der Vermieter für sämtliche öffentlich geförderten Wohnungen bauliche Änderungen auf Grund von Umständen, die er nicht zu vertreten hat, vorgenommen oder hat er mit Zustimmung der Bewilligungsstelle solche baulichen Änderungen vorgenommen, die eine Modernisierung im Sinne des § 11 Abs. 6 der Zweiten Berechnungsverordnung bewirken, so erhöht sich die nach § 11 oder § 12 zulässige Vergleichsmiete vom Ersten des auf die Fertigstellung folgenden Monats an um die zusätzlichen laufenden Aufwendungen, die durch die baulichen Änderungen entstanden sind und je Monat auf die

Wohnungen anteilig entfallen. Die Zustimmung gilt als erteilt, wenn Mittel aus öffentlichen Haushalten für die Modernisierung bewilligt worden sind.

(2) Der Erhöhungsbetrag ist auf Grund einer Zusatzberechnung nach § 39a Abs. 4 der Zweiten Berechnungsverordnung zu ermitteln. Für die Aufteilung des Erhöhungsbetrages auf die einzelnen Wohnungen bei unterschiedlichen baulichen Änderungen gilt § 6 Abs. 1 Satz 5 entsprechend.

(3) Bei baulichen Änderungen, die nur für einen Teil der Wohnungen vorgenommen werden, gelten die Vorschriften des § 6 Abs. 2 sinngemäß.

§ 14

Vergleichsmiete nach Ausbau von Zubehörräumen und Wohnungsvergrößerung

(1) Sind Zubehörräume öffentlich geförderter Wohnungen, für die die Vergleichsmiete die zulässige Miete ist, ohne Genehmigung der Bewilligungsstelle zu einer Wohnung ausgebaut worden, so bestimmt sich für diese Wohnung die Vergleichsmiete erstmalig nach den Einzelmieten vergleichbarer Wohnungen. Ist eine vergleichbare Wohnung vom Vermieter nicht festzustellen, so gelten die Vorschriften des § 11 Abs. 2 entsprechend; maßgebend sind die Verhältnisse im Zeitpunkt der Bezugsfertigkeit der Wohnung

(2) Sind Zubehörräume öffentlich geförderter Wohnungen, für die die Vergleichsmiete die zulässige Miete ist, mit Genehmigung der Bewilligungsstelle zu einer Wohnung ausgebaut worden oder wird der Ausbau nachträglich genehmigt, so gilt die neu geschaffene Wohnung von der Bezugsfertigkeit an als öffentlich geförderter preisgebundener Wohnraum.

(3) Für Wohnungen, deren Zubehörräume ausgebaut und nicht durch anderen Zubehörraum ersetzt worden sind, ist die bisher zulässige Vergleichsmiete um einen angemessenen Betrag zu senken.

(4) Die Absätze 1 bis 3 gelten entsprechend, wenn die Zubehörräume zu einzelnen Wohnräumen ausgebaut worden sind, die selbstständig vermietet werden.

(5) Die Vergleichsmiete einer Wohnung, die durch Ausbau oder Erweiterung um weitere Wohnräume vergrößert worden ist, erhöht sich in dem Verhältnis, in dem die bisherige Wohnfläche vergrößert worden ist.

(6) Für Änderungen der nach Absatz 1, 3 oder 5 ermittelten Vergleichsmiete gelten die Vorschriften der §§ 12 und 13.

§ 15
Übergang von der Vergleichsmiete zur Kostenmiete

(1) Auf Antrag des Vermieters kann die zuständige Stelle genehmigen, dass an Stelle der nach den §§ 11 bis 14 zulässigen Vergleichsmiete die Kostenmiete erhoben wird.

(2) Für Eigenheime, Kaufeigenheime und Kleinsiedlungen mit einer Wohnung und für Eigentumswohnungen soll der Übergang zur Kostenmiete genehmigt werden, wenn der Vermieter die Eigennutzung der Wohnung auf Grund von Umständen, die er nicht zu vertreten hat, aufgeben muss oder wenn aus sonstigen Gründen für ihn die Vergleichsmiete als zulässige Miete unbillig wäre.

(3) Für eine vermietete zweite Wohnung in einem Eigenheim, einem Kaufeigenheim oder einer Kleinsiedlung darf der Übergang zur Kostenmiete nur genehmigt werden, wenn das Beibehalten der Vergleichsmiete für den Vermieter unter Berücksichtigung aller Umstände des Einzelfalls unbillig wäre und wenn die Vermietbarkeit der Wohnung an Wohnberechtigte im Sinne des § 5 des Wohnungbindungsgesetzes durch den Übergang zur Kostenmiete nicht ausgeschlossen oder erheblich erschwert wird.

(4) Die Kostenmiete ist auf Grund einer Wirtschaftlichkeitsberechnung nach den Verhältnissen im Zeitpunkt der Bewilligung der öffentlichen Mittel unter Berücksichtigung der seitdem eingetretenen Änderungen der laufenden Aufwendungen zu ermitteln. Auf der Grundlage der sich ergebenden Durchschnittsmiete ist für die in Absatz 3 bezeichnete Wohnung die Einzelmiete entsprechend § 3 Abs. 3 zu berechnen; dabei sind neben dem unterschiedlichen Wohnwert auch sonstige Umstände, die für die Höhe der Einzelmiete im Vergleich zum Mietwert der Hauptwohnung von Bedeutung sind, namentlich eine ungleiche Grundstücksnutzung und das Fehlen von Zubehörraum, angemessen zu berücksichtigen. Bei einer Einliegerwohnung darf die Einzelmiete je Quadratmeter Wohnfläche höchstens 80 vom Hundert der Durchschnittsmiete betragen.

(5) Mit dem Zugang des Genehmigungsbescheides tritt die Kostenmiete als zulässige Miete an die Stelle der Vergleichsmiete. In den Fällen des Absatzes 3 ist die nach Absatz 4 berechnete Einzelmiete, die in dem Genehmigungsbescheid bezeichnet ist, maßgebend.

(6) Für Änderungen der Kostenmiete gelten die Vorschriften der §§ 4 bis 9. Der Unterschied der nach Absatz 4 erstmalig berechneten Einzelmiete gegenüber der Durchschnittsmiete ist auch bei späteren Änderungen der Durchschnittsmiete zu erhalten, es sei denn, dass sich die zugrundeliegenden Änderungen der laufenden Aufwendungen nicht auf die Wohnung beziehen, deren Einzelmiete zu errechnen ist.

Teil III
Zulässige Miete für preisgebundene steuerbegünstigte
und frei finanzierte Wohnungen

§ 16
Ermittlung der Kostenmiete für Wohnungen,
die mit Wohnungsfürsorgemitteln gefördert sind

(1) Wird für steuerbegünstigte oder frei finanzierte Wohnungen, die mit Wohnungsfürsorgemitteln für Angehörige des öffentlichen Dienstes oder ähnliche Personengruppen unter Vereinbarung eines Wohnungsbesetzungsrechts gefördert worden sind, die Kostenmiete erstmalig ermittelt, so ist von dem Mietbetrag auszugehen, der sich für diese Wohnungen auf Grund einer Wirtschaftlichkeitsberechnung als Durchschnittsmiete für den Quadratmeter Wohnfläche monatlich ergibt.

(2) Die Wirtschaftlichkeitsberechnung ist nach den Vorschriften der Zweiten Berechnungsverordnung aufzustellen, die für den steuerbegünstigten Wohnungsbau und für Wohnungen, die mit Wohnungsfürsorgemitteln gefördert worden sind, gelten. Dabei sind die Verhältnisse im Zeitpunkt der Bezugsfertigkeit der Wohnungen zugrunde zu legen.

(3) Auf der Grundlage der Durchschnittsmiete hat der Vermieter für die einzelnen Wohnungen des Gebäudes oder der Wirtschaftseinheit die Einzelmieten entsprechend § 3 Abs. 3 zu berechnen. Die für die Bewilligung der Wohnungsfürsorgemittel zuständige Stelle kann Maßstäbe für die Staffelung der Einzelmieten festsetzen. Die Vorschriften des § 3 Abs. 1 gelten entsprechend.

(4) Für nach der Bezugsfertigkeit der Wohnungen eintretende Änderungen der Kostenmiete infolge Änderung der laufenden Aufwendungen gelten die Vorschriften des § 4 Abs. 1, 4, 5, Abs. 6 Satz 1 und 2, Abs. 7 und 8, des § 5, des § 5a Abs. 1, 2 und Abs. 3 Satz 2 bis 5 und des § 9 entsprechend, § 5a Abs. 3 Satz 2 bis 5 jedoch mit der Maßgabe, dass an Stelle des Zeitpunkts der Genehmigung im Falle der Aufteilung der Zeitpunkt der Aufstellung der Wirt-schaftlichkeitsberechnung, im Falle der Zusammenfassung der Zeitpunkt der Zustimmung des Darlehens- oder Zuschussgebers zur Zusammenfassung tritt. Sind die Wohnungsfürsorgemittel vorzeitig zurückgezahlt oder abgelöst und durch andere Finanzierungsmittel mit höheren Kapitalkosten, als sie zuletzt tatsächlich zu entrichten waren, ersetzt worden, so tritt aufgrund dieser Ersetzung eine Erhöhung der Kostenmiete vor Ablauf des Wohnunsbesetzungsrechts nicht ein.

(5) Hat der Vermieter nach der Bezugsfertigkeit der Wohnungen bauliche Änderungen auf Grund von Umständen, die er nicht zu vertreten hat, oder solche bauliche Änderungen, die eine Modernisierung im Sinne des § 11 Abs.

6 der Zweiten Berechnungsverordnung bewirken, vorgenommen, so gelten für die Erhöhung der Kostenmiete die Vorschriften des § 6 und des § 9 Satz 1 entsprechend.

(6) Werden in einem Gebäude oder einer Wirtschaftseinheit mit in Absatz 1 bezeichneten Wohnungen durch Ausbau oder Erweiterung neue Wohnungen geschaffen, sind die Vorschriften des § 7 Abs. 1, 2 und 5 und des § 26 Abs. 7 sinngemäß anzuwenden. Werden Zubehörräume der in Absatz 1 bezeichneten Wohnungen zu Wohnungen oder Wohnräumen ausgebaut, so gelten die neugeschaffenen Wohnungen oder Räume nicht als preisgebundener Wohnraum.

(7) Für die Vergrößerung der in Absatz 1 bezeichneten Wohnungen um weitere Wohnräume gelten die Vorschriften des § 8 sinngemäß.

(8) Vertragliche Vereinbarungen mit der für die Bewilligung der Wohnungsfürsorgemittel zuständigen Stelle, wonach Modernisierung, der Ausbau von Zubehörräumen oder Wohnungsvergrößerungen der Genehmigung bedürfen, bleiben unberührt.

§ 17
**Ermittlung der Kostenmiete für Wohnungen,
die mit Aufwendungszuschüssen oder Aufwendungsdarlehen
gefördert sind**

(1) Wird für steuerbegünstigte Wohnungen, die mit Aufwendungszuschüssen oder Aufwendungsdarlehen nach § 88 des Zweiten Wohnungsbaugesetzes gefördert worden sind, die Kostenmiete erstmalig ermittelt, so ist von dem Mietbetrag auszugehen, der sich für diese Wohnungen auf Grund einer Wirtschaftlichkeitsberechnung als Durchschnittsmiete für den Quadratmeter Wohnfläche monatlich ergibt und von der für die Bewilligung der Mittel zuständigen Stelle genehmigt worden ist.

(2) Die Wirtschaftlichkeitsberechnung ist entsprechend den für öffentlich geförderte Wohnungen geltenden Vorschriften der Zweiten Berechnungsverordnung aufzustellen; dabei sind die Verhältnisse im Zeitpunkt der Bewilligung der Mittel zugrunde zu legen.

(3) Die zuständige Bewilligungsstelle hat die sich aus der Wirtschaftlichkeitsberechnung ergebende Durchschnittsmiete zu genehmigen und dem Vermieter die genehmigte Durchschnittsmiete mitzuteilen.

(4) Auf der Grundlage der genehmigten Durchschnittsmiete hat der Vermieter für die einzelnen Wohnungen des Gebäudes oder der Wirtschaftseinheit die Einzelmieten entsprechend § 3 Abs. 3 und 4 zu berechnen. Die Vorschriften des § 3 Abs. 1 gelten entsprechend.

(5) Für nach Genehmigung der Durchschnittsmiete eintretende Änderungen der Kostenmiete infolge Änderung der laufenden Aufwendungen, infolge Änderung der Wirtschaftseinheit oder wegen baulicher Änderungen gelten die Vorschriften der §§ 4 bis 6 und 9 entsprechend.

(6) Bei den in § 16 bezeichneten Wohnungen, die auch mit Aufwendungszuschüssen oder Aufwendungsdarlehen gefördert worden sind, sind an Stelle der Absätze 1 bis 5 nur die Vorschriften des § 16 anzuwenden.

(7) Für die in Absatz 1 bezeichneten Wohnungen gelten hinsichtlich der Zulässigkeit von Mieterleistungen die Vorschriften des § 10 entsprechend.

(8) Die Vorschriften der Absätze 1 bis 6 gelten entsprechend für diejenigen steuerbegünstigten Wohnungen, die mit Annuitätszuschüssen nach § 88 des Zweiten Wohnungsbaugesetzes in der bis zum 31. Dezember 1971 geltenden Fassung gefördert werden und nach dem 31. Dezember 1966 bezugsfertig geworden sind.

§ 18
**Ermittlung der Vergleichsmiete für Wohnungen,
die mit Aufwendungszuschüssen oder Aufwendungsdarlehen
gefördert sind**

(1) Die Vergleichsmiete für steuerbegünstigte Wohnungen in Eigenheimen und Kleinsiedlungen, die ohne Vorlage einer Wirtschaftlichkeitsberechnung oder auf Grund einer vereinfachten Wirtschaftlichkeitsberechnung mit Aufwendungszuschüssen oder Aufwendungsdarlehen nach § 88 des Zweiten Wohnungsbaugesetzes gefördert worden sind, bestimmt sich erstmalig nach den Einzelmieten solcher steuerbegünstigter, mit Aufwendungszuschüssen oder Aufwendungsdarlehen geförderter Mietwohnungen, die nach Art und Ausstattung sowie nach Förderungsjahr und Gemeindegrößenklasse mit den Wohnungen vergleichbar sind; maßgebend sind die Verhältnisse im Zeitpunkt der Bewilligung der Mittel.

(2) Ist eine vergleichbare Wohnung vom Vermieter nicht festzustellen, so kann die Bewilligungsstelle auf Verlangen des Vermieters bei der Bewilligung der Mittel einen angemessenen Mietbetrag als Vergleichsmiete bestimmen. Die Vorschriften des § 11 Abs. 3 Satz 1, Abs. 4 gelten entsprechend.

(3) Für die Änderungen der Vergleichsmiete infolge Änderung der laufenden Aufwendungen oder wegen baulicher Änderungen gelten die Vorschriften der §§ 12 und 13 entsprechend; dabei sind die für die öffentlich geförderten Wohnungen geltenden Vorschriften der Zweiten Berechnungsverordnung entsprechend anzuwenden.

(4) Für die in Absatz 1 bezeichneten Wohnungen gelten hinsichtlich der Zulässigkeit von Mieterleistungen die Vorschriften des § 10 entsprechend.

(5) Die Vorschriften der Absätze 1 bis 3 gelten entsprechend für diejenigen steuerbegünstigten Wohnungen, die mit Annuitätszuschüssen nach § 88 des Zweiten Wohnungsbaugesetzes in der bis zum 31. Dezember 1971 geltenden Fassung gefördert werden und nach dem 31. Dezember 1966 bezugsfertig geworden sind.

§ 19
(weggefallen)

Teil IV
Umlagen, Zuschläge und Vergütungen

§ 20
Umlagen neben der Einzelmiete

(1) Neben der Einzelmiete ist die Umlage der Betriebskosten im Sinne des § 27 der Zweiten Berechnungsverordnung und des Umlageausfallwagnisses zulässig. Es dürfen nur solche Kosten umgelegt werden, die bei gewissenhafter Abwägung aller Umstände und bei ordentlicher Geschäftsführung gerechtfertigt sind. Soweit Betriebskosten geltend gemacht werden, sind diese nach Art und Höhe dem Mieter bei Überlassung der Wohnung bekanntzugeben.

(2) Soweit in den §§ 21 bis 25 nichts anderes bestimmt ist, sind die Betriebskosten nach dem Verhältnis der Wohnfläche umzulegen. Betriebskosten, die nicht für Wohnraum entstanden sind, sind vorweg abzuziehen; kann hierbei nicht festgestellt werden, ob die Betriebskosten auf Wohnraum oder auf Geschäftsraum entfallen, sind sie für den Wohnteil und den anderen Teil des Gebäudes oder der Wirtschaftseinheit im Verhältnis des umbauten Raumes oder der Wohn- und Nutzflächen aufzuteilen. Bei der Berechnung des umbauten Raumes ist die Anlage 2 zur Zweiten Berechnungsverordnung zugrunde zu legen.

(3) Auf den voraussichtlichen Umlegungsbetrag sind monatliche Vorauszahlungen in angemessener Höhe zulässig, soweit in § 25 nichts anderes bestimmt ist. Über die Betriebskosten, den Umlegungsbetrag und die Vorauszahlungen ist jährlich abzurechnen (Abrechnungszeitraum). Der Vermieter darf alle oder mehrere Betriebskostenarten in einer Abrechnung erfassen. Die jährliche Abrechnung ist dem Mieter spätestens bis zum Ablauf des zwölften Monats nach dem Ende des Abrechnungszeitraumes zuzuleiten; diese Frist ist für Nachforderungen eine Ausschlussfrist, es sei denn, der Vermieter hat die Geltendmachung erst nach Ablauf der Jahresfrist nicht zu vertreten.

(4) Für Erhöhungen der Vorauszahlungen und für die Erhebung des durch die Vorauszahlungen nicht gedeckten Umlegungsbetrages sowie für die Nachforderung von Betriebskosten gilt § 4 Abs. 7 und 8 entsprechend. Eine Erhöhung der Vorauszahlungen für einen zurückliegenden Zeitraum ist nicht zulässig.

§ 21
Umlegung der Kosten der Wasserversorgung und der Entwässerung

(1) Zu den Kosten der Wasserversorgung gehören die Kosten des Wasserverbrauchs, die Grundgebühren, die Kosten der Anmietung oder anderer Arten der Gebrauchsüberlassung von Wasserzählern sowie die Kosten ihrer Verwendung einschließlich der Kosten der Eichung sowie der Kosten der Berechnung und Aufteilung, die Kosten der Wartung von Wassermengenreglern, die Kosten des Betriebs einer hauseigenen Wasserversorgungsanlage und einer Wasseraufbereitungsanlage einschließlich der Aufbereitungsstoffe.

(2) Bei der Berechnung der Umlage für die Kosten der Wasserversorgung sind zunächst die Kosten des Wasserverbrauchs abzuziehen, der nicht mit der üblichen Benutzung der Wohnungen zusammenhängt. Die verbleibenden Kosten dürfen nach dem Verhältnis der Wohnflächen oder nach einem Maßstab, der dem unterschiedlichen Verbrauch der Wohnparteien Rechnung trägt, umgelegt werden. Wird der Wasserverbrauch, der mit der üblichen Benutzung der Wohnungen zusammenhängt, für alle Wohnungen eines Gebäudes durch Wasserzähler erfasst, hat der Vermieter die auf die Wohnungen entfallenden Kosten nach dem erfassten unterschiedlichen Wasserverbrauch der Wohnparteien umzulegen.

(3) Zu den Kosten der Entwässerung gehören die Gebühren für die Benutzung der öffentlichen Entwässerungsanlage oder die Kosten des Betriebs einer entsprechenden nicht öffentlichen Anlage sowie die Kosten des Betriebs einer Entwässerungspumpe. Die Kosten sind mit dem Maßstab nach Absatz 2 umzulegen.

§ 22
Umlegung der Kosten der Versorgung mit Wärme und Warmwasser

(1) Für der Kosten des Betriebs zentraler Heizungs- und Warmwasserversorgungsanlagen und der Kosten der eigenständigen gewerblichen Lieferung von Wärme und Warmwasser, auch aus zentralen Heizungs- und Warmwasserversorgungsanlagen, findet die Verordnung über Heizkostenabrechnung in der Fassung der Bekanntmachung vom 5. April 1984 (BGBl. I S. 592), geändert durch Artikel 1 der Verordnung vom 19. Januar 1989 (BGBl. I S. 109), Anwendung.

(2) Liegt eine Ausnahme nach § 11 der Verordnung über Heizkostenabrechnung vor, dürfen umgelegt werden

1. die Kosten der Versorgung mit Wärme nach der Wohnfläche oder nach dem umbauten Raum; es darf auch die Wohnfläche oder der umbaute Raum der beheizten Räume zugrunde gelegt werden,

2. die Kosten der Versorgung mit Warmwasser nach der Wohnfläche oder einem Maßstab, der dem Warmwasserverbrauch in anderer Weise als durch Erfassung Rechnung trägt.

§ 7 Abs. 2 und 4, § 8 Abs. 2 und 4 der Verordnung über Heizkostenabrechnung gelten entsprechend. Genehmigungen nach den Vorschriften des § 22 Abs. 5 oder des § 23 Abs. 5 in der bis zum 30. April 1984 geltenden Fassung bleiben unberührt.

(3) Werden für Wohnungen, die vor dem 1. Januar 1981 bezugsfertig geworden sind, bei verbundenen Anlagen die Kosten für die Versorgung mit Wärme und Warmwasser am 30. April 1984 unaufgeteilt umgelegt, bleibt dies weiterhin zulässig.

§ 22a
Umlegung der Kosten der Müllbeseitigung

(1) Zu den Kosten der Müllbeseitigung gehören namentlich die für die Müllabfuhr zu entrichtenden Gebühren, die Kosten entsprechender nicht öffentlicher Maßnahmen, die Kosten des Betriebs von Müllkompressoren, Müllschluckern, Müllabsauganlagen sowie des Betriebs von Müllmengenerfassungsanlagen einschließlich der Kosten der Berechnung und Aufteilung.

(2) Die Kosten der Müllbeseitigung sind nach einem Maßstab, der der unterschiedlichen Müllverursachung durch die Wohnparteien Rechnung trägt, oder nach dem Verhältnis der Wohnflächen umzulegen.

§ 23
Umlegung der Kosten des Betriebs der zentralen Brennstoffversorgungsanlage

(1) Zu den Kosten des Betriebs der zentralen Brennstoffversorgungsanlage gehören die Kosten der verbrauchten Brennstoffe und ihrer Lieferung, die Kosten des Betriebsstromes und die Kosten der Überwachung sowie die Kosten der Reinigung der Anlage und des Betriebsraumes.

(2) Die Kosten dürfen nur nach dem Brennstoffverbrauch umgelegt werden.

§ 23a
§ 23b
(weggefallen)

§ 24
Umlegung der Kosten des Betriebs von Aufzügen

(1) Zu den Kosten des Betriebs eines Personen- oder Lastenaufzugs gehören die Kosten des Betriebsstromes sowie die Kosten der Beaufsichtigung, der Bedienung, Überwachung und Pflege der Anlage, der regelmäßigen Prüfung ihrer Betriebsbereitschaft und Betriebssicherheit einschließlich der Einstellung durch eine Fachkraft sowie der Reinigung der Anlage.

(2) Die Kosten dürfen nach dem Verhältnis der Wohnflächen umgelegt werden, sofern nicht im Einvernehmen mit allen Mietern ein anderer Umlegungsmaßstab vereinbart ist. Wohnraum im Erdgeschoss kann von der Umlegung ausgenommen werden.

§ 24a
Umlegung der Kosten des Betriebs der mit einem Breitbandkabelnetz verbundenen privaten Verteilanlage und der Gemeinschafts-Antennenanlage

(1) Zu den Kosten des Betriebs der mit einem Breitbandkabelnetz verbundenen privaten Verteilanlage gehören die Kosten des Betriebsstromes und die Kosten der regelmäßigen Prüfung ihrer Betriebsbereitschaft einschließlich der Einstellung durch eine Fachkraft oder das Nutzungsentgelt für eine nicht zur Wirtschaftseinheit gehörende Verteilanlage sowie die Gebühren, die nach dem Urheberrechtsgesetz für die Kabelweitersendung entstehen. Satz 1 gilt entsprechend für die Kosten des Betriebs der Gemeinschafts-Antennenanlage. Zu den Betriebskosten im Sinne des Satzes 1 gehören ferner die laufenden monatlichen Grundgebühren für Breitbandkabelanschlüsse.

(2) Die Kosten nach Absatz 1 Satz 1 und 2 dürfen nach dem Verhältnis der Wohnflächen umgelegt werden, sofern nicht im Einvernehmen mit allen Mietern ein anderer Umlegungsmaßstab vereinbart ist. Die Kosten nach Absatz 1 Satz 3 dürfen nur zu gleichen Teilen auf die Wohnungen umgelegt werden, die mit Zustimmung des Nutzungsberechtigten angeschlossen worden sind.

§ 25
Umlegung der Betriebs- und Instandhaltungskosten der Einrichtungen für die Wäschepflege

(1) Zu den Kosten des Betriebs der Einrichtungen für die Wäschepflege gehören die Kosten des Betriebsstromes, die Kosten der Überwachung, Pflege und Reinigung der Einrichtungen und der regelmäßigen Prüfung ihrer Betriebsbereitschaft und Betriebssicherheit sowie die Kosten der Wasserversorgung, soweit diese nicht bereits nach § 21 umgelegt werden. Für die Kosten der Instandhaltung darf ein Erfahrungswert als Pauschbetrag angesetzt werden.

(2) Die Betriebs- und Instandhaltungskosten der Einrichtungen für die Wäschepflege dürfen nur auf die Benutzer der Einrichtung umgelegt werden. Der Umlegungsmaßstab muss dem Gebrauch Rechnung tragen.

(3) Vorauszahlungen auf den voraussichtlichen Umlegungsbetrag sind nicht zulässig.

§ 25a
Umlageausfallwagnis

Das Umlageausfallwagnis ist das Wagnis einer Einnahmenminderung, die durch uneinbringliche Rückstände von Betriebskosten oder nicht umlegbarer Betriebskosten infolge des Leerstehens von Raum, der zur Vermietung bestimmt ist, einschließlich der uneinbringlichen Kosten einer Rechtsverfolgung auf Zahlung entsteht. Das Umlageausfallwagnis darf 2 vom Hundert der im Abrechnungszeitraum auf den Wohnraum entfallenden Betriebskosten nicht übersteigen. Soweit die Deckung von Ausfällen anders, namentlich durch einen Anspruch gegenüber einem Dritten gesichert ist, darf die Umlage nicht erhöht werden.

§ 25b
(weggefallen)

§ 26
Zuschläge neben der Einzelmiete

(1) Neben der Einzelmiete sind nach Maßgabe der Absätze 2 bis 7 folgende Zuschläge zulässig:

1. Zuschlag für die Benutzung von Wohnraum zu anderen als Wohnzwecken (Absatz 2),

2. Zuschlag für die Untervermietung von Wohnraum (Untermietzuschlag, Absatz 3),

3. Zuschlag wegen Ausgleichszahlungen nach § 7 des Wohnungsbindungs-gesetzes (Absatz 4),

4. Zuschlag zur Deckung erhöhter laufender Aufwendungen, die nur für einen Teil der Wohnungen des Gebäudes oder der Wirtschaftseinheit entstehen (Absatz 5),

5. Zuschlag für Nebenleistungen des Vermieters, die nicht allgemein üblich sind oder nur einzelnen Mietern zugute kommen (Absatz 6),

6. Zuschlag für Wohnungen, die durch Ausbau von Zubehörräumen neu geschaffen wurden (Absatz 7).

(2) Wird die Wohnung mit Genehmigung der zuständigen Stelle ganz oder teilweise ausschließlich zu anderen als Wohnzwecken, insbesondere zu gewerblichen oder beruflichen Zwecken benutzt und ist dadurch eine erhöhte Abnutzung möglich, so darf der Vermieter einen Zuschlag erheben. Der Zu-schlag darf je nach dem Grad der wirtschaftlichen Mehrbelastung des Ver-mieters bis zu 50 vom Hundert der anteiligen Einzelmiete der Räume betra-gen, die zu anderen als Wohnzwecken benutzt werden. Ist die Genehmigung zur Benutzung zu anderen als Wohnzwecken von einer Ausgleichszahlung des Vermieters, insbesondere von einer höheren Verzinsung des öffentlichen Baudarlehens, abhängig gemacht worden, so darf auch ein Zuschlag ent-sprechend dieser Leistung, bei einer vollständigen oder teilweisen Rückzahlung des öffentlichen Baudarlehens höchstens entsprechend der Verzinsung des zurückgezahlten Betrages mit dem marktüblichen Zinssatz für erste Hypotheken, erhoben werden.

(3) Wird Wohnraum untervermietet oder in sonstiger Weise einem Dritten zur selbstständigen Benutzung überlassen, so darf der Vermieter einen Untermietzuschlag erheben

in Höhe von 2,50 Euro monatlich, wenn der untervermietete Wohnungs-teil von einer Person benutzt wird,

in Höhe von 5 Euro monatlich, wenn der untervermietete Wohnungsteil von zwei oder mehr Personen benutzt wird.

(4) Hat der Vermieter einer öffentlich geförderten Wohnung im Hinblick auf ihre Freistellung von Bindungen nach § 7 des Wohnungsbindungsgesetzes eine höhere Verzinsung für das öffentliche Baudarlehen oder sonstige laufen-de Ausgleichszahlungen zu entrichten, so darf er für die Wohnung einen Zuschlag entsprechend diesen Leistungen erheben.

(5) Ist nach den Vorschriften des § 4 Abs. 6, § 6 Abs. 2 Satz 1 oder § 8 Abs.

2 ein Zuschlag zur Deckung erhöhter laufender Aufwendungen, die nur für einen Teil der Wohnungen des Gebäudes oder der Wirtschaftseinheit entstehen, zulässig, so darf dieser für die einzelnen betroffenen Wohnungen den Betrag nicht übersteigen, der nach der Höhe der zusätzlichen Aufwendungen auf sie entfällt. Bei der Berechnung der zusätzlichen laufenden Aufwendungen sind die Vorschriften der Zweiten Berechnungsverordnung sinngemäß anzuwenden.

(6) Sind bis zum Inkrafttreten dieser Verordnung für Nebenleistungen des Vermieters, die die Wohnraumnutzung betreffen, aber nicht allgemein üblich sind oder nur einzelnen Mietern zugute kommen, zulässige Vergütungen erhoben worden, so kann in dieser Höhe ein Zuschlag neben der Einzelmiete erhoben werden. Dies gilt nicht, wenn die für die Nebenleistungen entstehenden laufenden Aufwendungen im Rahmen der Wirtschaftlichkeitsberechnung zur Ermittlung der zulässigen Miete berücksichtigt werden können.

(7) Sind im Falle des § 7, Abs. 2, 3 oder 5 durch Ausbau von Zubehörräumen preisgebundene Wohnungen geschaffen worden, darf für sie ein Zuschlag erhoben werden, wenn durch den Ausbau bisherige Zubehörräume öffentlich geförderter Wohnungen ganz oder teilweise weggefallen sind und hierfür kein gleichwertiger Ersatz geschaffen worden ist. Der Zuschlag darf den Betrag nicht übersteigen, um den die Einzelmieten der betroffenen Wohnungen gemäß § 7 Abs.1 Satz 2 gesenkt worden sind.

(8) Für die erstmalige Erhebung eines Zuschlags neben der zulässigen Einzelmiete und für die Durchführung einer Erhöhung des Zuschlags gegenüber dem Mieter gilt § 4 Abs. 7 und 8 entsprechend. Für den Wegfall oder die Verringerung des Zuschlags gilt § 5 Abs. 1 Satz 4 sinngemäß.

§ 27
Vergütungen neben der Einzelmiete

Neben der Einzelmiete kann der Vermieter für die Überlassung einer Garage, eines Stellplatzes oder eines Hausgartens eine angemessene Vergütung verlangen. Das Gleiche gilt für die Mitvermietung von Einrichtungs- und Ausstattungsgegenständen und für laufende Leistungen zur persönlichen Betreuung und Versorgung, wenn die zuständige Stelle dies genehmigt hat.

§ 28
Umlagen, Zuschläge und Vergütungen neben der Vergleichsmiete

Neben der Vergleichsmiete sind Umlagen, Zuschläge und Vergütungen entsprechend den Vorschriften der §§ 20 bis 27 zulässig.

Teil V
Schlussvorschriften

§ 29
Auskunftspflicht des Vermieters

(1) Der Vermieter hat dem Mieter auf Verlangen Auskunft über die Ermittlung und Zusammensetzung der zulässigen Miete zu geben und Einsicht in die Wirtschaftlichkeitsberechnung und sonstige Unterlagen, die eine Berechnung der Miete ermöglichen, zu gewähren.

(2) An Stelle der Einsicht in die Berechnungsunterlagen kann der Mieter Ablichtungen davon gegen Erstattung der Auslagen verlangen. Liegt der zuletzt zulässigen Miete eine Genehmigung der Bewilligungsstelle zugrunde, so kann er auch die Vorlage der Genehmigung oder eine Ablichtung davon verlangen.

§ 30
Entsprechende Anwendung der Mietvorschriften

Die Vorschriften dieser Verordnung über die zulässige Miete für Wohnungen gelten entsprechend für einzelne Wohnräume, die selbstständig vermietet werden, und für Wohnungen, die auf Grund eines dem Mietverhältnis ähnlichen entgeltlichen Nutzungsverhältnisses, insbesondere eines genossenschaftlichen Nutzungsverhältnisses, überlassen werden.

§ 31
Zulässige Miete für Untervermietung

(1) Wird von einer Wohnung mehr als die Hälfte der Wohnfläche untervermietet, so darf die Miete für den untervermieteten Teil (Untermiete) den Betrag nicht übersteigen, der nach der für die Wohnung zulässigen Einzelmiete oder Vergleichsmiete anteilig auf die untervermietete Wohnfläche entfällt. Bei der Ermittlung der Wohnfläche und des Anteils bleiben gemeinschaftlich genutzte Räume außer Betracht.

(2) Neben der Untermiete dürfen die für die Wohnung zu entrichtenden Umlagen, Zuschläge und Vergütungen mit dem nach Absatz 1 ermittelten Anteil erhoben werden. Die nach § 26 Abs.1 Nr. 1 und 2 zu entrichtenden Zuschläge dürfen, soweit sie den untervermieteten Wohnungsteil betreffen, in voller Höhe erhoben werden.

(3) Für die mietweise Überlassung von Einrichtungsgegenständen, für die Mitbenutzung von Räumen oder Einrichtungen und für sonstige Nebenleistungen ist eine Vergütung in angemessener Höhe zulässig.

(4) Hat sich die für die Wohnung zu entrichtende Einzelmiete oder Vergleichsmiete geändert, so ändert sich die zulässige Untermiete entsprechend. Die Vorschriften des § 4 Abs. 7 und des § 5 Abs. 1 Satz 4 gelten sinngemäß.

(5) Einer Untervermietung steht es gleich, wenn der Eigentümer oder der sonst Verfügungsberechtigte von der von ihm benutzten Wohnung mehr als die Hälfte der Wohnfläche vermietet.

§ 32
Vom Rechtsnachfolger zu vertretende Umstände

Soweit nach dieser Verordnung die Höhe der zulässigen Miete davon abhängt, ob die Erhöhung von Aufwendungen auf Umständen beruht, die der Vermieter zu vertreten oder nicht zu vertreten hat, stehen solche Umstände gleich, die ein Rechtsvorgänger des Vermieters, insbesondere der Bauherr, zu vertreten oder nicht zu verteten hatte.

§ 33
(weggefallen)

§ 34
Überleitungsvorschrift

(1) § 4 Abs. 6 und § 8a sind in der mit Inkrafttreten dieser Verordnung geltenden Fassung anzuwenden, wenn die Darlehen nach dem 31. Dezember 1989 vorzeitig zurückgezahlt oder abgelöst wurden oder nach diesem Zeitpunkt auf die weitere Auszahlung von Zuschüssen zur Deckung der laufenden Aufwendungen oder von Zinszuschüssen verzichtet wurde.

(2) Sind für ein Gebäude oder eine Wirtschaftseinheit auf Grund von Ausbau oder Erweiterung Wirtschaftlichkeitsberechnungen oder Teilwirtschaftlichkeitsberechnungen vor dem 29. August 1990 aufgestellt worden, sind die Regelungen der §§ 7, 16 und 26 in der bis zum 29. August 1990 geltenden Fassung anzuwenden.

(3) (weggefallen)

§ 35
Sondervorschrift für Berlin

Im Land Berlin gilt § 1 Abs. 1 der Verordnung in folgender Fassung:

»(1) Diese Verordnung ist anzuwenden auf preisgebundene Wohnungen, die nach dem 24. Juni 1948 bezugsfertig geworden sind oder bezugsfertig werden.«

§ 36
Berlin-Klausel

Diese Verordnung gilt nach § 14 des Dritten Überleitungsgesetzes in Verbindung mit § 33a des Wohnungsbindungsgesetzes und § 125 des Zweiten Wohnungsbaugesetzes auch im Land Berlin.

§ 37
Geltung im Saarland

Diese Verordnung gilt nicht im Saarland.

§ 38
(Inkrafttreten)

Anhang 1

Auszug aus der II. Berechnungsverordnung (II. BV) vom August 1990 über die Berechnung der Wohnfläche, gültig bis zum 31. Dezember 2003[1]

Wohnflächenberechnung

§ 42
Wohnfläche

(1) Die Wohnfläche einer Wohnung ist die Summe der anrechenbaren Grundflächen der Räume, die ausschließlich zu der Wohnung gehören.

(2) Die Wohnfläche eines einzelnen Wohnraumes besteht aus dessen anrechenbarer Grundfläche; hinzuzurechnen ist die anrechenbare Grundfläche der Räume, die ausschließlich zu diesem einzelnen Wohnraum gehören. Die Wohnfläche eines untervermieteten Teils einer Wohnung ist entsprechend zu berechnen.

(3) Die Wohnfläche eines Wohnheimes ist die Summe der anrechenbaren Grundflächen der Räume, die zur alleinigen und gemeinschaftlichen Benutzung durch die Bewohner bestimmt sind.

(4) Zur Wohnfläche gehört nicht die Grundfläche von

1. Zubehörräumen; als solche kommen in Betracht: Keller, Waschküchen, Abstellräume außerhalb der Wohnung, Dachböden, Trockenräume, Schuppen (Holzlegen), Garagen und ähnliche Räume;

2. Wirtschaftsräumen; als solche kommen in Betracht: Futterküchen, Vorratsräume, Backstuben, Räucherkammern, Ställe, Scheunen, Abstellräume und ähnliche Räume;

3. Räumen, die den nach ihrer Nutzung zu stellenden Anforderungen des Bauordnungsrechtes nicht genügen;

4. Geschäftsräumen.

§ 43
Berechnung der Grundfläche

(1) Die Grundfläche eines Raumes ist nach Wahl des Bauherrn aus den Fertigmaßen oder den Rohbaumaßen zu ermitteln. Die Wahl bleibt für alle späteren Berechnungen maßgebend.

---

[1] Siehe hierzu Wohnflächenverordnung (WoFIV), Seite 282

(2) Fertigmaße sind die lichten Maße zwischen den Wänden ohne Berücksichtigung von Wandgliederungen, Wandbekleidungen, Scheuerleisten, Öfen, Heizkörpern, Herden und dergleichen.

(3) Werden die Rohbaumaße zugrunde gelegt, so sind die errechneten Grundflächen um 3 vom Hundert zu kürzen.

(4) Von den errechneten Grundflächen sind abzuziehen die Grundflächen von

1. Schornsteinen und anderen Mauervorlagen, freistehenden Pfeilern und Säulen, wenn sie in der ganzen Raumhöhe durchgehen und ihre Grundfläche mehr als 0,1 Quadratmeter beträgt,

2. Treppen mit über drei Steigungen und deren Treppenabsätze.

(5) Zu den errechneten Grundflächen sind hinzuzurechnen die Grundflächen von

1. Fenster- und offenen Wandnischen, die bis zum Fußboden herunterreichen und mehr als 0,13 Meter tief sind,

2. Erkern und Wandschränken, die eine Grundfläche von mindestens 0,5 Quadratmeter haben,

3. Raumteilen unter Treppen, soweit die lichte Höhe mindestens 2 Meter ist.

Nicht hinzuzurechnen sind die Grundflächen der Türnischen.

(6) Wird die Grundfläche auf Grund der Bauzeichnung nach den Rohbaumaßen ermittelt, so bleibt die hiernach berechnete Wohnfläche maßgebend, außer wenn von der Bauzeichnung abweichend gebaut ist. Ist von der Bauzeichnung abweichend gebaut worden, so ist die Grundfläche auf Grund der berichtigten Bauzeichnung zu ermitteln.

§ 44

Anrechenbare Grundfläche

(1) Zur Ermittlung der Wohnfläche sind anzurechnen

1. voll
   die Grundflächen von Räumen und Raumteilen mit einer lichten Höhe von mindestens 2 Metern;

2. zur Hälfte
   die Grundflächen von Räumen und Raumteilen mit einer lichten Höhe von mindestens 1 Meter und weniger als 2 Metern und von Wintergärten, Schwimmbädern und ähnlichen, nach allen Seiten geschlossenen Räumen;

3. nicht
   die Grundflächen von Räumen oder Raumteilen mit einer lichten Höhe von weniger als 1 Meter.

(2) Gehören ausschließlich zu dem Wohnraum Balkone, Loggien, Dachgärten oder gedeckte Freisitze, so können deren Grundflächen zur Ermittlung der Wohnfläche bis zur Hälfte angerechnet werden.

(3) Zur Ermittlung der Wohnfläche können abgezogen werden

1. bei einem Wohngebäude mit einer Wohnung bis zu 10 vom Hundert der ermittelten Grundfläche der Wohnung,

2. bei einem Wohngebäude mit zwei nicht abgeschlossenen Wohnungen bis zu 10 vom Hundert der ermittelten Grundfläche beider Wohnungen,

3. bei einem Wohngebäude mit einer abgeschlossenen und einer nicht abgeschlossenen Wohnung bis zu 10 vom Hundert der ermittelten Grundfläche der nicht abgeschlossenen Wohnung.

(4) Die Bestimmung über die Anrechnung oder den Abzug nach Absatz 2 oder 3 kann nur für das Gebäude oder die Wirtschaftseinheit einheitlich getroffen werden. Die Bestimmung bleibt für alle späteren Berechnungen maßgebend.

Anhang 2

Beispiel für die Berechnung der Wohnfläche
eines Einfamilienhauses
nach der Wohnflächenverordnung (WoFlV)[1)]

Vorbemerkung:

Das Einfamilienhaus ist als konventioneller Mauerwerksbau auf dem Rastersystem von 12,5 cm nach DIN 4172 »Maßordnung im Hochbau« geplant. Die in den Plänen angegebenen Maße sind Ausführungsmaße für den Rohbau. Die für die Wohnflächenermittlung notwendigen Fertigmaße der Räume sind zusätzlich in Klammern angegeben, sie ergeben sich aus den Rohbaumaßen durch Abzug von zweimal 1,5 cm für die Bekleidung der Wände (in der Regel Putz) wobei gegebenenfalls auf volle Zentimeter abgerundet wurde. Eventuell dickere Wandbekleidungen, die stellenweise erforderlich sein können, z. B. an der Holzkonstruktion des Daches, blieben unberücksichtigt, weil sie keinen messbaren Einfluss auf das Ermittlungsergebnis haben.
Maße, die für die Flächenermittlung nicht benötigt werden, wurden fortgelassen.

[1)] Siehe Seite 282

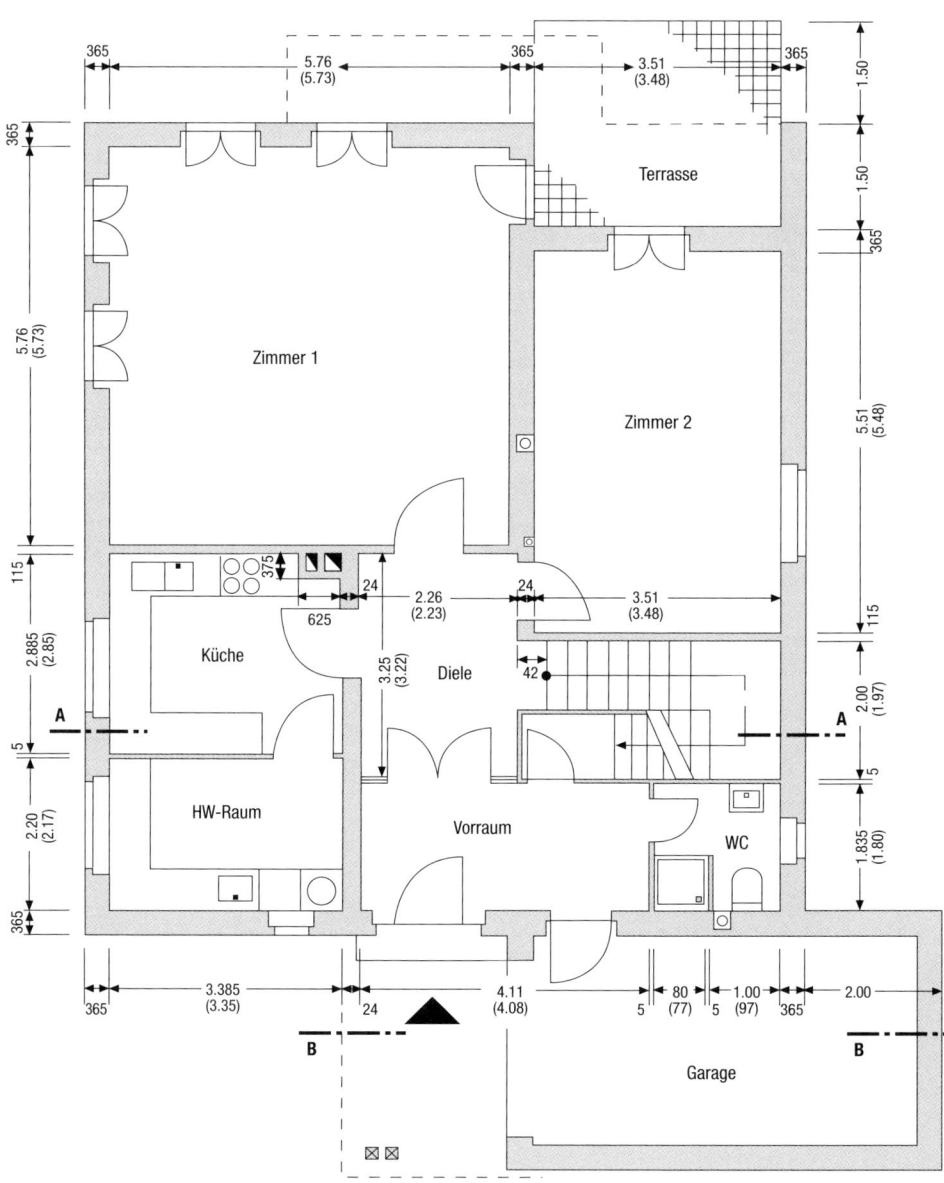

Erdgeschoss

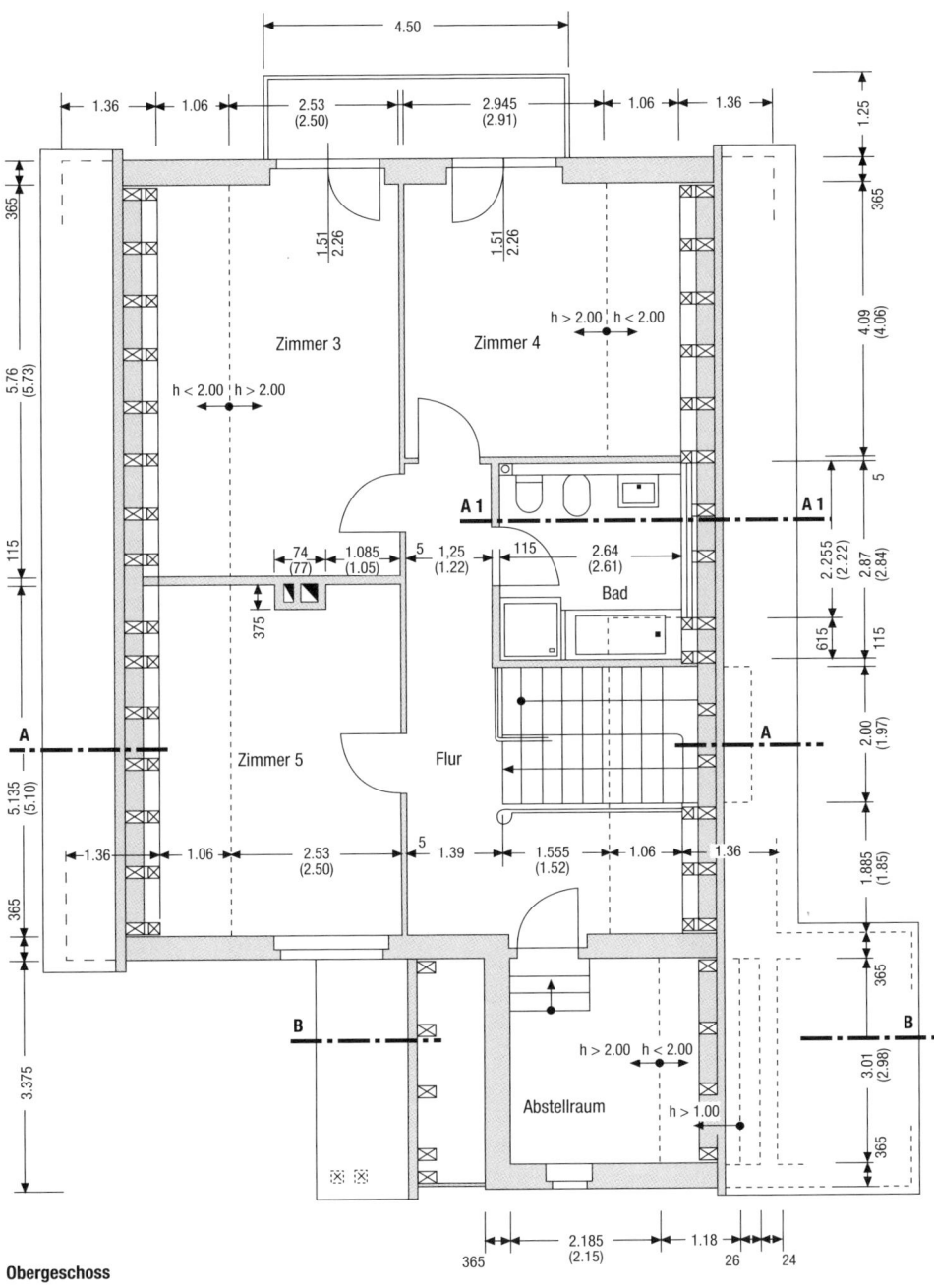

Obergeschoss

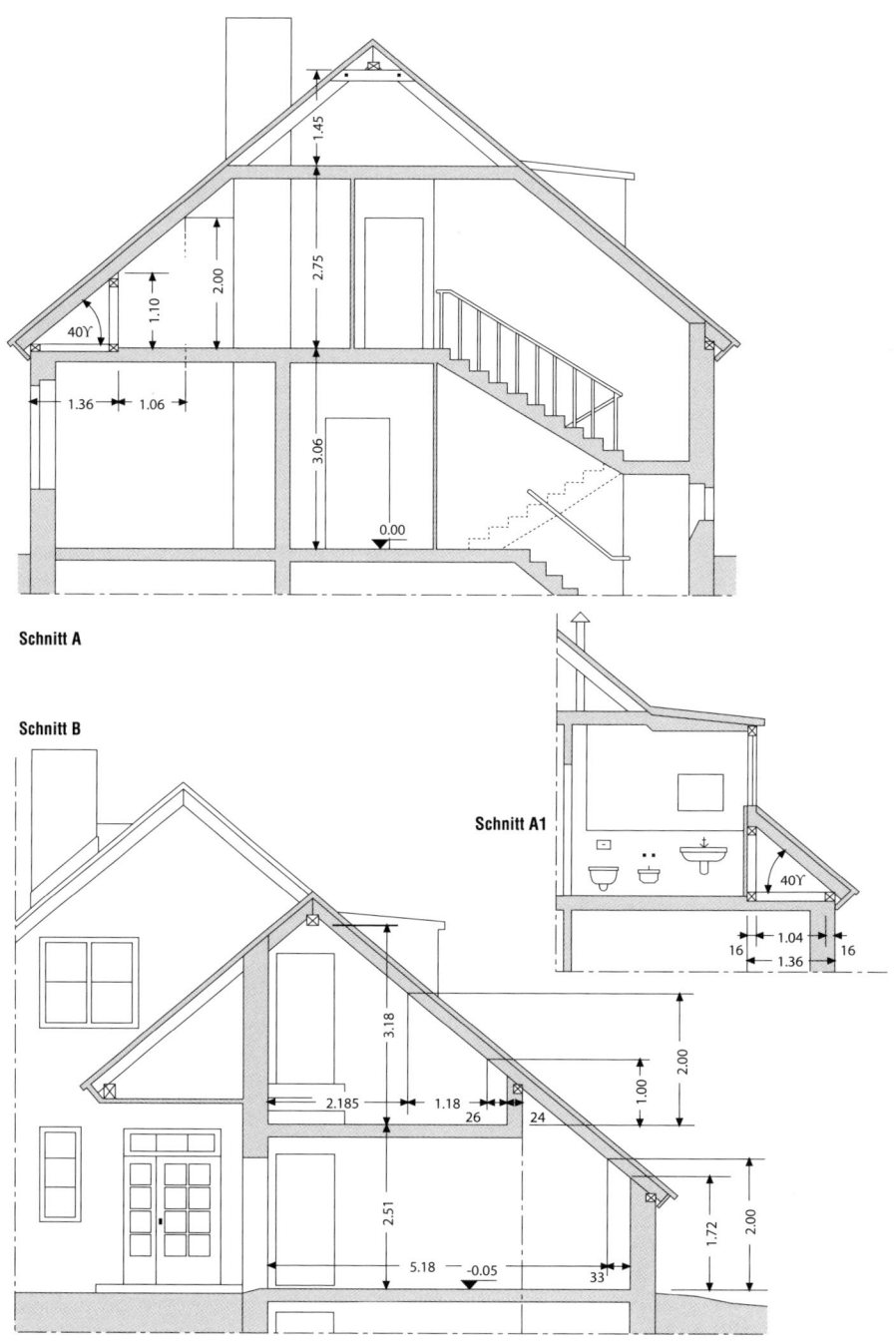

Schnitt A

Schnitt B

Schnitt A1

Raumbezeichnung und Rechenansätze in m	Teil-flächen m²	Gesamt-fläche m²	Bemerkungen
Erdgeschoss			
Zimmer 1 5,73 x 5,73		32,83	Die Nischen der Fenstertüren bleiben unberücksichtigt, obwohl sie tiefer als 13 cm sind: § 3, Abs. 3, Nr. 3. Siehe jedoch Zimmer 3 und 4, OG.
Zimmer 2 3,48 x 5,48		19,07	
Terrasse 3,48 x 3,00 x 0,25		2,61	Die Terrasse gehört zur Wohnfläche: § 2, Abs. 2, Nr.2. Sie wird zu 25 % angerechnet, zwischen überdeckter und nicht überdeckter Terrassenfläche wird nicht unterschieden: § 4, Nr. 4.
Küche 3,35 x 2,85 - 0,62 x 0,37	9,55 - 0,23	9,32	Die Schornsteinvorlage mit mehr als 0,1 m² Größe ist abzuziehen: § 3, Abs. 3, Nr. 1. Einbaumöbel werden übermessen: § 3, Abs. 2, Nr. 5.
Diele 2,23 x 3,22 + 0,42 x 1,97/2	7,18 + 0,41	7,59	Die Grundfläche der Treppe gehört nicht zur Wohnfläche: § 3, Abs. 3, Nr. 2.
HW-Raum 3,35 x 2,17		7,27	Einbaumöbel werden übermessen: § 3, Abs. 2, Nr. 5.
Vorraum 4,08 x 1,80		7,34	
WC (0,77 + 0,08 + 0,97) x 1,80		3,28	Die feste Trennwand der Dusche wird übermessen, da ihre Grundfläche kleiner als 0,1 m² ist: § 3, Abs. 3, Nr. 1.
Garage			Garagen, auch wenn sie direkt aus der Wohnung zugänglich sind, gehören nicht zur Wohnfläche: § 2, Abs. 3, Nr 1g).
Erdgeschoss insgesamt:		89,31	

Fortsetzung nächste Seite

Raumbezeichnung und Rechenansatz in m	Teil-flächen m²	Gesamt-fläche m²	Bemerkungen
Obergeschoss			
Zimmer 3 2,50 x 5,73 + 1,06 x 5,73 x 0,5 + 0,81 x 0,20	14,33 + 3,04 + 0,16	17,53	Die Nische am festen Teil des Balkontürelements ist mehr als 13 cm tief und daher einzurechnen: § 3, Abs. 3, Nr. 4. Ihre Tiefe beträgt abzüglich der Elementdicke 25 - 5 = 20 cm, die Breite 150/2 + 6 = 81 cm.
Zimmer 4 2,91 x 4,06 + 1,06 x 4,06 x 0,5 + 0,81 x 0,20	11,81 + 2,15 + 0,16	14,12	Siehe Zimmer 3
Balkon 4,50 x 1,25 x 0,25		1,41	Der Balkon gehört zur Wohnfläche: § 2, Abs. 2, Nr.2. Er wird zu 25 % angerechnet: § 4, Nr. 4. Ob die Grundfläche des Balkongeländers abgezogen werden muss, ist unklar.
Zimmer 5 2,50 x 5,10 + 1,06 x 5,10 x 0,5 - 0,77 x 0,37	12,75 + 2,70 - 0,28	15,17	Die Schornsteinvorlage mit mehr als 0,1 m² Größe ist abzuziehen: § 3, Abs. 3, Nr. 1.
Bad 2,61 x 2,84 - 1,06 x 0,61 + 1,06 x 0,61 x 0,5	7,41 - 0,65 + 0,33	7,09	Die Fläche mit Raumhöhe unter 2 m befindet sich im Bereich der Badewanne. Die Installationsvorwand ist weniger als 1,5 m hoch, die Fläche des umkleideten Lüftungsrohres ist kleiner als 0,1 m², daher werden beide übermessen: § 3,Abs.3,Nr. 1.
Flur 1,22 x (2,87 + 0,11) +1,39 x (1,97+1,85) + 1,52 x 1,85 + 1,06 x 1,85 x 0,5	3,64 + 5,31 + 2,81 + 0,98	12,74	Die Grundflächen des Treppengeländers wurden übermessen, siehe auch die Anmerkung zu »Balkon«.
Abstellraum 2,15 x 2,98 1,18 x 2,98 x 0,5	6,41 + 1,76	8,17	Abstellräume **innerhalb** von Wohnungen gehören zur Wohnfläche: § 2, Abs. 2, Nr. 1b). Treppen bis zu 3 Steigungen werden übermessen: § 3, Abs. 3, Nr. 2. Grundflächen mit Raumhöhen unter 1 m werden nicht angerechnet: § 4, Nr. 2.
Obergeschoss insgesamt:		76,23	
Erdgeschoss:		+ 89,31	
Wohnfläche insgesamt:		**165,54**	